区块链应用设计与开发

——基于 FISCO BCOS

主　编　张连超　吴　昊　吴　诺

副主编　周慧春　崔发周　许茹玉　刘　珊

北京理工大学出版社
BEIJING INSTITUTE OF TECHNOLOGY PRESS

内容简介

本书共设计了8个任务，以区块链技术在货运追踪中的应用为背景，根据货运追踪中的实际需求来实施区块链平台搭建、智能合约开发和客户端开发等实践操作。通过本书的学习，读者可以了解到区块链技术在推动货运追踪方面的改革和创新，掌握FISCO BCOS区块链平台的架构和应用，并具备搭建和使用区块链网络、开发智能合约以及构建货运追踪客户端的能力。

本书适合作为高职高专院校区块链技术应用、大数据技术、人工智能技术、信息安全、密码技术应用、计算机网络技术、软件技术、云计算技术等相关专业的教材，也可供企业区块链操作员、社会培训班的学员、区块链技术爱好者参考使用。

图书在版编目（CIP）数据

区块链应用设计与开发：基于FISCO BCOS / 张连超，吴昊，吴诺主编. -- 北京：北京理工大学出版社，2024. 6.

ISBN 978-7-5763-4182-9

Ⅰ. TP311. 135. 9

中国国家版本馆CIP数据核字第202489DR63号

责任编辑：王玲玲　　**文案编辑**：王玲玲
责任校对：刘亚男　　**责任印制**：施胜娟

出版发行 / 北京理工大学出版社有限责任公司
社　　址 / 北京市丰台区四合庄路6号
邮　　编 / 100070
电　　话 / （010）68914026（教材售后服务热线）
（010）68944437（课件资源服务热线）
网　　址 / http://www.bitpress.com.cn

版 印 次 / 2024年6月第1版第1次印刷
印　　刷 / 河北盛世彩捷印刷有限公司
开　　本 / 787 mm×1092 mm　1/16
印　　张 / 16
字　　数 / 375千字
定　　价 / 59.80元

图书出现印装质量问题，请拨打售后服务热线，负责调换

区块链作为一种涉及多种交叉学科的综合性技术，利用数学、密码学、互联网和计算机编程等很多科学技术解决区块链应用难题。相较于传统技术，区块链与物联网、云计算、人工智能、大数据、5G通信等新兴信息技术进行有效的融合创新，进一步重塑了人们对区块链技术的认知，扩展了区块链应用领域。从本质上来说，区块链是一个分布式的共享数据库，存储于其中的数据及信息，具有“去中心化”“不可伪造”“全程留痕”“可以追溯”“公开透明”“集体维护”等特征。基于这些特征，区块链技术奠定了坚实的“信任”基础，创造了可靠的“合作”机制，为区块链创造信任奠定基础。由于区块链能够解决信息不对称问题，实现多个主体之间的协作信任与一致行动，因此，区块链技术在金融、征信、医疗、物流和资产管理等领域具有广阔的应用前景。当前，区块链技术仍处于快速发展的初级阶段，而分布式数据存储、点对点传输、共识机制、加密算法等计算机技术的新型应用模式需要初学者学习多学科的综合知识，这也为区块链的学习带来了困难。

近年来，我国信息化产业蓬勃发展，以学习贯彻党的二十大精神，大力提升自主创新能力为背景，数字经济已成为我国经济发展新常态的新动能，区块链技术作为数字经济的重要支柱，亟待培养掌握区块链技术的相关人才。高等教育院校在专业目录中设置了区块链技术应用专业，但目前市面上针对职业教育编写的区块链应用技术教材仍处于空白阶段。本书是结合“任务驱动模式”与“岗课赛证”理念编写的。通过对本书的学习，读者可以通过真实的航运物流任务了解区块链的核心技术原理，熟悉典型的区块链架构，并掌握区块链平台运维与开发技术。

本书将区块链技术应用到航运行业，分为8个任务。任务一介绍区块链技术概要、原理与应用分类。任务二介绍FISCO BCOS区块链平台的架构模型、关键技术。任务三介绍多群组FISCO BCOS联盟链的搭建。任务四介绍Solidity语言，包含基础语法、常用语句与智能合约的创建。任务五介绍WeBASE平台部署，包括平台背景、平台部署及平台应用场景。任务六介绍开发区块链应用的方法，包括创建账户、账户地址计算与智能合约的开发。任务七通过货运追踪领域应用开发的综合实训来指导读者开发完整的区块链应用，包含任务需求分析与货运追踪应用的开发流程。任务八介绍区块链技术的发展展望相关内容。

本书在介绍区块链技术专业知识的同时，紧密结合德育教育主旋律，使读者在掌握专业知识的同时，进一步强化德育教育。在知识介绍方面，强调“在实践中学”，通过实战练习，讲述相关理论知识。通过任务驱动的方式，进一步加强读者对知识点的理解和掌握。

本书由唐山海运职业学院张连超、石家庄职业技术学院吴昊、北京四合天地科技有限公司吴诺担任主编，唐山海运职业学院周慧春、崔发周、许茹玉、刘珊担任副主编，韩昌宏、张扬、贺瑜、孙鑫和霍佳佳也参与了本书相关内容的编写，卢天然和郭嘉南为本书的编写提供了宝贵的建议。

由于编者水平和经验有限，书中不妥之处难免，恳请广大读者批评指正。

编　者

本书电子课件

目录

任务一 了解区块链技术在航运货物追踪中的应用

任务导读

早在几年前，“区块链”就成为一大热词，习近平总书记曾强调，“把区块链作为核心技术自主创新重要突破口”。自此，区块链正式走入大众视野，成为各行业共同关注的焦点。作为一种去中心化的分布式数字账本，区块链的可信程度和加密程度都是比较高的，将这种加密技术应用到航运行业，势必会带来行业的新变化和新发展。

本任务首先从了解区块链概念开始，逐步深入，掌握区块链技术原理，并学习区块链技术的应用，进而思考区块链技术在航运中该如何应用。

学习目标	(1) 了解区块链的概念 (2) 了解并掌握区块链的技术原理 (3) 了解区块链技术在航运中的应用
技能目标	掌握区块链技术相关概念及应用
素养目标	(1) 培养学生创新思维及应用能力 (2) 为职业规划奠定基础
教学重点	(1) 区块链概念 (2) 区块链技术原理 (3) 区块链应用
教学难点	区块链在航运中的应用

任务工作单 1

任务序号	1	任务名称	了解区块链技术在航运货物追踪中的应用
计划学时		学生姓名	
实训场地		学号	
适用专业	计算机大类	班级	
考核方案	理论知识	实施方法	理论
日期		任务形式	□个人/□小组
任务描述	从区块链的基础概念和技术原理入手，了解区块链的分类，掌握区块链在不同行业的广泛应用，并熟悉区块链在航运中的特色应用。		

一、任务分解

1. 什么是区块链？
2. 区块链的技术原理是什么？
3. 详细描述区块链的分类。
4. 举例区块链在航运中的应用。

二、任务实施及记录

1. 写出区块链的概念。

2. 写出区块链的技术原理。

续表

3. 写出区块链的分类。

4. 讲出区块链在航运中的应用。

三、任务资源（二维码）

教学方案——任务一

1.1 了解区块链

1.1.1 区块链概念

区块链技术，一种革命性的创新，以其独特的去中心化、不可篡改性和高度安全性在全球范围内引发了广泛关注。区块链不仅是一种数字账本技术，更是一个全球性的、去中心化的信任机器。它将现代密码学、网络通信技术和数据存储技术完美结合，实现了一种全新的数据组织和验证方式。

区块链是一种块链式存储、不可篡改、安全可信的去中心化分布式账本，由一系列按照时间顺序排列的数据块组成。每一个数据块包含了一定的信息，如交易信息、时间戳、链上地址等，并且每一个数据块都被数字签名和加密算法保护，确保其内容在传输和存储过程中不会被篡改。区块链技术的核心在于其去中心化的特性。与传统的中心化账本不同，区块链由网络中的参与节点共同维护和更新。任何一个节点都无法单独篡改账本内容，必须得到网络中大多数节点的共识才能进行修改。这种去中心化的结构使区块链具有极高的安全性和可信度。

1.1.2 区块链的诞生

随着互联网的发展，中心化机构的问题逐渐暴露，它们掌握着大量的数据和信息，但往往因为缺乏透明度而引发信任危机。此外，中心化机构还容易成为黑客攻击的目标，数据泄露和篡改事件频发。2008 年，全球金融危机爆发，人们对传统金融体系的信任受到了严重打击。在这样的背景下，一种名为比特币的加密货币应运而生。同年，中本聪在一篇名为《比特币：一种点对点的电子现金系统》的论文中首次提出了区块链的概念。他提出了一种去中心化的、基于密码学的账本技术，用于支撑比特币的交易和发行。在提出概念后，中本聪开始着手实现这一技术。他结合了现代密码学、网络通信技术和数据存储技术，成功开发出了第一个区块链系统——比特币区块链。随着区块链技术的不断发展，其应用领域也在不断拓展。人们开始尝试将区块链技术应用于其他领域，如智能合约、去中心化金融等。同时，区块链技术本身也在不断完善和优化，如提高交易速度、降低能耗等。

1.1.3 区块链的发展历史

区块链的发展历史可以追溯到 20 世纪 80 年代，但真正的突破和广泛关注则是在 21 世纪初。区块链技术的发展历史如图 1-1 所示。

一、早期概念与探索（1980—2000 年）

拜占庭将军问题：1982 年，莱斯利 · 兰伯特（Leslie Lamport）等人提出了拜占庭将军问题，这是一个关于在分布式系统中如何确保信息一致性的经典问题。这个问题为后来的区块链共识机制提供了理论基础。

密码学网络支付系统：1982 年，戴维 · 乔姆（David Chaum）提出了密码学网络支付系统的概念，该系统注重隐私安全，具有不可追踪的特性。这为后来的加密数字货币提供了灵感。

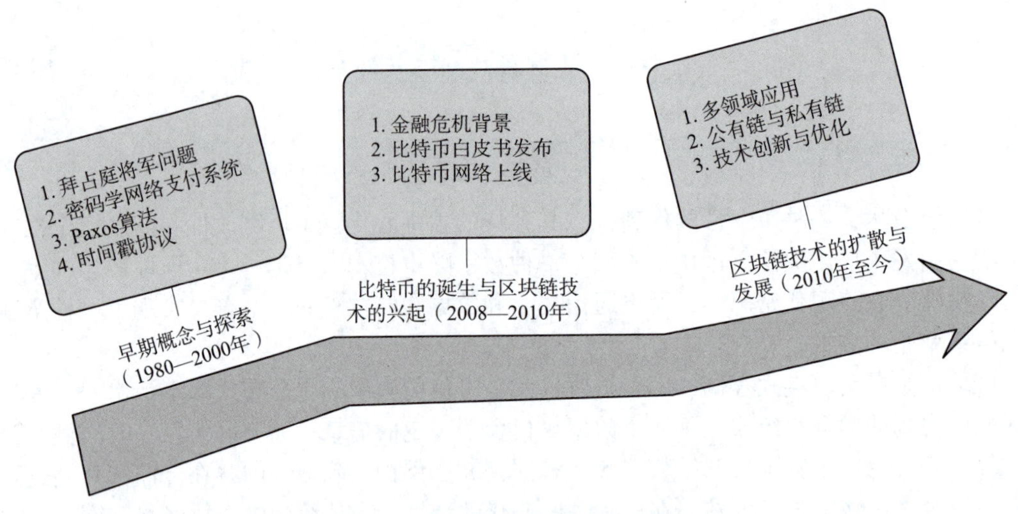

图 1-1　区块链技术的发展历史

Paxos 算法：1990 年，莱斯利 · 兰伯特提出了 Paxos 算法，这是一种基于消息传递的一致性算法。后来，Paxos 算法成为许多区块链项目的基础。

时间戳协议：1991 年，斯图尔特 · 哈伯（Stuart Haber）与 W. 斯科特 · 斯托尔内塔（W. Scott Stornetta）提出了利用时间戳确保数位文件安全的协议。这是区块链技术的早期应用之一。

二、比特币的诞生与区块链技术的兴起（2008—2010 年）

金融危机背景：2008 年全球金融危机爆发，人们对传统金融体系的信任受到了严重打击。这为比特币和区块链技术的诞生提供了背景。

比特币白皮书发布：2008 年 11 月 16 日，中本聪发布了比特币的白皮书《比特币：一种点对点的电子现金系统》，正式提出了区块链技术的概念。

比特币网络上线：2009 年，比特币网络正式上线，标志着区块链技术的正式应用。

三、区块链技术的扩散与发展（2010 年至今）

多领域应用：随着区块链技术的不断成熟，它开始被应用于多个领域，如供应链管理、身份验证、智能合约等。

公有链与私有链：区块链技术逐渐分化为公有链和私有链两种类型。公有链如比特币和以太坊等，允许任何人参与验证和挖矿；私有链则由特定组织或机构控制，用于内部数据管理和交易。

技术创新与优化：随着区块链技术的广泛应用，人们开始尝试对其进行技术创新和优化，如提高交易速度、降低能耗、增强隐私保护等。

总的来说，区块链技术的发展历史是一部充满创新与挑战的历程。从早期的概念探索到比特币的诞生，再到现在的广泛应用和优化，区块链技术正在不断改变着人们的生活和社会。

1.1.4　区块链如何推动航运货物追踪的“改革”

区块链技术，被誉为第四次工业革命的关键技术之一，以其独特的去中心化、数据不可篡改和分布式存储的特性，正在逐渐渗透到各个行业中，带来前所未有的变革。在航运领域，区块链技术对于货物追踪的“改革”尤为显著，它解决了传统航运货物追踪中存在的诸多问题，为航运业注入了新的活力。

一、传统航运货物追踪的问题

传统航运货物追踪系统往往依赖于中心化的数据库和纸质文档，存在着信息不透明、易篡改、更新不及时等问题。这些问题不仅影响了货物的运输效率，还增加了货损、货差的风险，给航运业带来了巨大的经济损失。

二、区块链技术的优势

区块链技术的引入，为航运货物追踪带来了革命性的变革。首先，区块链的分布式存储特性保证了数据的真实性和可靠性，任何对数据的篡改都会立刻被网络中的其他节点发现。其次，区块链的智能合约功能可以实现自动化操作，大大提高了工作效率。最后，区块链的去中心化特性避免了中心化机构的单点故障和数据篡改风险。

三、区块链在航运货物追踪中的应用

1. 提高透明度和可追溯性

区块链技术可以将航运货物的所有相关信息，如起始地、目的地、运输路径、中转节点、承运商、海关检查情况等，都记录在区块链上。任何相关方都可以通过区块链平台实时查看货物的状态和位置，大大提高了航运货物追踪的透明度和可追溯性。这不仅有助于货主及时了解货物的运输情况，还为海关、保险公司等提供了可靠的数据支持。

2. 简化流程和提高效率

通过区块链的智能合约功能，可以实现航运货物追踪中的许多烦琐手续的自动化处理。例如，报关、报检、提单转让等手续都可以通过智能合约自动完成，大大简化了流程，提高了工作效率。同时，智能合约还可以根据货物的实际情况自动调整运输计划，确保货物按时到达目的地。

3. 增强安全性和信任度

区块链技术的不可篡改性使航运货物追踪的数据更加安全可靠。任何对数据的篡改都会立刻被网络中的其他节点发现，从而保证了数据的真实性。此外，区块链技术还可以结合加密算法和身份验证机制，确保只有授权的相关方才能访问和修改数据，进一步增强了航运货物追踪的安全性。这种安全性也带来了信任度的提升，使各方更愿意在区块链平台上进行合作和交流。

4. 优化供应链协同

通过区块链平台，货主、承运商、海关、保险公司等各方可以实时共享货物的状态和位置信息，及时发现问题并采取相应措施。这种实时信息共享和协同工作有助于优化供应链的协同效率，降低供应链的风险。同时，各方还可以在区块链平台上进行实时的数据交换和沟通，进一步加强了合作关系。

综上所述，区块链技术以其独特的优势正在推动航运货物追踪的“改革”。通过提高透明度、简化流程、增强安全性和优化供应链协同等方面的应用，区块链技术为航运业带来了前所未有的变革和发展机遇。随着技术的不断进步和应用的不断拓展，相信未来区块链技术将在航运领域发挥更大的作用。

1.2 区块链技术原理

为了更清晰地探究区块链技术原理，在进行区块链的研究时，很多学者参考传统计算机网络体系结构中的经典 OSI 参考模型，对区块链的组成也进行了分层划分。袁勇等学者结合比特币系统的技术与应用现状，指出区块链系统有数据层、网络层、共识层、激励层、合约层和应用层六个层次；邵奇峰等学者将区块链平台整体划分为网络层、共识层、数据层、智能合约层和应用层等五层；祝烈煌等学者提出区块链组成为三层架构，分别为网络层、交易层、应用层。综上，学者们对区块链组成的划分大致相似。

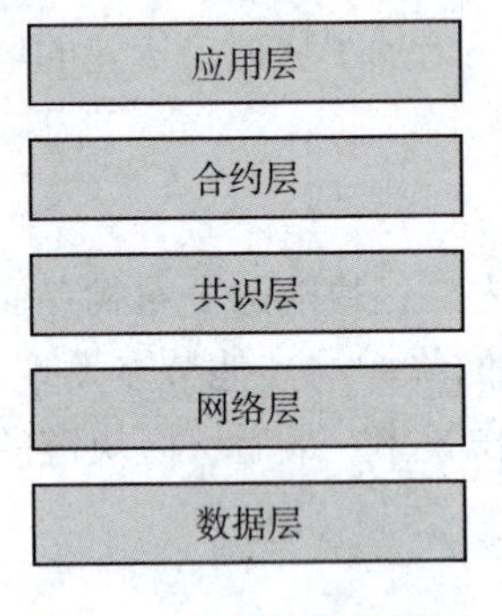

图 1-2　区块链分层模型

结合前人经验，并参考区块链的广泛应用特点，区块链可划分为数据层、网络层、共识层、合约层和应用层五个层次，如图 1-2 所示。其中，数据层和网络层是区块链的基本架构，也是整个区块链系统的最底层。

1.2.1 区块链的组成

一、数据层

区块链的数据层主要用于封装区块链的底层数据存储以及数据加密等基础数据和基本算法。区块数据、链式结构，以及区块上的随机数、时间戳、公私钥数据等，是整个区块链技术中底层的数据结构。

区块链是由区块相互连接形成的链式存储结构。区块是最基本的结构单元，由区块头和区块体构成。创世区块是第一个区块。

1. 区块头

区块头用于区块自身身份的识别，有父区块哈希值（即上一个区块的哈希值，用于标识区块处于链条的时间排序位置）、版本号（用于跟踪软件/协议的更新）、难度（用于记录区块链工作量证明的难度目标）、时间戳（区块创建的精准时间）、随机数（用于证明工作量的计算参数）和默克尔根（即 Merkle 根，记录区块中交易的 Merkle 树根）等。

2. 区块体

区块体是区块的核心数据，用于记录交易数据，包含成百上千的交易信息，存储方式为默克尔树（Merkle 树）。默克尔树是一种二叉树，由一个根节点、一组中间节点和一组叶节点组成。叶节点包含存储数据及其哈希值，中间节点是它的 2 个孩子节点内容的哈希值，根节点也是由它的两个子节点内容的哈希值组成，所以默克尔树又称为哈希树。默克尔树的特点是：底层数据的任何变动都会传递到其父节点，一直到树根，它的作用主要是快速归纳和校验区块数据的完整性。

二、网络层

区块链的网络层主要负责各个节点之间的网络连接和传输，通过点对点网络（P2P）技术实现分布式网络机制。点对点网络是指节点之间建立的直接连接，这种连接可以实现节点之间的快速通信和数据传输，同时也可以保证节点之间的安全性和私密性。

网络层允许节点在网络中自由传播，它确保每个节点可以与其他网络中的节点交换信息，比如交易、同步数据和接收新的区块等。它提供了一个网络拓扑，保存节点的连接信息，以及安排双方之间的信息传输，使区块链能够实现去中心化的分布式账本，从而实现了安全、透明和可信的交易。

三、共识层

区块链的共识层内主要包括区块链的共识机制算法。共识算法是一种用于决定哪个节点可以添加新块到区块链中的规则，主要目的是确保每个节点都能够遵守“最长链原则”，在任何时候，只有最长的链条可以被节点纳为区块链的标准状态。区块链中常见的共识算法如下：

1. 工作量证明（Proof of Work，PoW）

工作量证明（PoW）的概念最早由 Hal Finney 在 2004 年提出，他将其称为“可重复使用的工作量证明”，使用了 160 位的安全散列算法 1（SHA-1）。2009 年，比特币成为第一个广泛采用 Finney 的 PoW 思想的应用（Finney 也是第一个接收比特币交易的人）。PoW 是一种让网络节点之间竞争解决复杂的数学难题的过程，以验证交易并创建新的区块。这种机制可以防止双花攻击，确保区块链的安全性和去中心化。

2. 权益证明（Proof of Stake，PoS）

权益证明（PoS），也称股权证明机制，是一种基于区块链的共识，允许加密货币验证交易。它类似于把资产存在银行里，银行会通过你持有数字资产的数量和时间给你分配相应的收益，是根据你持有货币的量和时间进行利息分配的制度。在 PoS 模式下，你的“挖矿”收益正比于你的币龄，而与电脑的计算性能无关。相较 PoW（工作量证明机制），PoS 不会造成过多的电力浪费，因为 PoS 不需要靠比拼算力挖矿。缺点是必须通过购买等方式获得代币，降低了普通人获得加密货币的门槛。

3. 拜占庭容错算法（Byzantine Fault Tolerance，BFT）

拜占庭容错（BFT）共识算法是由拜占庭将军问题衍生出来的共识算法。拜占庭将军问题是对现实世界的模型化，由于硬件错误、网络拥塞或中断以及遭到恶意攻击等原因，计算机和网络可能出现不可预料的行为。区块链中的网络环境类似于拜占庭将军模型，有运行正常的服务器（忠诚的将军）、有故障的服务器和破坏者的服务器（叛变的将军）。共识算法的核心是在正常的节点间形成对网络状态的共识。拜占庭容错共识算法有 3 种版本，每种版本都具有各自的优缺点。这些版本分别是：

① 实用拜占庭容错（Practical Byzantine Fault Tolerance，PBFT）。

② 联邦拜占庭协议（Federated Byzantine Agreement，FBA）。

③ 授权拜占庭容错算法（Delegated Byzantine Fault Tolerance，dBFT）。

四、合约层

区块链的合约层，也称为智能合约层，是区块链独有的。主要包括各种脚本代码、算法和智能合约，是区块链实现诸多高级功能的基础。智能合约的想法最初是由尼克·萨博在 1994 年提出的，他认为代码完全能够控制一系列的逻辑关系、参数以及关联的行动。之所以称为智能合约，是因为这份合约可以在达到约束条件时自动触发执行，不需要人工干预，即可实现自我执行和自我验证，也可以在不满足条件时自动解约。这也是区块链能够解放信用体系最核心的技术之一。

五、应用层

应用层是整个区块链系统的最顶层，包含了该区块链的各种应用场景。其指的是建立在底层技术之上的区块链的不同应用场景和案例实现，类似于计算机操作系统上的应用程序，以及互联网浏览器上的门户网站、搜索引擎、电子商城或是手机端上的 APP，它将区块链技术应用部署在以太坊、EOS 等应用上，并在现实生活场景中落地。目前应用层在数字资产、智能合约、支付网络以及领域特定应用（例如供应链）等方面都发挥重要作用。

1.2.2 区块链的技术原理

区块链技术是一种去中心化的分布式数据库技术。它将多个计算机节点组成的网络进行连接，使网络中的每个节点都可以进行数据传输、数据存储和数据处理等操作，同时，区块链技术还通过密码学算法来保证网络的安全性和可靠性。区块链技术原理如图 1-3 所示。

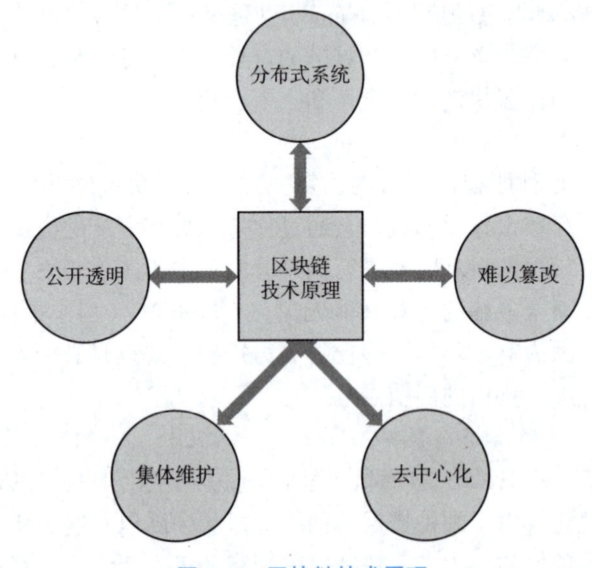

图 1-3　区块链技术原理

区块链的技术原理主要包括以下几个方面：

一、分布式系统

分布式系统与区块链技术的结合可以为系统提供更高的可靠性和安全性，分布式存储是分布式系统与区块链技术相结合的一种重要应用。它通过将数据进行分片存储在不同的节点上，并使用区块链技术来确保数据的安全性和不可篡改性。

传统的分布式系统是指将数据存储在多个节点上，并通过一定的协议来实现数据的一致性和可靠性。而区块链则是在此基础上引入了区块链式数据结构和共识机制，实现了去中心化的数据验证和交易确认。

1. 分布式存储

分布式存储是指将数据存储在多个节点上，而不是集中存储在单一的中心化设备中。这种存储方式可以提供更高的可靠性、扩展性和性能。

区块链是一种特定的分布式系统，它使用特定的数据结构和算法来保证数据的安全性和完整性。区块链采用去中心化的方式存储数据，每个节点都有完整的账本副本，并且通过密码学技术保证数据不被篡改。区块链中的数据由所有节点共同维护和验证，每个节点都有权利参与决策，从而保证了系统的安全性和透明性。

分布式存储是一种先进的数据存储技术，它通过网络将企业中的每台机器的磁盘空间连接起来，形成一个庞大的虚拟存储设备。这种技术将数据分散存储在企业的各个角落，使数据的存储更加灵活、可靠和安全。

分布式存储系统采用了去中心化的设计理念，将传统的集中式存储服务器分散到多个独立的设备上，从而消除了存储“瓶颈”，提高了系统的可扩展性和可靠性。它利用先进的分布式算法，将数据分散存储在多个节点上，确保数据的安全性和可用性。与传统存储系统相比，分布式存储系统具有许多优势。首先，它能够提高系统的可靠性和可用性，因为数据被分散存储在多个节点上，任何单一节点的故障都不会导致数据丢失或服务中断。其次，分布式存储系统具有更好的可扩展性，可以轻松地添加或删除节点，以满足不断增长的数据存储需求。此外，它还具有更高的性能和更低的成本，因为可以充分利用企业现有的硬件资源，避免了对昂贵的高端存储设备的依赖。总之，分布式存储技术是一种革命性的数据存储解决方案，它通过将数据分散存储在多个节点上，提高了系统的可靠性和可用性，同时降低了成本并提高了性能。随着企业数据量的不断增长和云计算技术的普及，分布式存储技术的应用前景将更加广阔。

区块链的分布式存储是指将区块链的数据存储在多个节点上的分布式系统中，而不是集中存储在单一的中心化服务器上。它借助点对点网络和共识算法确保数据的完整性和可信性。

在区块链中，每个节点都保存了完整的区块链副本，即所有的交易记录。当有新的交易发生时，这些交易会广播到整个网络中的节点，每个节点都会验证交易的合法性，并将其打包成新的区块。然后，节点通过共识算法竞争性地解决一个数学难题，以获得打包新区块的权力。一旦有节点成功解决问题并获得权力，它就可以将新区块添加到自己的副本中，并将其广播到整个网络中，其他节点也会将其添加到自己的副本中。

这种分布式存储的方式有以下几个优点：

① 可靠性和容错性：由于数据存在于多个节点上，即使有节点发生故障或遭受攻击，数据仍然可以被其他节点复制和保存，保证了数据的可靠性和容错性。

② 安全性：区块链通过加密和共识算法确保数据的完整性和安全性。每个节点都对交易进行验证，不合法的交易无法被添加到区块链中。

③ 去中心化：区块链的分布式存储使数据没有单一的中心化控制机构，所有的节点都有相同的权限，这样可以避免单点故障和潜在的风险。

④ 透明性：所有的交易记录都可以被所有节点访问和验证，任何人都可以查看和审计区块链的交易历史，增加了透明度。

总之，区块链的分布式存储解决了传统中心化存储系统的一些问题，为数据的安全性和去中心化提供了一种新的解决方案。

分布式存储的应用非常广泛。在云计算环境下，分布式存储可以用于构建高可用性、高可靠性的对象存储服务，提供弹性和可扩展的存储资源。在大规模数据分析和处理领域，分布式存储可以提供高吞吐量和低延迟的数据访问，支持并行计算和大规模数据处理。此外，分布式存储还可以用于构建内容分发网络（CDN），加速数据传输和内容交付。

然而，分布式存储也面临一些挑战和问题。例如，数据一致性和同步是分布式存储的难点之一，需要采用合适的协议和机制来确保数据在不同节点之间的一致性。另外，分布式存储的管理和维护可能更加复杂，需要考虑故障恢复、负载均衡和安全性等方面。

总之，分布式存储通过将数据分散存储在多个节点上，提供了可靠性、扩展性和性能方面的优势。在现代大数据和云计算时代，分布式存储已经成为重要的基础设施组成部分，并且在各个领域都有广泛的应用和发展前景。

2. 分布式计算

区块链的分布式计算是指将计算任务分配给多个节点进行并行计算的一种方式。在传统计算系统中，计算任务通常由单个中心服务器负责处理，而在区块链中，计算任务可以分配给网络中的多个节点进行处理。

区块链的分布式计算通常使用智能合约来定义和执行计算任务。智能合约是在区块链上运行的一种自动化合约，可以根据预先设定的规则和条件自动执行计算任务。当一个节点发起一个计算任务时，其他节点可以通过智能合约感知到该任务并参与计算。这些节点共同协作完成计算任务，并通过共识算法来验证和确认计算的正确性。

区块链的分布式计算有以下几个优点：

① 高可靠性和容错性：由于计算任务可以由多个节点进行并行处理，即使有节点发生故障或遭受攻击，计算任务仍然可以继续进行，保证了计算的可靠性和容错性。

② 高安全性：区块链通过使用加密算法和共识机制来确保计算的安全性。所有节点都可以参与计算过程，通过验证来确认计算结果的正确性。

③ 去中心化：区块链的分布式计算使计算任务没有单一的中心化控制机构，所有的节点都有相同的权限，这样可以避免单点故障和潜在的风险。

④ 透明性：所有的计算过程和结果都可以被所有节点访问和验证，任何人都可以查看和审计计算的历史，增加了透明度。

分布式计算有许多应用场景，例如大规模数据处理、并行计算、机器学习训练等。通过将计算任务分解并由多个计算节点同时处理，可以显著加快计算速度，提高计算效率。此外，分布式计算还可以实现容错性，当某个计算节点出现故障时，其他节点可以继续进行计算，确保整个计算任务的完成。值得注意的是，分布式计算也带来了一些挑战，如数据同步、节点故障恢复、任务调度等问题。因此，在设计和实现分布式计算系统时，需要考虑这些问题，并选用适当的算法和技术来解决。

总之，区块链的分布式计算可以实现更安全、可信任和可扩展的计算方式，为各种场景下的计算任务提供了一种新的解决方案。

二、加密技术

加密技术是区块链安全性的基础，包括公钥密码学、哈希函数、数字签名等。公钥密码学使用了两个密钥（公钥和私钥）来加密和解密数据，保证了信息的机密性和认证性。

区块链加密技术是一种集成到区块链中，以满足安全要求和所有权验证要求的加密技术。这种技术通常使用非对称加密算法，包括公钥和私钥两个非对称密钥。公钥可以向他人公开，而私钥则必须保密，其他人无法通过公钥计算出相应的私钥。

非对称加密一般分为三种类型：大整数分解问题类、离散对数问题类和椭圆曲线类。大整数分解问题类使用两个大素数的乘积作为加密数，而离散对数问题类是基于离散对数的困难性和强单向哈希函数的一种非对称分布式加密算法。椭圆曲线类则是使用平面椭圆曲线来计算一组非对称的特殊值，比特币就采用了这种加密算法。

此外，区块链加密技术还包括公钥加密、消息摘要算法、数字签名、密码哈希函数和零知识证明等。公钥加密是一种使用公钥和私钥来加密和解密信息的常见加密技术。消息摘要算法可以将任意长度的消息转换为固定长度的摘要，用于保护交易数据的完整性和安全性。数字签名则用于验证消息的来源和完整性，包括一个私钥和一个公钥，用于加密和解密信息。密码哈希函数是一种将任意长度的消息转换为固定长度哈希值的算法，具有不可逆性和抗碰撞性等特点，用于保护交易数据的安全性和隐私性。零知识证明是一种可以在不暴露信息的情况下证明某个陈述是真实的验证方案，用于保护用户的隐私和身份验证等方面。

区块链加密技术是保障区块链安全的重要手段之一，它提供了数据的机密性、完整性和身份验证等功能，确保了区块链上的交易和数据的安全可靠。

三、交易验证和记录

区块链上的每个交易都需要经过多个节点的验证才能被添加到区块链中。具体来说，交易会被广播到网络中的所有节点，在经过一定的验证和筛选之后，会被打包成块并添加到区块链中。区块链交易验证和记录是区块链技术中非常重要的环节，它们共同保障了区块链的安全性和可靠性。

交易验证是区块链网络中确保交易合法性和有效性的过程。在区块链中，每个交易都需要经过验证才能被添加到区块链上。验证过程通常由网络中的节点（也称为矿工或验证者）完成，其通过解决复杂的数学问题来验证交易的真实性和合法性。验证的内容包括确认发送者是否拥有足够的资金，交易是否遵守网络规则等。如果交易被验证通过，它就会被添加到区块链上，成为区块链的一部分，从而确保交易的不可篡改性和可信度。

除了交易验证，区块链还会记录每个交易的详细信息，包括交易的发送者、接收者、交易金额、时间戳等。这些记录被永久性地保存在区块链上，并且可以被任何人查看和验证。这种透明性和可验证性使区块链成为一种非常安全和可靠的记录系统，可以用于记录各种类型的数据和交易，如金融交易、物流信息、身份认证等。

区块链交易验证和记录是保障区块链安全性和可靠性的重要手段，它们使区块链成为一种非常安全和可信的分布式数据库，为各种应用提供了强有力的支持。

1.2.3　公开透明

区块链是一种安全共享数据账本，区块链技术的另一个特性是“透明性”，这种公开性和透明性意味着任何人都可以在区块链上查询区块链数据，并根据实际情况开发相关的应用，这种透明度允许查看特定地址的交易历史、余额和其他相关信息，所有的交易都被记录在区块链上，同时其采用非对称加密技术，确保了数据的安全，无形中为数据增加了安全性，但同时也让其拥有了一些不可逆的特性。

区块链的公开透明具体体现在以下几个方面：

一、数据记录公开

区块链上的每一笔交易都被完整、真实地记录下来，并且这些记录对区块链网络中的每一个参与者都是可见的。这种公开性使区块链上的信息都可以被任何人验证和查询，从而增强了数据的可信度和透明度。

二、去中心化

区块链技术不依赖于任何中心化的机构或第三方来验证和记录交易。相反，它通过分布式的网络节点来共同维护和更新数据。这种去中心化的结构使区块链不易受到单点故障或篡改的影响，进一步保障了数据的公开透明。

三、加密算法保障

区块链使用了一系列加密算法来确保数据的安全性和完整性。这些算法不仅使数据在传输和存储过程中不易被窃取或篡改，还使交易双方的身份得以保密，保护了用户的隐私。

区块链的公开透明性为众多领域带来了革命性的变革。例如，在金融领域，区块链技术可以提高交易的透明度和可追溯性，减少欺诈和洗钱等风险；在供应链管理领域，区块链可以确保产品的来源和流向的透明度，提高供应链的效率和可靠性；在公共服务领域，区块链可以增强政府数据的公开性和可信度，提升政府的透明度和公信力。

然而，需要注意的是，区块链的公开透明性也带来了一些挑战和问题。例如，过度的透明性可能泄露用户的隐私信息；同时，由于区块链上的数据是永久性的，一旦记录了错误或不当信息，将很难进行修改或删除。因此，在利用区块链技术时，需要权衡公开透明性与隐私保护、数据安全等方面的需求，制定合理的应用策略。

1.2.4 难以篡改

简单来说，就是所有已经上链的交易不能被更改。区块链中的每个区块都通过区块头中的哈希与前面的区块紧紧地绑定在一起，此外，各个节点都保存了完整的区块数据，故由区块链技术生成的数据很难更改。数据一旦生成，就无法使用任何手段进行修改，具有不可篡改的特性。

区块链的难以篡改特性是其核心优势之一，主要基于其独特的数据结构和共识机制。具体来说，这种难以篡改性源于以下几个方面：

首先，区块链采用了链式数据结构，其中每个新区块都包含前一个区块的哈希值。这种结构确保了每个区块都与前一个区块紧密相连，形成一个完整的链条。一旦某个区块的数据被篡改，其哈希值就会发生变化，从而导致整个链条的断裂。因此，要篡改区块链中的数据，必须同时修改所有后续区块的哈希值，这在实践中几乎是不可能的。

其次，区块链采用了分布式存储和去中心化的特点。这意味着数据不是存储在单一的中央服务器上，而是分散在多个节点上。每个节点都有完整的区块链副本，并且可以相互通信和验证数据。因此，即使某个节点被攻击或篡改，其他节点也可以迅速识别并拒绝这些无效数据。要篡改整个区块链，需要同时控制网络中绝大多数的节点，这在现实中是非常困难的。

最后，区块链还采用了共识机制来确保数据的一致性和完整性。共识机制是一种确保所有节点对区块链状态达成共识的算法。常见的共识机制包括工作量证明（PoW）、权益证明（PoS）等。这些机制通过复杂的数学计算和节点间的协作，确保只有经过验证的合法交易才能被添加到区块链中。任何试图篡改区块链的行为都会受到其他节点的识别和抵制。

综上所述，区块链的难以篡改特性主要得益于其链式数据结构、分布式存储、去中心化以及共识机制等多个方面的综合作用。这使区块链成为一个高度安全、可靠的数据记录和交易验证平台，广泛应用于金融、供应链、公共服务等领域。

1.2.5 集体维护

在区块链网络中，所有的参与者都可以成为网络的一部分，每个节点都可以参与到区块链的维护和管理中。区块链网络中的所有交易和数据都被记录在一个个区块中，并通过密码学算法进行链接，形成一个不可篡改的链条。

区块链的集体维护是其核心特性之一，它确保了区块链网络的稳定性和安全性。集体维护意味着系统中的数据块不是由单个中心化机构或实体来维护，而是由所有具有维护功能的节点共同参与和协作完成。

首先，区块链网络中的每个节点都具备维护功能，它们通过遵循共同的协议和规则来参与区块链的维护。这些节点可以是计算机、服务器或其他设备，它们分布在全球各地，形成一个去中心化的网络。由于区块链的去中心化特性，任何具有维护功能的节点都可以加入网络并参与维护过程。

其次，集体维护确保了区块链数据的一致性和可靠性。每个节点都会保存一份完整的区块链副本，并通过共识机制来验证和确认新的交易与区块。共识机制确保了只有当大多数节点达成共识时，新的数据才会被添加到区块链中。这种机制有效地防止了单个节点或少数节点对区块链的篡改或攻击。

最后，集体维护还增强了区块链网络的安全性和鲁棒性。由于有多个节点共同参与维护，攻击者需要同时控制网络中的绝大多数节点才能对区块链造成实质性的威胁。这在现实中几乎是不可能的，因此，区块链网络具有很高的抗攻击能力。同时，即使某些节点出现故障或被攻击，其他节点仍然可以继续参与维护，确保整个网络的稳定运行。

综上所述，区块链的集体维护特性通过去中心化的网络结构、共识机制和节点间的协作，确保了区块链数据的一致性、可靠性和安全性。

1.2.6 去中心化

区块链的最重要特性是去中心化，它不依赖于任何中心机构或第三方信任。每个节点都有完整的账本副本，并且在网络上相互通信和协作，任何交易和记录只有得到其他节点的验证才会被添加到区块链之中，这种去中心化的结构保证了数据的安全性和可信度。

区块链的去中心化是其核心特性之一，意味着整个网络没有中心化的硬件或管理机构，任何节点的权利和义务都是平等的。这种去中心化的结构带来了诸多优势，包括容错能力强、不易被攻击以及数据无法篡改。

具体来说，由于区块链依赖众多独立的节点工作，任何一个局部的问题不太可能让整个系统停止运作。同时，即使系统的某一个或几个节点被攻击，也不会影响整个系统的运行。此外，每个节点在区块链中都是独立平行运行的，数据记录不可更改，这使各种数据更加公开透明，客户的利益得到更好的维护。

这种去中心化的特性使区块链技术能够广泛应用于多个领域。例如，在数字身份领域，区块链的不可篡改性可以将出生证、房产证、结婚证等公证上链，使这些存证成为全球信任的对象。在医疗领域，区块链通过建立通用的记录存储库，让患者能够更方便地查询相关医疗信息，节省时间和金钱成本。在旅游出行领域，区块链技术能够省去第三方中间商的介入，让客人与服务提供商直接建立联系，促成交易。

然而，值得注意的是，区块链所谓的去中心化主要是在技术层面上的去中心化。在监管层面，仍然需要一定程度的中心化。例如，在数据产生过程中，需要引入中心化的可信任机构来保证链上链下数据相符和实时同步。

1.3 区块链的应用

1.3.1 区块链的分类

区块链按公开程度可以分为三类，分别是公有链、联盟链和私有链，这是目前大多数学者认可的分类方式。

一、公有链

人人参与，公开度高。

公有链是指任何人都能进行读、取、编、写信息，任何人都能参与记账和发送交易的区块链。比特币和以太坊都属于公有链，人人都能参与其中。公有链的特点如下：

① 完全公开。基于区块链去中心化的特点，加之在公有链中每个参与者都能看到所有交易账户余额和交易活动，公有链的公开程度最高，开发者也没有权利干涉用户。

② 访问门槛低。只要有一台能联网的计算机，就能进行访问。

二、联盟链

限定成员参与，公开度一般。

联盟链的公开程度介于公有链和私有链中间，具有某些共同特点的限定成员可以参与。通常会有多个机构或组织共同创建，服务范围内的联盟成员可以进行参与。联盟中的成员必须获得授权许可之后才可以参与记账和交易。联盟链的特点如下：

① 部分去中心化。联盟链只属于联盟成员所有，节点数量有限。

② 交易速度较快。因节点数量有限，容易达成共识。

③ 公开程度一般。联盟链的数据不默认公开，只面向联盟里的用户开放。

三、私有链

个人或团体内部参与，公开度低。

私有链一般仅供个人或机构内部使用，如学校、企业、内部等。通常私有链的参与节点主要为机构内部人员，不同节点具有的权限不同，有些只具有读取权限，有些可以进行编写修改。私有链的特点如下：

① 交易速度更快。由于仅面向组织内部，参与节点有限，私有链的交易速度比公有链和联盟链都要快。

② 隐私保护更好。由于隐私程度高，私有链多用于金融、大数据等数据隐私更为重视的行业中。

除按公开程度分类之外，还有学者根据部署环境，将区块链分为主链、测试链；根据对接类型，将其分为单链、侧链、互连链。诸多分类方式都是为了更便于大家对区块链的理解。

1.3.2 数字货币

区块链技术在数字货币领域的应用是一种革命性的创新，它彻底改变了传统金融体系的运作方式，为数字货币的发行、交易和管理提供了全新的解决方案。以下是区块链技术在数字货币领域的主要应用。

一、去中心化的电子货币系统

传统的电子支付系统依赖于银行或第三方支付机构作为中介，而区块链技术通过构建基于 P2P 网络的点对点支付体系，实现了完全去中心化的电子货币系统。这种系统去除了中间环节，降低了交易成本，提高了交易效率，并且具有更强的稳定性和可靠性。比特币是第一个应用区块链技术的加密货币，自 2009 年问世以来，已经发展成为全球最受欢迎的数字货币之一。

二、交易记录和验证

区块链是一个持续增长的数据库，其中的每个区块都包含了一段时间内发生的所有交易记录。这些记录被加密并分布到网络中的每个节点，确保了交易的真实性和不可篡改性。此外，通过哈希加密技术，每笔交易都被转化为一个独特的哈希值，这使交易可以被轻松验证和追踪。

三、安全性和隐私保护

区块链技术通过加密算法、共识机制等手段，确保了数字货币的安全性和匿名性。在区块链上进行的每笔交易都被加密并分散存储在网络中的各个节点，这使任何尝试篡改或伪造交易的行为都会立刻被网络中的其他节点发现。同时，由于交易记录的匿名性，用户的隐私得到了保护。

四、防止双重支付

在传统的电子支付系统中，双重支付是一个严重的问题。而区块链技术的去中心化和分布式特性使每笔交易都被网络中的所有节点共同验证和记录，从而有效防止了双重支付的发生。

总的来说，区块链技术在数字货币领域的应用为金融体系的创新和发展提供了新的思路和方向。然而，随着技术的不断发展和应用场景的不断扩大，我们也需要关注并解决可能出现的挑战和问题，如监管、合规、技术安全等。

1.3.3 供应链管理

区块链技术在供应链管理方面的应用具有巨大的潜力和价值。以下是一些主要的应用领域和优势。

一、提高透明度和可追溯性

区块链技术可以提供一个高度透明和可追溯的供应链管理环境。每个参与方都可以通过区块链网络查看和验证交易信息，确保数据的一致性和可信度。这种透明度和可追溯性有助于减少信息不对称，提高供应链的可信度和效率。例如，食品行业的企业可以利用区块链来追踪食品的来源和质量，保证产品的安全和可靠性。

二、确保数据安全性

传统的供应链管理系统通常依赖于中心化的数据库，容易出现数据篡改和信息不透明的问题。而区块链技术采用了加密和分布式存储的方式，使数据更加安全。每个交易都需要经过共识机制的验证才能添加到区块链上，从而减少了数据被篡改的可能性。此外，区块链上的数据是分布式存储的，即使某个节点被攻击，其他节点仍然可以保持数据的完整性。

三、提高供应链管理效率

通过区块链的智能合约功能，可以自动执行合同条款和支付条件，减少了人为的干预和处理时间。同时，由于区块链上的数据是实时更新的，并且可供所有参与方查看，供应链管理者可以更快地获取到准确的数据和信息，做出及时的决策。

四、改善供应链金融服务

供应链金融是一个重要的领域，区块链技术可以为其提供创新的解决方案。通过区块链，供应链上的各个参与方可以建立信任关系，并且基于交易数据和历史记录进行融资。由于区块链提供的数据透明度和可信度，金融机构可以更加准确地评估供应链的风险，提供更具竞争力的融资服务。

五、实时更新信息，增强供应链的流动性

区块链技术可以实时更新供应链中的信息，包括库存、物流、交易等，确保所有参与方都能够及时获取到最新的数据。这有助于减少信息不对称，降低运营成本，并增强供应链的流动性。

总的来说，区块链技术在供应链管理方面的应用可以大大提高供应链的透明度、安全性和效率，降低运营成本，并改善供应链金融服务。随着技术的不断发展和普及，越来越多的企业将采用区块链技术来改进其供应链管理。

1.3.4 金融科技

基于区块链去中心化、不可篡改等技术原理特性，区块链在金融领域可以发挥巨大的价值，为金融行业提供更安全、高效、透明的解决方案。

一、跨境支付与结算

跨境支付（Cross-border Payment）也称为国际支付，是指两个或两个以上国家之间借助一定的结算工具和支付系统实现货币交易过程。当前跨境支付市场涵盖跨境电商支付、海外航旅等多个领域。传统的跨境支付结算会涉及支付、清算、结算三个环节，结算过程烦琐、成本高、时间长，而区块链技术可以实现跨境支付的快速、低成本和实时清算，大大提高了

支付效率。

案例：瑞波币即时跨境支付

瑞波币的前身是网络工程师 Ryan Fugger 在 2004 年开发的去中心化货币支付协议 Ripplepay，最初的想法是革新传统交易模式，构建可通过全球网络为用户提供安全快捷支付服务的系统。某种意义上来说，瑞波币在系统中充当着度量单位或者说媒介的角色：Ripple 网络引入“共识机制”及“网关”的概念，通过其分布式账本框架及特殊节点的投票，实现短时间内的交易验证及确认，同时，使用系统内的自动汇率换算功能实现货币间的即时兑换。

二、股权融资与证券交易

区块链技术可以实现股权和证券的数字化发行和交易，提高市场的透明度和效率，降低发行成本。通过区块链技术，可以实现股权融资的去中心化和智能化。发行人可以通过发行代币的方式进行融资，投资者也可以通过购买代币来获取公司的股权。区块链可以记录和验证股权交易，提高交易的透明度和效率。

区块链可以将传统市场上的资产进行数字化和分割，实现资产的可流动性和可交易性。通过智能合约，可以实现对资产所有权和分红权的安全、高效管理。这种方式可以为投资者提供更多的资产选择和更灵活的投资方式。

三、智能合约与保险

智能合约可以自动执行保险条款，降低合同执行的风险和成本。同时，区块链技术也可以为保险行业提供更为精准的风险评估和定价模型，提高保险业务的效率和准确性。

区块链+金融为金融行业带来了更多的创新和可能性，有望解决传统金融体系中存在的信任问题、效率低下等问题，提高金融行业的整体效率和竞争力。然而，随着技术的不断发展和应用场景的不断拓展，也需要更多的研究和探索来充分发挥其潜力并解决潜在的问题。

1.3.5　区块链在航运中的应用

区块链利用自己的特性，能够完好地在物联网和物流领域发挥其作用。众所周知，航运业与物流业具有不可分割的关联性。在区块链高速发展的背景下，“航运+区块链”应运而生。“航运+区块链”是一种基于对客户、船舶、港口、海关等集装箱运输产业链上下游各相关主体整合的航运区块链生态圈的设想，各种航运区块链的开发应用也层出不穷，进一步推动着航运业数字化转型。

一、区块链提单

区块链提单本质上是数据电文，是运用区块链技术传递海上货物运输合同数据的一种电子运输记录。从技术角度来看，区块链是一种按照时间顺序将数据区块以顺序相连的方式组合而成的一种链式数据结构，并以密码学方式保证的不可篡改和不可伪造的去中心化分布式账本。区块链技术可以用数学算法保证提单的单一性，并使提单在不同国家当事人之间自由流转，实现与纸质提单相同的功能。近年来，主流航运公司纷纷加快区块链技术应用的步伐。通过比对可以发现，各航运公司开发的区块链提单根据采用的区块链技术的不同，主要分为私有链和联盟链两种运行模式。

① 私有链是一种“去中心化”程度最低的关系链，即对记账进行限制，基本上局限在一个人或一个机构，且被授权的人可以读取相关数据，一般应用于公司内部的使用场景。中外运目前的区块链货代提单模式便是私有链模式，其签发的区块链货代提单仅在其国内代理和国外代理之间流转。

② 联盟链是一种“部分去中心化”的关系链，即由多个机构共同管理维护的区块链，只有预先确定的人可以参与到区块链的交易写入、读取之中，并且对区块链的访问进行授权。中远航运所采用的区块链提单模式便是联盟链模式，其搭建的平台可支持承运人、收发货人、金融机构、港口等多个参与方，可以实现提单签发、转让等全部在链上完成。

二、港口转型

2022 年 9 月 28 日，上港集团在上海举行“长江港航区块链综合服务平台”发布会，并与一众集装箱班轮公司、港航企业共同签署《“长江港航区块链综合服务平台”合作框架协议》，携手各方共同打造基于区块链的港航生态圈，进一步推动数字化智慧港口建设。

“长江港航区块链综合服务平台”以“数字化”“平台化”叠加“区块链”新技术，充分运用区块链独有的分布式账本、智能合约、实时共识、数据定制加密机制和不可篡改等特点，确保上链信息保密、准确、可追溯，并构建起一种新的信任机制，为各参与方提供全程可控的多样化服务和多层次功能布局。

综上所述，未来以打造区块链航运的港口将越来越多。航运结合区块链技术，在确保可信的前提下，探索并形成在航港领域的丰富的应用生态，从而促进航港数字化发展，助力产业转型升级。

任务总结

本任务详细介绍了区块链的概念及技术原理，包括区块链去中心化、难以篡改、公开透明和集体维护等特点，以及区块链的分类。本任务还介绍了区块链在不同行业的广泛应用，最后提到了区块链在航运中的特色应用。读者由本任务入门，可以对区块链有全面、系统的了解，能够为后面任务的把握奠定基础。

课后习题

任务一课后题答案

简答题：

1. 区块链的概念和技术原理是什么？
2. 区块链可以分为哪几类？介绍每类的特点。
3. 列举两种区块链在航运中的应用。

任务评价 1

本课程采用以下三种评分方式，最终成绩由三项加权平均得出：

1. 自我评价：根据下表中的评分要求和准则，结合学习过程中的表现进行自我评价。
2. 小组互评：小组成员之间互相评价，以小组为单位提交互评结果。
3. 教师评价：教师根据学生的学习表现进行评价。

评价指标	评分标准	评价			等级
		自我评价	小组互评	教师评价	
知识掌握	优秀：能够全面理解和掌握任务资源的内容，并能够灵活运用解决实际问题				
	良好：能够基本掌握任务资源的内容，并能够基本运用解决实际问题				
	中等：能够掌握课程的大部分内容，并能够部分运用解决实际问题				
	及格：能够掌握任务资源的基本内容，并能够简单运用解决实际问题				
	不及格：未能掌握任务资源的基本内容，无法运用解决实际问题				
技能应用	优秀：能够熟练运用任务资源所学技能解决实际问题，并能够提出改进建议				
	良好：能够熟练运用任务资源所学技能解决实际问题				
	中等：能够基本运用任务资源所学技能解决实际问题				
	及格：能够部分运用任务资源所学技能解决实际问题				
	不及格：无法运用任务资源所学技能解决实际问题				
学习态度	优秀：积极主动，认真完成学习任务，并能够帮助他人				
	良好：积极主动，认真完成学习任务				
	中等：能够完成学习任务				
	及格：基本能够完成学习任务				
	不及格：不能按时完成学习任务，或学习态度不端正				

续表

评价指标	评分标准	评价			等级
		自我评价	小组互评	教师评价	
合作精神	优秀：能够有效合作，与他人共同完成任务，并能够发挥领导作用				
	良好：能够有效合作，与他人共同完成任务				
	中等：能够与他人合作完成任务				
	及格：基本能够与他人合作完成任务				
	不及格：不能与他人合作完成任务				

结合老师、同学的评价及自己在学习过程中的表现，总结自己在本工作领域的主要收获和不足，进行自我评价。

（1）____

____

（2）____

____

（3）____

____

（4）____

____

教师评语
____
____
____
____
____
____
____
____

任务二

了解 FISCO BCOS 区块链平台

任务导读

目前区块链已成为许多现代甚至未来应用程序中最具吸引力的技术之一，区块链扮演着特殊的角色，因为它可以缓解航运中物流管理问题，提供了在全球范围内实现安全无摩擦交易的新方法。因此，学习将区块链平台与航运物流结合使用显得尤为重要。

本任务从认识 FISCO BCOS 区块链平台入手，首先让学生对 FISCO BCOS 区块链平台有一个初步了解，然后介绍 FISCO BCOS 区块链的架构模型以及 FISCO BCOS 的关键特性，使读者对 FISCO BCOS 区块链有直观的认知，掌握其相关理论知识，对 FISCO BCOS 所使用的社区工具做一个初识，为之后的平台搭建奠定基础。

学习目标	（1）了解 FISCO BCOS 区块链平台 （2）掌握 FISCO BCOS 架构模型 （3）掌握 FISCO BCOS 关键特性 （4）掌握 FISCO BCOS 社区工具的使用
技能目标	能理解 FISCO BCOS（金融级区块链开放平台）的基本概念，能掌握 FISCO BCOS 的架构模型以及关键特性，能掌握 FISCO BCOS 的应用前景，掌握 FISCO BCOS 社区工具的使用
素养目标	培养学生创新思维，挖掘潜力，坚定信念，树立信心，体会中国科技自立自强的成果和重要性
教学重点	FISCO BCOS 架构模型
教学难点	FISCO BCOS 架构模型、FISCO BCOS 关键特性

任务工作单 2

<table>
<tr><td>任务序号</td><td>2</td><td>任务名称</td><td>了解 FISCO BCOS 区块链平台</td></tr>
<tr><td>计划学时</td><td></td><td>学生姓名</td><td></td></tr>
<tr><td>实训场地</td><td></td><td>学号</td><td></td></tr>
<tr><td>适用专业</td><td>计算机大类</td><td>班级</td><td></td></tr>
<tr><td>考核方案</td><td>实践操作</td><td>实施方法</td><td>理实一体</td></tr>
<tr><td>日期</td><td></td><td>任务形式</td><td>□个人/□小组</td></tr>
<tr><td>实训环境</td><td colspan="3">虚拟机 VMware Workstation 17、Ubuntu 操作系统</td></tr>
<tr><td>任务描述</td><td colspan="3">从认识 FISCO BCOS 区块链平台入手，首先让学生对 FISCO BCOS 区块链平台有一个初步了解，然后介绍 FISCO BCOS 区块链的架构模型以及 FISCO BCOS 的关键特性，使读者对 FISCO BCOS 区块链有直观的认知，掌握其相关理论知识，为之后的平台搭建奠定基础。</td></tr>
<tr><td colspan="4">一、任务分解
1. 初识 FISCO BCOS 区块链平台。
2. 详细理解 FISCO BCOS 架构模型。
二、任务实施
1. 写出 FISCO BCOS 的基本概念。</td></tr>
</table>

续表

2. 绘制 FISCO BCOS 的架构模型。

3. 详述 FISCO BCOS 的关键特性。

三、任务资源（二维码）

教学方案——任务二

2.1 认识 FISCO BCOS

FISCO BCOS（区块链开放平台），全称是 Financial Blockchain Shenzhen Consortium Blockchain Open Source，它是由国内企业主导研发、对外开源、安全可控的企业级金融区块链底层平台，由中国金融区块链联盟（FISCO）开发和维护，并于 2017 年正式对外开源。开源至今，FISCO BCOS 开源社区在技术创新、应用产业以及开源生态均取得了非凡成绩。作为一个基于区块链技术的开源平台，其旨在为企业和组织提供安全、高效、可扩展的区块链解决方案。

FISCO BCOS 持续攻关核心关键技术，单链性能突破 10 万 TPS。首创 DMC 算法大幅度提升性能、推出三种架构形态灵活适配业务需求；全链路国产化，采用国密算法与软硬件体系，支持国产 OS，适配国产芯片和服务器，支持多语言多终端国密接入。拥有覆盖底层+中间件+应用组件的丰富周边组件。FISCO BCOS 旨在提供一个安全、高效、灵活的区块链底层基础设施，以满足金融行业的需求。它采用了可插拔的架构设计，允许不同的场景和应用通过配置来适配区块链网络。这使 FISCO BCOS 在金融行业内广泛应用，包括供应链金融、数字资产交易、票据结算、跨境支付等领域。至今，FISCO BCOS 开源社区已汇聚超 70 000 名个人成员、逾 3 000 家机构，成功支持政务、金融、农业、公益、文娱、供应链、物联网等多个行业的数百个区块链应用场景落地，社区收集到的标杆应用超过 200 个，构建出庞大且活跃的联盟链开源生态。开源社区组织编撰并发布了《FISCO BCOS 产业应用白皮书》，收录百余个应用案例，为产业实践提供借鉴。

一、FISCO BCOS 的开源生态

1. 核心模块

FISCO BCOS 提供了一系列核心模块，包括区块链共识引擎、密码学模块、智能合约虚拟机等，这些模块构成了 FISCO BCOS 的基础架构。

2. 智能合约

FISCO BCOS 支持基于 Solidity 语言的智能合约开发和执行，开发者可以利用智能合约实现各种业务逻辑和功能。

3. 链上隐私保护

FISCO BCOS 提供了链上隐私保护方案，可使参与者对交易信息和智能合约执行情况进行加密，并限制访问权限。

4. 网络拓扑灵活可配置

FISCO BCOS 允许用户在联盟链中配置不同的网络拓扑结构，满足不同场景下的需求。

5. 监控和管理工具

FISCO BCOS 提供了一套完整的监控和管理工具，可以实时监测链上的状态和性能指标，方便运维和管理。

二、FISCO BCOS 的应用场景

1. 供应链金融

FISCO BCOS 可以实现供应链金融的去中心化管理，提高交易效率和透明度，减少信用风险。

2. 资产证券化

FISCO BCOS 可以实现资产证券化的数字化管理和交易，提高资产流动性和可交易性。

3. 数字身份认证

FISCO BCOS 可以提供安全可信的数字身份认证系统，确保个人和企业的身份信息不被篡改。

4. 区块链供应链管理

FISCO BCOS 可以实现区块链供应链管理，提高供应链信息共享和追溯能力，减少信息不对称问题。

三、FISCO BCOS 的发展前景

FISCO BCOS 作为一种联盟链开源项目，具备较高的可塑性和扩展性，可以根据不同行业和企业的需求进行定制和拓展。随着区块链技术的发展和应用场景的扩大，FISCO BCOS 有望在金融行业以及其他领域得到更广泛的应用。

同时，FISCO BCOS 的开源生态也为开发者提供了丰富的工具和资源，可以加速区块链应用的开发和落地。在未来，我们有理由相信 FISCO BCOS 会成为金融行业和其他行业中重要的区块链解决方案之一。

以下是对 FISCO BCOS 的一些基本认识：

联盟链平台：FISCO BCOS 是一个联盟链平台，意味着它适用于多个参与方之间建立共识和合作的场景。

开源项目：FISCO BCOS 是一个开源项目，由中国金融区块链联合会（FISCO）主导开发和推动，其源代码可以在 GitHub 上找到。

隐私保护：FISCO BCOS 注重隐私保护，在设计上支持多种隐私保护技术，如智能合约、多方机密计算、零知识证明等。

高性能和扩展性：FISCO BCOS 采用了异步 BFT 共识算法，实现了快速交易确认和高吞吐量。同时，平台还具备良好的扩展性，可以根据业务需求进行水平扩展。

易用性和灵活性：FISCO BCOS 提供了友好的开发工具和文档，使用户能够快速搭建区块链网络和开发智能合约。平台还支持灵活的共识机制、智能合约编程语言和插件式架构，以满足不同业务需求。

应用场景：FISCO BCOS 广泛应用于金融、供应链、电子证据存证等领域，为企业数字化转型和区块链落地应用提供可靠的基础设施和解决方案。

2.2 FISCO BCOS 架构模型

通过学习 FISCO BCOS 的整体框架，可以全局视角地了解 FISCO BCOS 平台的设计，从而很好地掌握和应用开发。

如图 2-1 所示，按照自底向上的顺序，FISCO BCOS 整体上可以划分为基础层、核心层、管理层、接口层 4 个层次。基础层负责提供区块链的基础数据结构和算法库，如密码学算法库及隐私算法库等；核心层实现区块链的核心逻辑，按照功能分为两大部分，其中，链核心层实现区块链的链式数据结构、交易执行引擎和存储驱动，互连核心层实现

区块链的基础 P2P 网络通信、共识机制和区块同步机制；管理层提供区块链管理功能，包括参数配置、账本管理、链上信使协议（AMOP）等；接口层面向区块链用户，提供多种协议的 RPC 接口、SDK 和交互式控制台，允许用户基于区块链编程以及自定义发起和执行合约。

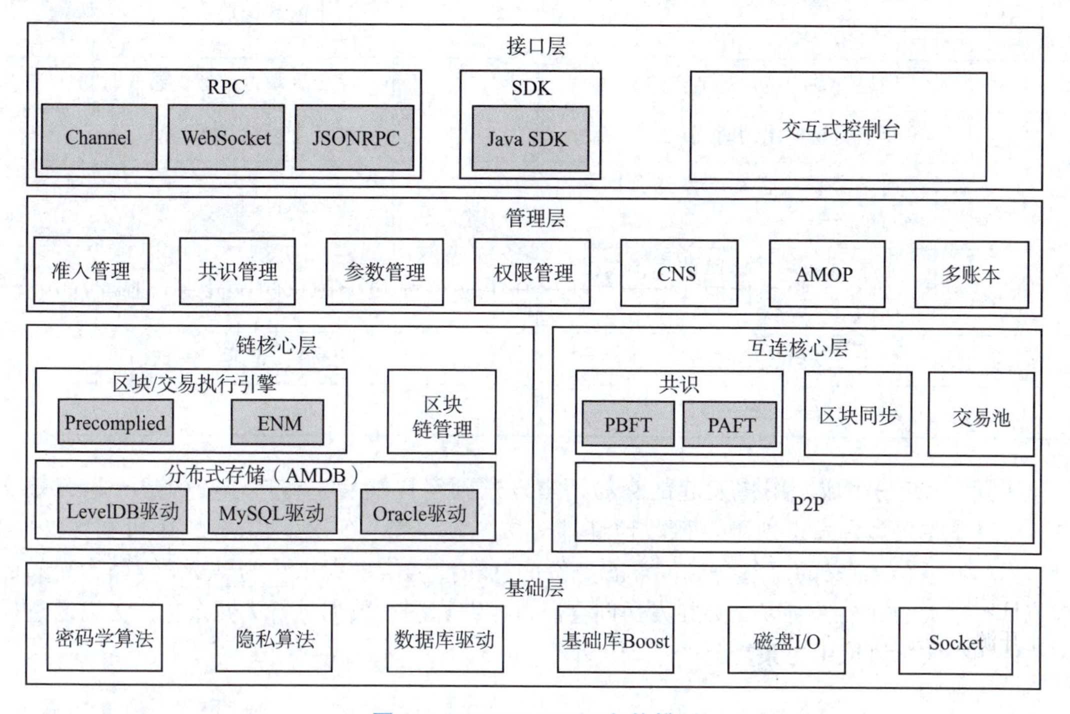

图 2-1　FISCO BCOS 架构模型

一、交易流程

用户通过 SDK 或者 cURL 向某个节点发起 RPC 请求交易，区块链网络节点收到交易请求后将交易放入交易池，并同步给区块链网络的其他节点，打包器不断地从交易池取出交易，当触发打包条件后开始生成区块，传给共识模块执行交易，交易需要经过足够数量共识节点的验证，在确认无误下对交易进行记录，同步给网络中所有的共识节点，并打包上链。

① 客户端向区块链节点发起交易请求。

② 区块链节点 Node 将交易池保存交易，并向其他节点同步交易。

③ 打包器 Sealer 不断从交易池中取出交易，并通过一定条件触发，将取出交易打包为区块。

④ 执行引擎 Consensus Engine 验证和交易区块，BlockVerifier 执行区块的每一笔交易。

⑤ BlockChain 接收到区块，进行验证和保存到底层存储，并完成区块上链。

上述内容为对该区块链平台的交易流程的简单介绍，以下内容将详细阐述其各个交易步骤。FISCO BCOS 区块链平台的交易流程包括：交易生成、交易广播、交易打包、交易执行、交易共识以及交易落盘。区块链网络的性能与通信、算力、网络结构息息相关，为了更加精确地构建区块链 TPS 模型，需要对不同的网络结构进行单独分析，首先分步考虑区块链的交易流程，本书涉及的系统参数见表 2-1。

表 2-1　系统参数

参数	含义	参数	含义
S_{tx}	每条交易的大小	n	每个区块包含的交易数量
C	每个节点的最大传输能力（上行与下行的上限）	$S_{blockhead}$	每个区块区块头的大小
N	区块链系统包含的节点总数量	$T_{blockdone}$	完成区块内所有交易的时间
$T_{txbuild}$	每条交易构建的时间	T_{tx}	每条交易执行的时间
T_{txsend}	每条交易从客户端发送到区块链节点的时间	S_{result}	区块执行结果的大小
$T_{txcheck}$	每条交易在区块链节点进行验签的时间	$T_{resultsend}$	区块执行结果发送的时间
$T_{blockpk}$	每个区块打包的时间	$T_{consensus}$	交易共识时间
$T_{blocksend}$	每个区块发送的时间		

步骤 1：交易生成。用户发起的交易请求发送到客户端后，客户端会构建一笔有效交易，交易中主要包含发送地址、接收地址、交易内容和交易签名。由表 2-2 可知，FISCO BCOS 区块链平台定义的每条交易包含的身份信息和签名信息大小约为 400 B。因为交易的内容具有很大的冗余，所以交易在发送前会通过压缩算法对数据进行去冗余化，可以通过抓包软件测得实际测试中每条交易的平均大小。

表 2-2　交易内容大小及含义

分组内容	大小	含义
type	enum	指明交易类型
nonce	u256	发送方提供的随机数，交易唯一性标识
receiveAddress	h160	交易接收方地址
gasPrice	u256	本次交易的 gas 的单价
gas	u256	本次交易允许最多消耗的 gas 的数量
data	vector<byte>	与交易相关的数据，大小与调用的智能合约有关
chainId	u256	记录本次交易所属的链信息
groupId	u256	记录本次交易所属的群组
extraData	vector<byte>	预留字段，若无需求，则为空
VTS	SignatureStruct	交易发送方对交易 7 字段 RLP 编码后的哈希值签名生成的数据
hashWith	h256	交易结构所有字段（含签名信息）RLP 编码后的哈希值
sender	h160	交易发送方地址
blockLimit	u256	交易生命周期，该交易最晚被处理的块高
importTime	u256	进入交易池的 UNIX 时间戳
rpcCallback	function	交易出块后 RPC 回调

那么每条交易由客户端生成并发送到区块链节点的时间为：

$$T_{txbuild}+T_{txsend}=T_{txbuild}+\frac{S_{tx}}{C}$$

式中，$T_{txbuild}$是与交易的复杂度及计算机处理速度相关的时间，交易构建的时间相较于通信时间和智能合约的执行时间来说很短，可以忽略不计。

步骤 2：交易验签。客户端生成的交易被发送到区块链节点后，节点会通过验证交易签名的方式来验证这笔交易是否合法。若这笔交易合法，则节点会进一步检查该交易是否重复，若没有发现重复交易，则将交易加入交易池缓存。若交易不合法或交易重复出现，则将直接丢弃交易。交易验签流程如图 2-2 所示。

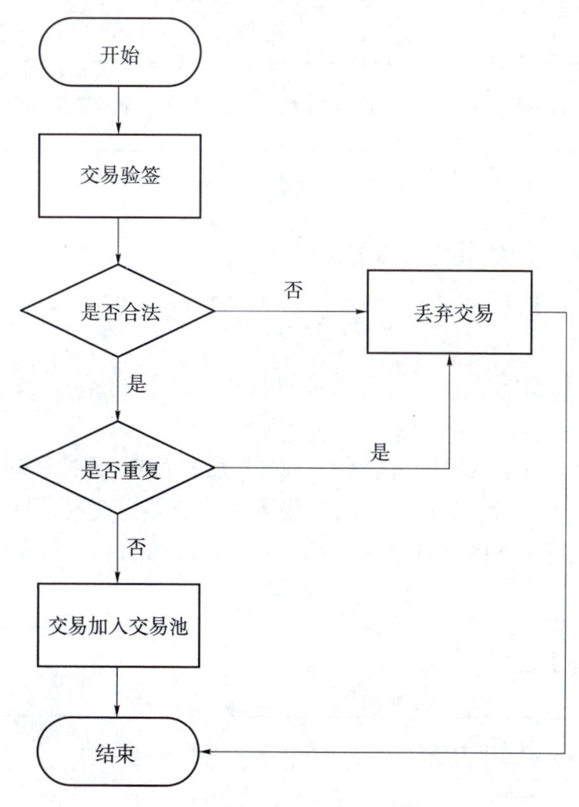

图 2-2　交易验签流程

步骤 3：交易广播。客户端将交易发送到区块链节点后，当前节点对交易进行验签后，除了将交易缓存在当前节点的交易池外，还会将交易广播至该节点已知的其他区块链节点。每个区块链节点都会对接收的交易进行一次验签，通过验签的交易将会被存入当前节点的交易池。为了方便分析，可以采用相同的测试交易内容、格式，所以可以认为每条交易的验签时间均为 $T_{txcheck}$，并且在交易的总时间中只考虑最晚完成验签节点的验签时间。

步骤 4：交易打包。当交易池中存在未完成的交易时，节点区块打包模块中的 Sealer 线程负责从交易池中按照先进先出的顺序取出一定数量的交易，组装成待共识区块，随后待共识区块会被发往各个节点进行处理，节点将交易打包为区块，如图 2-3 所示。

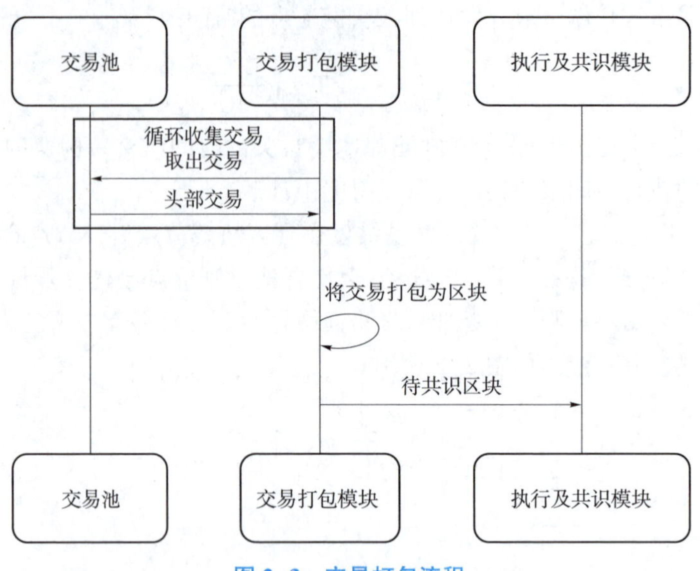

图 2-3　交易打包流程

交易打包为区块并发送到其他节点的总时间为：

$$T_{blockpk}+T_{blocksend}=T_{blockpk}+\frac{S_{blockhead}+nS_{tx}}{C}$$

式中，$T_{blockpk}$ 表示交易在当前节点打包为区块的时间，这与打包区块包含的交易数量以及物理机的处理能力相关。

步骤 5：交易执行。每个区块链节点在收到区块后，首先会对区块的区块头等信息进行验证，区块的合法性通过验证后，当前节点会调用区块验证器把交易从区块中逐一拿出来执行，节点验证区块、交易执行图如图 2-4 所示。那么每个区块内所有交易完成执行的时间为：

$$T_{blockdone}=T_{blockcheck}+nT_{tx}$$

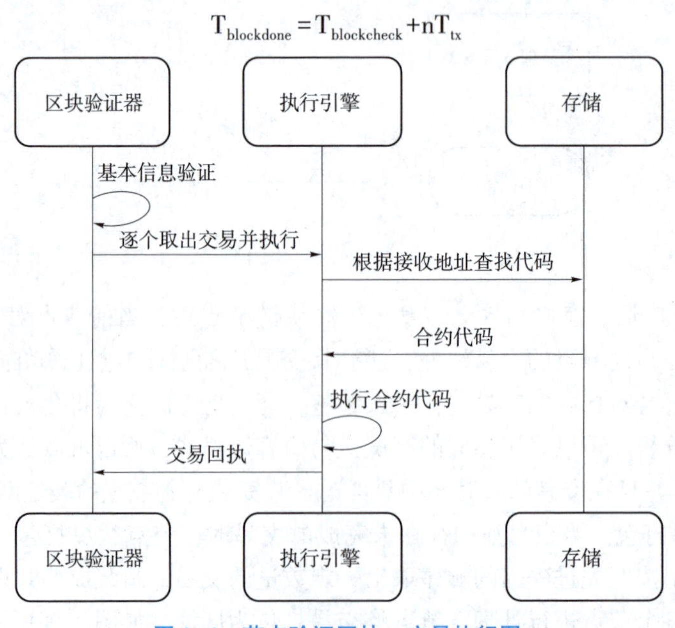

图 2-4　节点验证区块、交易执行图

步骤 6：交易共识。FISCO BCOS 中一般采用 PBFT 算法保证整个系统的一致性，各个节点先独立执行相同区块的内容，随后各个节点独立广播各自的执行结果，如果某个节点接收的超过 2/3 的节点都得出相同的执行结果，则说明这个区块在大多数节点上取得了一致，该节点便会开始出块。该过程主要与区块链系统的网络结构相关，这里假设达成共识所需的时间为 $T_{consensus}$。假定区块链网络用矩阵 E 来记录区块链节点之间的共识情况，如下：

$$E=\begin{Bmatrix} e_{11}, & e_{12}, & e_{13}, & \cdots, & e_{1N} \\ e_{21}, & e_{22}, & e_{33}, & \cdots, & e_{2N} \\ e_{31}, & e_{32}, & e_{33}, & \cdots, & e_{3N} \\ \vdots & \vdots & \vdots & & \vdots \\ e_{N1}, & e_{N2}, & e_{N3}, & \cdots, & e_{NN} \end{Bmatrix}$$

式中，$e_{ij}\in\{0,1\}$。e_{ii}是节点 i 本地区块的执行情况，若节点 i 已经执行完当前的区块，则 $e_{ii}=1$，否则，$e_{ii}=0$。e_{ij}用于记录节点 i 向节点 j 发送区块的执行结果后节点 j 的验证情况，若结果相同，则 $e_{ij}=1$，若结果不同，则 $e_{ij}=0$。

区块在节点 i 上被认定为合法区块的条件为：

$$\sum_{j=1}^{N} e_{ji} \geqslant \frac{2}{3}N$$

步骤 7：交易落盘。在共识出块后，节点需要将区块中的交易及执行结果写入硬盘永久保存，并更新区块高度与区块哈希的映射表等内容，然后节点会从交易池中剔除已落盘的交易，以开始新一轮的出块流程。用户可以通过交易哈希等信息，在链上的历史数据中查询自己感兴趣的交易数据及回执信息。假设交易落盘所需的时间为 $T_{blocksave}$。

综上所述，执行完成一个区块的总时间为：

$$T_{tot}=n(T_{txbuild}+T_{txsend}+T_{txcheck})+T_{blockpk}+T_{blocksend}+T_{blockdone}+T_{consensus}+T_{blocksave}$$

式中，$n(T_{txbuild}+T_{txsend}+T_{txcheck})$ 为该区块中包含的 n 条交易生成、广播、校验的时间，其余则为区块的打包、广播、执行、共识等时间。FISCO BCOS 交易完整时序图如图 2-5 所示。

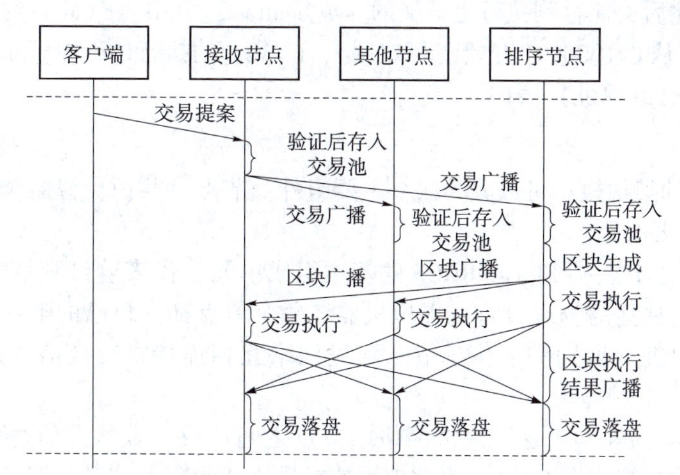

图 2-5　FISCO BCOS 交易完整时序图

二、合约流程

执行引擎基于上下文处理单个交易，执行上下文由区块验证器创建，用于缓存区块交易执行结果数据，支撑 EVM 合约和预编译合约，EVM 合约通过交易创建。合约流程如图 2-6 所示。

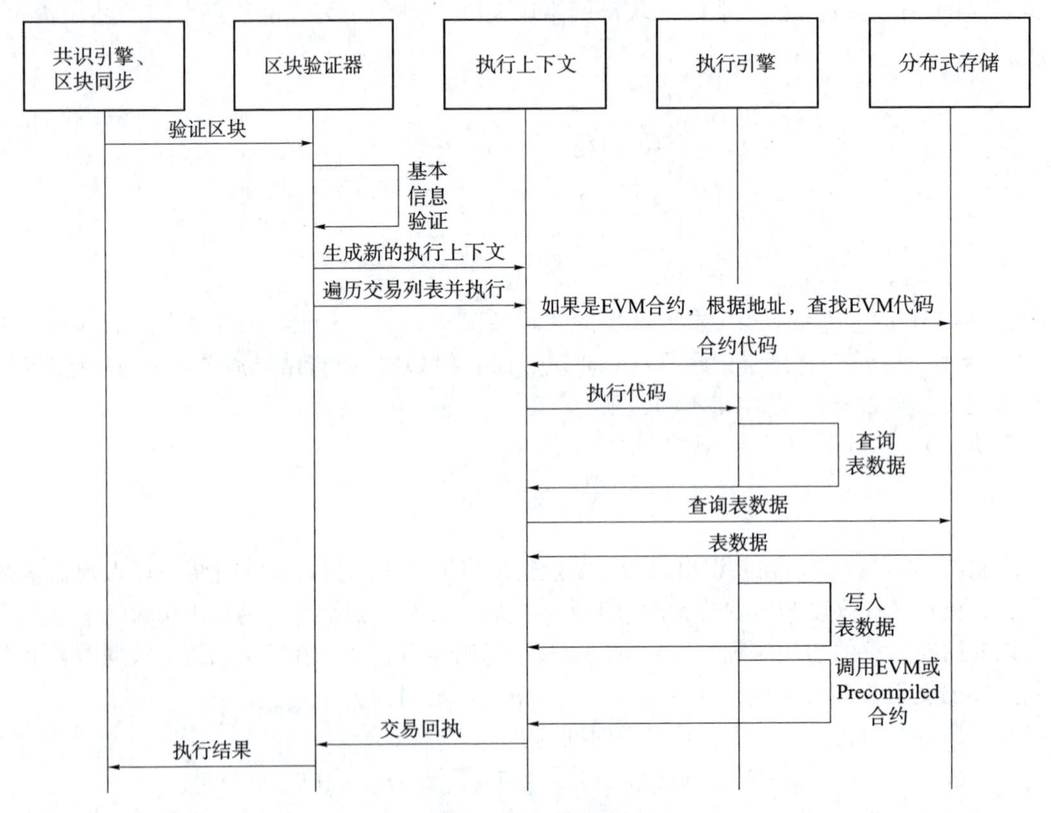

图 2-6　合约流程

EVM 合约创建后，保存到执行上下文的_sys_contracts_表中，EVM 合约的地址在区块链全局状态内自增，从 0x1000001 开始（可定制），EVM 合约执行过程中，Storage 变量保存到执行上下文的 c_(合约地址）表中。

三、架构模型

FISCO BCOS 的架构模型可以分为四个主要组件：节点、共识、智能合约和存储。下面对每个组件进行简要介绍。

节点（Node）：节点是 FISCO BCOS 的基本组成单元，代表着区块链网络中的一个参与方。节点可以是独立的物理设备或虚拟机器，每个节点都有自己的唯一标识符——节点 ID，用于在网络中进行识别和通信。节点通过网络互相连接，交换信息并协作完成共识算法。

共识（Consensus）：共识是区块链网络中节点之间达成一致状态的过程。FISCO BCOS 采用了异步 BFT 共识算法（ABFT）来实现快速交易确认和高吞吐量。该算法具有高度容错性、可扩展性和安全性，能够保证多个节点之间达成一致。

智能合约（Smart Contract）：智能合约是一种自动执行的计算机程序，它们是 FISCO

BCOS 上应用逻辑的基础。FISCO BCOS 支持使用 Solidity 等编程语言编写智能合约，并提供了丰富的 API 和工具帮助开发者进行合约的部署、调试和测试。

存储（Storage）：存储是指区块链网络中的数据持久化存储。FISCO BCOS 支持多种存储引擎，包括 LevelDB 和 RocksDB 等。存储引擎将智能合约执行结果、交易数据和状态信息等存储在区块链上，以实现可追溯和不可篡改的数据存储。

除了这四个主要组件外，FISCO BCOS 还提供了管理后台、监控系统、钱包和 SDK 等周边工具和服务，使用户可以更加便捷地使用和管理该平台。

2.3 FISCO BCOS 关键特性

FISCO BCOS 作为一个开源的联盟链平台，具有以下关键特性。

一、高性能和可扩展性

FISCO BCOS 采用异步 BFT 共识算法，实现了快速交易确认和高吞吐量。同时，平台还支持水平扩展，可以根据业务需求增加节点数量来提升系统性能。

FISCO BCOS 采用了多项技术优化，如并行交易处理、多链并行、节点负载均衡等，以提升区块链系统的性能。例如，FISCO BCOS 支持并行交易处理，即可以同时处理多个交易，提高交易吞吐量和响应速度。此外，FISCO BCOS 还支持多链并行，可以在同一联盟链网络中同时运行多条链，以进一步提高交易吞吐量和响应速度。举例来说，如果一个企业需要处理每秒钟数千笔交易，FISCO BCOS 可以满足其高性能的需求。

FISCO BCOS 引入了交易并行执行模型及预编译合约框架。基于交易并行执行模型，用户可在合约方法中自定义交易互斥变量。在区块执行过程中，系统会根据交易互斥变量及交易间顺序自动构建交易依赖关系有向无环图（DAG），随后利用交易 DAG 尽可能地并行执行独立的交易，从而提升区块的处理速度。在预编译合约框架中，FISCO BCOS 支持采用 C++编写合约，从而利用 C ++语言的响应更快、运行速度更快、消耗资源更少及易于并行计算等特性，极大地提升整个系统的效率。在中国信息通信研究院于 2019 年组织的可信区块链性能评测中，FISCO BCOS 单链 TPS 高达 2 万，能够覆盖金融级高频交易场景需求。

除单链维度优化外，FISCO BCOS 还支持多群组架构。不同群组代表不同的账本，群组之间彼此独立、数据隔离，区块链中的节点可以根据自身业务的需求，选择一个或多个不同的群组加入，并参与到对应账本的数据共享和共识过程中。借助群组架构，业务规模和系统吞吐量可以进一步扩大。

二、隐私保护

FISCO BCOS 注重隐私保护，支持多种隐私保护技术，如智能合约、多方机密计算和零知识证明等。这些技术可以在保证数据安全性的前提下，允许参与方进行必要的数据共享和验证。

FISCO BCOS 支持智能合约中的隐私计算和隐私交易功能，确保参与者的交易数据和身份信息得到保护。例如，如果一个银行需要在区块链上进行金融交易，但又需要保证客户的交易数据和身份信息不被泄露，FISCO BCOS 可以支持该银行使用账户隐私保护和智能合约隐私保护等功能，确保交易数据和身份信息得到保护。

三、灵活性

FISCO BCOS 提供了灵活的共识机制，用户可以根据具体业务场景选择适合的共识算法，如异步 BFT、PoW（Proof of Work）和 PoS（Proof of Stake）等。

FISCO BCOS 提供了丰富的智能合约模板和插件机制，支持快速搭建定制化的区块链应用。例如，如果一个企业需要在区块链上构建一个供应链金融平台，但需要根据自身业务需求进行定制化开发，FISCO BCOS 可以提供智能合约模板和插件机制，帮助该企业快速搭建定制化的区块链应用。

四、安全性

FISCO BCOS 采用了多层次的安全机制，保障区块链网络的安全运行。例如，FISCO BCOS 采用了国密加密算法，确保交易和数据的安全性。此外，FISCO BCOS 还提供了完善的权限管理和身份认证机制，通过数字证书和链上账户管理进行身份识别和授权。举例来说，如果一个企业需要在区块链上存储敏感信息，如客户的个人信息和财务记录等，FISCO BCOS 可以提供安全可靠的存储和访问机制，确保信息不被篡改和泄露。

FISCO BCOS 为了保证通信数据的机密性，节点间统一使用 SSL 连接进行通信。为了保障节点数据访问的安全性，FISCO BCOS 引入了节点准入、CA 黑名单和分布式权限控制 3 种机制，在网络和存储层面进行严格的安全控制。通过节点准入及 CA 黑名单机制，可以及时断开与恶意节点之间的网络连接并将恶意节点从节点列表中删除，保障系统安全；通过分布式存储权限控制，可以灵活、细粒度地控制外部账户部署合约并创建、插入、删除和更新用户表的权限，从而严密控制用户对敏感数据的访问。

FISCO BCOS 支持节点在所在内网环境中对本地硬盘数据进行加密，当节点所在机器的硬盘被带离内网环境，硬盘数据将无法解密，节点无法启动，从而无法盗取联盟链上的数据；还支持同态加密、零知识证明、环签名、群签名等密码学技术，以进一步保障链上数据的私密性。

五、高可用

FISCO BCOS 设计为 7×24 h 运行，通过简化建链过程、适应多种环境的部署方式、全局配置更新来达到金融级高可用性。目前，已有超过 60 个基于 FISCO BCOS 的落地项目在生产环境中稳定运行。

六、易用性

FISCO BCOS 提供了完善的开发工具包（SDK）、文档和技术支持，降低区块链应用的开发门槛，便于开发者快速上手和部署应用。

在设计上，SDK 提供业务级别的接口，开发者只需关注业务数据的字段以及调用返回结果，不需要了解区块链节点的具体部署情况，不需要处理异步通信的细节，即可实现业务合约的管理、执行、交易查询功能。FISCO BCOS 同时提供对应的说明文档和使用范例，大幅度降低开发门槛和成本，帮助开发者快速开发各种业务场景的应用。

例如，如果一个企业需要在区块链上开发智能合约，并部署到联盟链网络中，FISCO BCOS 可以提供完善的开发工具包和技术支持，帮助该企业快速完成智能合约的编写、测试和部署等操作。

除了面向业务，SDK 还可以直接调用区块链底层功能。开发者需要熟悉区块链节点所提供的底层功能接口、基本数据结构以及节点的部署情况，SDK 则为开发者屏蔽协议编解码以及异步通信、容错等技术细节，减少烦琐的重复工作，提供极大程度的易用性。

七、治理机制

FISCO BCOS 内置了成员管理、权限控制、共识机制等治理功能，支持复杂的联盟链网络架构和管理模式。例如，如果一个企业需要在联盟链网络中进行多方协作和交互，FISCO BCOS 可以提供多级节点管理体系和权限控制机制，确保节点的访问和行为符合规范与安全要求。此外，FISCO BCOS 还提供了多种共识机制，如 PBFT、RAFT 等，以满足不同应用场景的需求。

智能合约编程：FISCO BCOS 支持使用 Solidity 等常用编程语言编写智能合约，开发者可以利用丰富的 API 和工具进行合约的部署、调试和测试。此外，FISCO BCOS 还提供了合约升级和版本管理的机制，方便合约的维护和升级。

可信任身份认证：FISCO BCOS 提供了可信任身份认证机制，参与方可以通过身份证书进行身份验证和权限控制，确保只有合法的参与方才能加入和操作区块链网络。

监控和管理工具：FISCO BCOS 提供了管理后台和监控系统，帮助用户进行网络管理、性能监控和故障排查。此外，还提供了钱包和 SDK 等工具，方便用户进行交易和开发应用。

这些特性使 FISCO BCOS 成为一个适用于金融、供应链、电子证据存证等多个领域的区块链解决方案，为企业和组织提供安全、高效和可扩展的区块链基础设施。

2.4 FISCO BCOS 关键技术

一、共识算法

FISCO BCOS 实现了一套可扩展的共识框架，可插件化扩展不同的共识算法。目前，FISCO BCOS 支持 PBFT 和 Raft 共识算法，前者适用于安全性要求较高的场景，后者适用于对节点可信度较为乐观的场景。

PBFT 共识算法可以在少数节点作恶场景（如伪造消息）中达成共识，它采用签名、签名验证、哈希等密码学算法确保消息传递过程中的防篡改性、防伪造性、不可抵赖性，可以容忍小于 1/3 个无效或者恶意节点，即只要 2/3 的节点正常，则整个系统就能正常工作。FISCO BCOS 的 PBFT 共识机制针对联盟链进行了定制，实现秒级出块，具备高一致性、高可用性，抗欺诈能力较强。

PBFT 算法的过程是一次提案，几步投票直到最终确认，在这个过程中有复杂的状态机维护过程，投票往返步骤较多。在 FISCO BCOS 中，会尽量让所有节点在每个阶段的计算并行进行，无论是议长节点还是投票节点，一个节点在运算验证一批交易的过程中，其他所有节点都在同步运算和给出投票，不需要互相等待。同时，FISCO BCOS 还对 PBFT 算法的关键路径进行了优化，通过优化空块逻辑、缓存重复计算结果等手段，减少了共识过程中的时间及计算资源消耗。

FISCO BCOS 中的 Raft 共识算法实现借鉴了 Raft 协议的思想，各个节点采用标准的通过竞争时间窗口的方式获取出块的权利。相比标准的 Raft 协议，FISCO BCOS 还针对网络抖动、网络延迟以及网络分区孤岛异常情况进行一系列优化，使 Raft 共识算法能够满足更极端的网络环境。为了使联盟链网络具有更高的扩展性，FISCO BCOS 中的 Raft 共识算法能够结合智能合约支持节点动态增加和退出网络。

二、并行交易处理

FISCO BCOS 的并行交易处理模型，可以让区块内的交易被并行地执行，极大提升了交易执行性能。FISCO BCOS 的交易并行处理设计分为两部分：可并行合约开发框架及并行交易执行引擎。可并行合约开发框架为用户提供了编写并行合约的接口，并行交易执行引擎提供了并行交易的执行环境。

可并行合约开发框架面向合约开发者，为开发者提供了定义互斥参数的接口。开发者根据自身业务形态，按照框架的编程规则，定义合约中每一个接口的互斥参数。在合约被部署后，接口对应的互斥参数定义一同被写入区块链上。当一笔交易调用到相应接口时，框架能够根据事先定义好的互斥参数，从交易中提取出互斥变量。随后互斥变量会被提供给并行交易执行引擎，执行引擎在执行此交易时，会依据互斥变量的信息来判断是否与其他交易冲突。

并行交易执行引擎以区块为单位，尽可能地并行执行区块内的交易。并行交易执行引擎执行区块分为 3 步：

① 调用并行合约开发框架，按照接口中定义的互斥参数，将区块中每一笔交易的互斥变量取出。

② 根据交易的互斥变量，使用拓扑排序算法构建交易依赖关系 DAG，交易依赖关系 DAG 定义了存在互斥的交易的执行先后顺序，进而保证了并行执行结果与串行执行结果一致。

③ 根据交易依赖关系 DAG 的结构，尽可能地并行执行无相互依赖关系的交易。

三、分布式存储

1. MPT 存储

MPT（Merkle Patricia Tree，梅克尔-帕特里夏树）是一种用于存储键值对数据的数据结构。MPT 融合了前缀树及梅克尔树的特点，树中的每个分支节点最多允许 16 个叶子/扩展节点，树中每个节点有一个哈希字段，由该节点的所有子节点的哈希值运算得出。MPT 的树根有唯一的哈希值，被称为 StateRoot。以太坊的全局状态数据保存在 MPT 树中，状态数据由账户组成。账户在 MPT 中是一个叶子节点，账户数据包括账户的余额、交易序列号、合约的哈希值和存储内容组成 Merkle 树后求得的根哈希值。当账户的任意数据发生变化时，会导致该账户所在的叶子节点的哈希值发生变化，进而从该叶子节点直到顶部的所有叶子节点的哈希值都会发生变化，最后导致顶部的 StateRoot 变化。由此可见，任何账户的任意数据的变化，都会导致 StateRoot 的变化，因而 StateRoot 能唯一标识以太坊的全局状态。

MPT 可以实现轻客端和数据追溯，通过 StateRoot 可以查询到区块的状态，但 MPT 带来了大量的哈希计算，打散了底层数据存储的连续性。在性能方面，MPT State 存在着天然的劣势，可以说，MPTState 追求极致的可证明性和可追溯性，也牺牲了一定的性能和可扩展性。

2. 分布式存储

为缓解 MPT 存储所带来的性能“瓶颈”，FISCO BCOS 引入了高扩展性、高吞吐量、高可用、高性能的分布式存储（Advanced Mass Database，AMDB）。AMDB 重新抽象了区块链的底层存储模型，实现了类 SQL 的抽象存储接口，支持多种后端数据库，包括 KV 数据库和关系型数据库。

如图 2-7 所示，AMDB 架构分为 3 层，分别为状态层、分布式存储层及驱动层。状态层抽象了智能合约的存储访问接口，由 EVM 虚拟机调用。状态层分为 StorageState 和 MPTState，其中，StorageState 为分布式存储的适配层，MPTState 为 MPT 适配层。分布式存储层抽象了分布式存储的类 SQL 接口，由状态层和预编译合约调用。分布式存储层抽象了存储的增删改查接口，把区块链的核心数据分类存储到不同的表中。驱动层用于实现具体的数据库访问逻辑，如 RocksDB 或 MySQL 等，是后端数据存储的适配器。

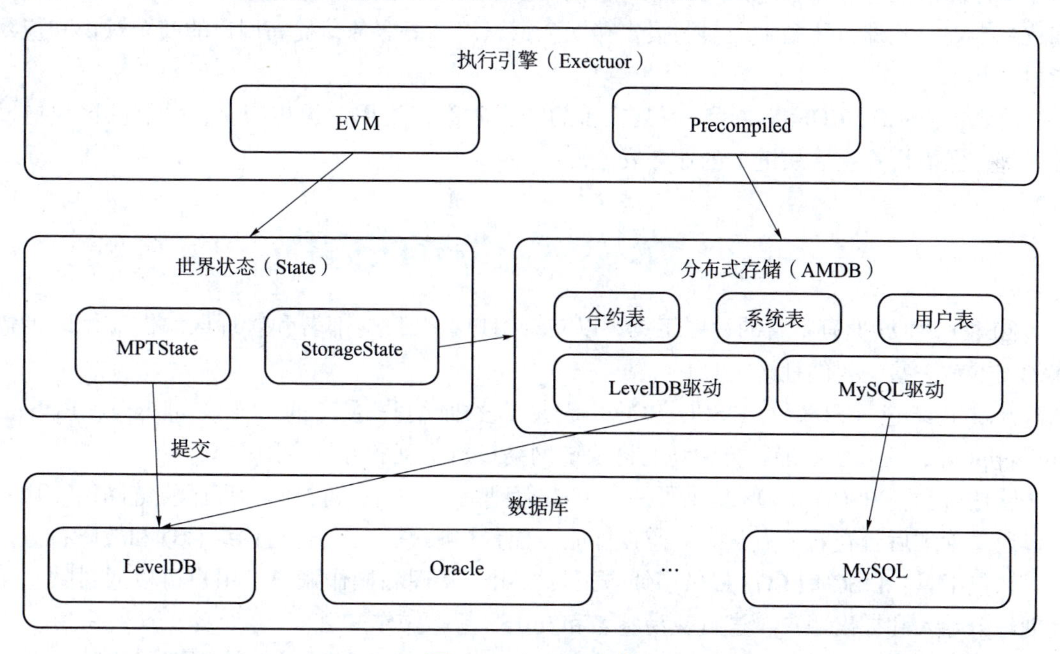

图 2-7　AMDB 架构

分布式存储支持 MySQL 等关系型数据库，支持 MySQL 集群、分库分表等平行扩展方式，理论上存储容量无限。引入了分布式存储后，数据读写请求不经过 MPT，直接访问存储，结合缓存机制，存储性能相比基于 MPT 的存储有大幅提升。

2.5 FISCO BCOS 安全方案

FISCO BCOS 作为一个联盟链平台，安全性是其最为关键的方面之一。平台提供了以下安全方案。

身份认证机制：FISCO BCOS 提供了可信任身份认证机制，参与方可以通过身份证书进行身份验证和权限控制，确保只有合法的参与方才能加入和操作区块链网络。此外，平台还支持多种身份验证方式，如基于密码学的身份验证、基于第三方身份认证的身份验证等。

隐私保护技术：FISCO BCOS 注重隐私保护，支持多种隐私保护技术，如智能合约、多方机密计算和零知识证明等。这些技术可以在保证数据安全性的前提下，允许参与方进行必要的数据共享和验证。

防止 DDoS 攻击：FISCO BCOS 采用了抗 DDoS 攻击的机制，平台提供了限流、流量清洗等多种防御措施，保护网络免受恶意攻击。

智能合约安全：FISCO BCOS 支持使用 Solidity 等编程语言编写智能合约，并提供了丰富的 API 和工具帮助开发者进行合约的部署、调试和测试。平台还提供了合约安全审计和漏洞修复的服务，确保合约的安全性。

节点安全：FISCO BCOS 对节点的安全性进行了严格的管理和监控，采用了多层次的防御机制，如网络隔离、访问控制、日志审计等，防止节点被攻击和入侵。

审计和监控：FISCO BCOS 提供了审计和监控工具，帮助用户进行网络管理、性能监控和故障排查。此外，还提供了漏洞报告和安全意识培训等服务，提高用户的安全意识和应对能力。

总之，FISCO BCOS 提供了一系列完善的安全方案，为用户提供安全、可靠的区块链基础设施，保障用户在区块链上的业务安全。

2.6 FISCO BCOS 社区工具

FISCO BCOS 拥有丰富的社区工具，以支持用户在开发、部署和管理区块链应用时的需求。以下是一些主要的社区工具。

开发工具包（SDK）：FISCO BCOS 提供了多种编程语言的 SDK，如 Java、Python、JavaScript 等，使开发者能够方便地与区块链网络进行交互和开发应用程序。

管理后台：FISCO BCOS 提供了一个 Web 管理后台，用于监控和管理区块链网络。用户可以通过管理后台查看节点状态、监控性能、配置权限等，方便进行网络管理和故障排查。

钱包工具：FISCO BCOS 提供了钱包工具，用于管理和操作账户。用户可以通过钱包工具创建、导入和导出账户，进行交易签名和发送交易等操作。

智能合约 IDE：FISCO BCOS 提供了智能合约 IDE（集成开发环境），使开发者可以在一个集成的开发环境中编写、调试和部署智能合约。

区块链浏览器：FISCO BCOS 提供了区块链浏览器，用于查看和查询区块链上的交易、区块、账户等信息。用户可以通过区块链浏览器了解区块链的状态和历史记录。

测试工具：FISCO BCOS 提供了多种测试工具，如性能测试工具、合约测试工具等，帮助用户进行系统性能评估和合约功能测试。

除了以上列举的工具之外，FISCO BCOS 社区还积极开展技术分享和交流活动，提供技术文档、案例分析、论坛等资源，方便用户获取支持和解决问题。用户可以通过 FISCO BCOS 官方网站和社区平台获得更多关于社区工具的信息和使用指南。

任务总结

本任务带大家了解了 FISCO BCOS，包括 FISCO BCOS 架构模型、FISCO BCOS 关键特性、FISCO BCOS 安全方案以及 FISCO BCOS 社区工具。读者可以对 FISCO BCOS 有初步的认知。

课后习题

任务二课后题答案

简答题：

1. 简述 FISCO BCOS 的交易流程。
2. FISCO BCOS 具有哪些关键特性？

任务评价 2

本课程采用以下三种评分方式，最终成绩由三项加权平均得出：

1. 自我评价：根据下表中的评分要求和准则，结合学习过程中的表现进行自我评价。
2. 小组互评：小组成员之间互相评价，以小组为单位提交互评结果。
3. 教师评价：教师根据学生的学习表现进行评价。

评价指标	评分标准	评价			等级
		自我评价	小组互评	教师评价	
知识掌握	优秀：能够全面理解和掌握任务资源的内容，并能够灵活运用解决实际问题				
	良好：能够基本掌握任务资源的内容，并能够基本运用解决实际问题				
	中等：能够掌握课程的大部分内容，并能够部分运用解决实际问题				
	及格：能够掌握任务资源的基本内容，并能够简单运用解决实际问题				
	不及格：未能掌握任务资源的基本内容，无法运用解决实际问题				
技能应用	优秀：能够熟练运用任务资源所学技能解决实际问题，并能够提出改进建议				
	良好：能够熟练运用任务资源所学技能解决实际问题				
	中等：能够基本运用任务资源所学技能解决实际问题				
	及格：能够部分运用任务资源所学技能解决实际问题				
	不及格：无法运用任务资源所学技能解决实际问题				

续表

评价指标	评分标准	评价			等级
		自我评价	小组互评	教师评价	
学习态度	优秀：积极主动，认真完成学习任务，并能够帮助他人				
	良好：积极主动，认真完成学习任务				
	中等：能够完成学习任务				
	及格：基本能够完成学习任务				
	不及格：不能按时完成学习任务，或学习态度不端正				
合作精神	优秀：能够有效合作，与他人共同完成任务，并能够发挥领导作用				
	良好：能够有效合作，与他人共同完成任务				
	中等：能够与他人合作完成任务				
	及格：基本能够与他人合作完成任务				
	不及格：不能与他人合作完成任务				

结合老师、同学的评价及自己在学习过程中的表现，总结自己在本工作领域的主要收获和不足，进行自我评价。

(1) ____________________

____

(2) ____________________

____

(3) ____________________

____

(4) ____________________

____

教师评语
____
____
____
____
____
____

任务三

搭建第一个区块链网络

任务导读

本任务从搭建航运物流的区块链平台入手，首先让学生对 FISCO BCOS 区块链平台有一个初步了解，然后介绍如何在局域网中搭建 FISCO BCOS 区块链环境，使读者对 FISCO BCOS 区块链有直观的认知，并掌握其相关理论知识。

学习目标	（1）了解 FISCO BCOS 区块链平台 （2）掌握搭建 FISCO BCOS 之前所需的基础环境，即 Ubuntu 虚拟机 （3）掌握在 Ubuntu 中安装 FISCO BCOS 区块链的方法
技能目标	能完成基础环境 Ubuntu 虚拟机的搭建，能理解 FISCO BCOS（金融级区块链底层平台）的基本概念，能完成 FISCO BCOS 多群组的部署，能完成控制台发送交易
素养目标	培养学生创新思维，挖掘潜力，坚定信念，树立信心，体会中国科技自立自强的成果和重要性
教学重点	（1）Ubuntu 虚拟机基础环境搭建 （2）FISCO BCOS 多群组的部署 （3）启动 FISCO BCOS 的控制台
教学难点	Ubuntu 虚拟机基础环境的搭建和 FISCO BCOS 多群组的部署

任务工作单 3

<table>
<tr><td>任务序号</td><td>3</td><td>任务名称</td><td>搭建第一个区块链网络</td></tr>
<tr><td>计划学时</td><td></td><td>学生姓名</td><td></td></tr>
<tr><td>实训场地</td><td></td><td>学号</td><td></td></tr>
<tr><td>适用专业</td><td>计算机大类</td><td>班级</td><td></td></tr>
<tr><td>考核方案</td><td>实践操作</td><td>实施方法</td><td>理实一体</td></tr>
<tr><td>日期</td><td></td><td>任务形式</td><td>□个人/□小组</td></tr>
<tr><td>实训环境</td><td colspan="3">虚拟机 VMware Workstation 17、Ubuntu 操作系统</td></tr>
<tr><td>任务描述</td><td colspan="3">从搭建航运物流的区块链平台入手，首先让学生对 FISCO BCOS 区块链平台有一个初步了解，然后介绍如何在局域网中搭建 FISCO BCOS 区块链环境。</td></tr>
<tr><td colspan="4">一、任务分解
1. 基础环境搭建。
2. 多群组 FISCO BCOS 联盟链搭建。
二、任务实施
1. 安装 VMware 虚拟机。

2. 安装 Ubuntu。</td></tr>
</table>

续表

3. 安装 Ubuntu 依赖。

4. 使用 build_chain. sh 开发部署工具。

5. 控制台配置和启动。

6. 通过控制台发送交易。

三、任务资源（二维码）

教学方案——任务三

任务操作微视频

3.1 基础环境搭建

在搭建 FISCO BCOS 区块链之前，需要搭建基础环境，即 Ubuntu 虚拟机。FISCO BCOS 区块链的各组件均采用操作系统部署。因此，基础环境为 Linux 操作系统。

FISCO BCOS 区块链是跨平台的，支持 Linux 和 macOS 等操作系统。为了更接近生产网络，本书选择使用 Ubuntu 虚拟机安装 FISCO BCOS 区块链。Ubuntu 操作系统是 Linux 操作系统中的一种，其免费、稳定且拥有绚丽的界面。

3.1.1 安装 VMware 虚拟机

VMware Workstation（威睿工作站）是一款功能强大的桌面虚拟计算机软件，是用户在单一的桌面上同时运行不同的操作系统，并进行开发、测试、部署新的应用程序的最佳解决方案。为便于读者学习，且不过多占用物理资源，本书选择在 VMware 虚拟机中搭建 FISCO BCOS 区块链环境。

访问 VMware 的官网可以下载最新的安装包。具体网址可以参见配套资源中的相关文档。若无法访问官网，可利用浏览器搜索相应安装包进行离线下载。VMware 安装包只需要按照提示操作即可完成安装。

3.1.2 安装 Ubuntu

Ubuntu 是部署服务应用程序、Web 应用程序、分布式应用程序的常用操作系统。Ubuntu 操作系统拥有任务栏效果图、窗口操作按钮效果图、窗口菜单条效果图。本书选择 Ubuntu 作为搭建 FISCO BCOS 区块链环境的基础环境，并推荐在 VMware 中安装 Ubuntu 虚拟机。

运行 VMware 软件，在系统菜单中选择“创建新的虚拟机”，打开“新建虚拟机向导”对话框，选择“自定义（高级)”，如图 3-1 所示。单击“下一步”按钮，进入“选择虚拟机硬件兼容性”界面，硬件兼容性选择“Workstation 17. x”，如图 3-2 所示。

单击“下一步”按钮，进入“安装客户机操作系统”对话框 。选择安装程序光盘映像文件（此文件为 Ubuntu 虚拟机的镜像，可去官网进行下载），然后单击“浏览”按钮，选择已下载好的 Ubuntu 镜像文件，如图 3-3 所示。单击“下一步”按钮，进入“简易安装信息”界面。在“全名”和“用户名”文本框输入“block-chain”，在“密码”和“确认”文本框输入“123456”，如图 3-4 所示。

单击“下一步”按钮，进入“选择客户机操作系统”对话框，选择“Linux”作为虚拟机安装的操作系统，如图 3-5 所示。单击“下一步”按钮，进入“命名虚拟机”对话框，在“虚拟机名称”文本框中输入“Ubuntu 64 位”，在“位置”文本框中添加虚拟机安装位置（读者可根据习惯自定义），如图 3-6 所示。

单击“下一步”按钮，进入“处理器配置”界面，“处理器数量”与“每个处理器的内核数量”均设置为 2，已完成处理器配置，如图 3-7 所示。单击“下一步”按钮，进入“此虚拟机的内存”界面，如图 3-8 所示。建议将虚拟机的内存设置为计算机物理内存容量的一半。

图 3-1 “新建虚拟机向导”对话框

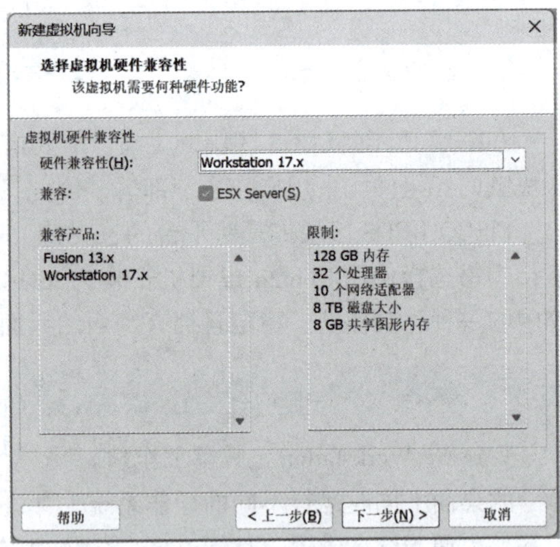

图 3-2 “选择虚拟机硬件兼容性”界面

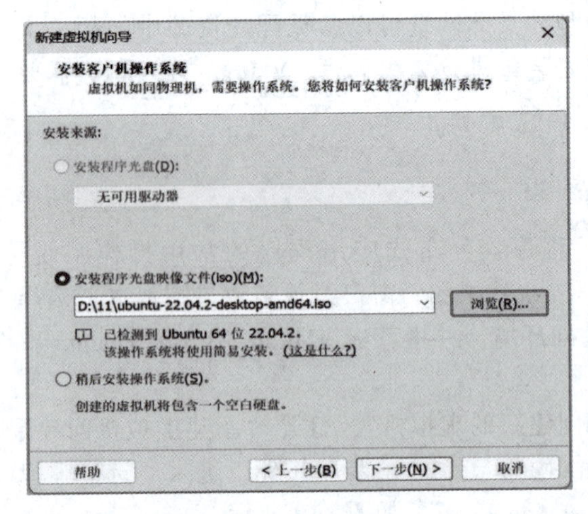

图 3-3 “安装客户机操作系统”对话框

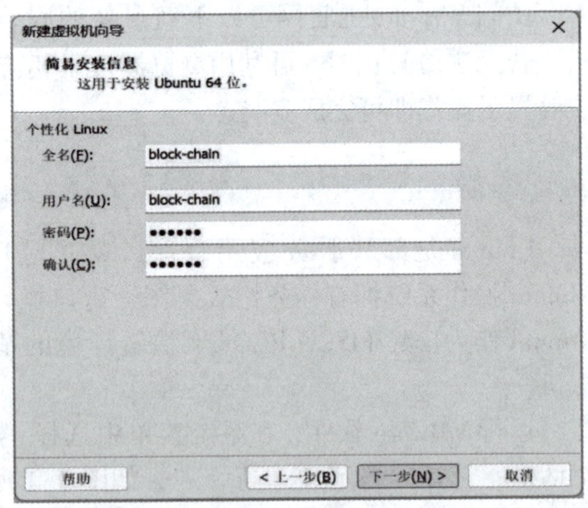

图 3-4 “简易安装信息”界面

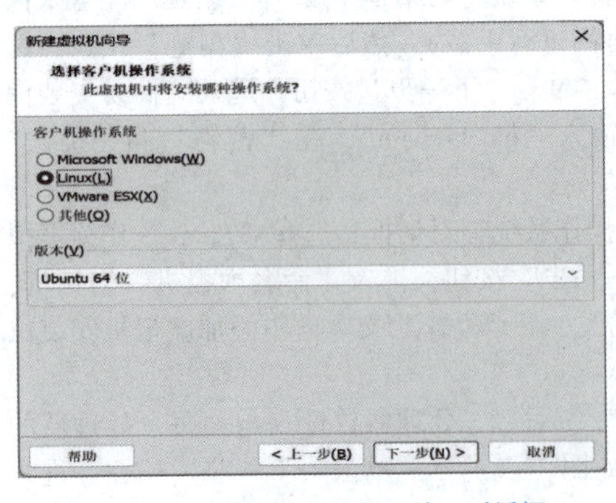

图 3-5 “选择客户机操作系统”对话框

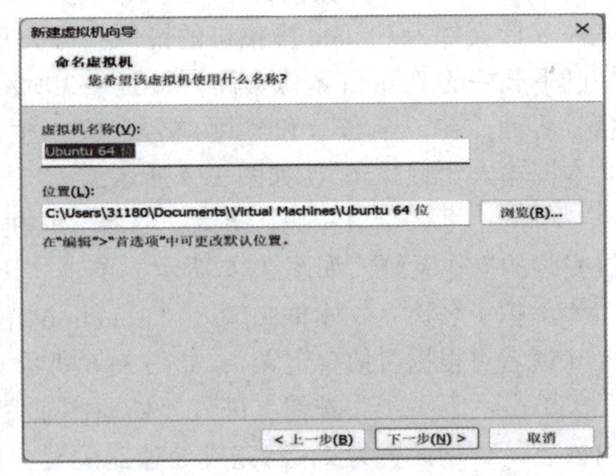

图 3-6 “命名虚拟机”对话框

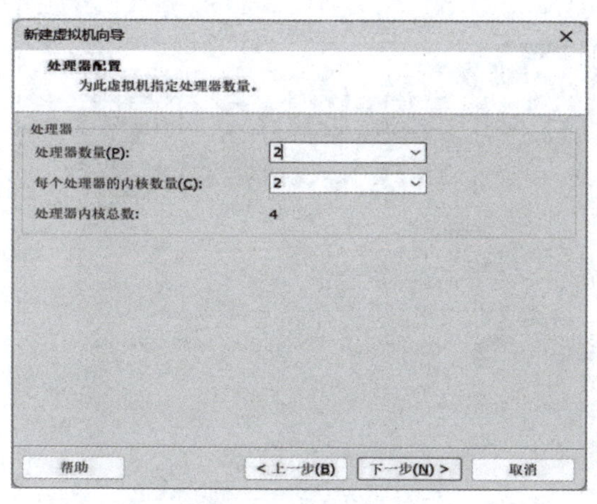

图 3-7　“处理器配置”界面

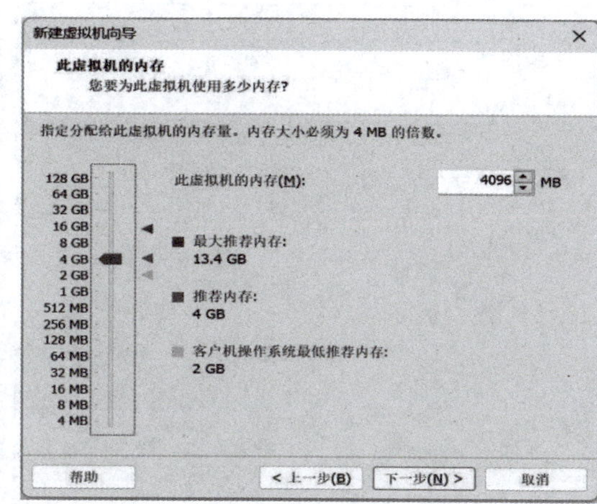

图 3-8　“此虚拟机的内存”设置界面

单击“下一步”按钮，进入“网络类型”界面，选择“使用网络地址转换（NAT）”，如图 3-9 所示。单击“下一步”按钮，进入“选择 I/O 控制器类型”界面，选择软件推荐的“LSI Logic”，如图 3-10 所示。

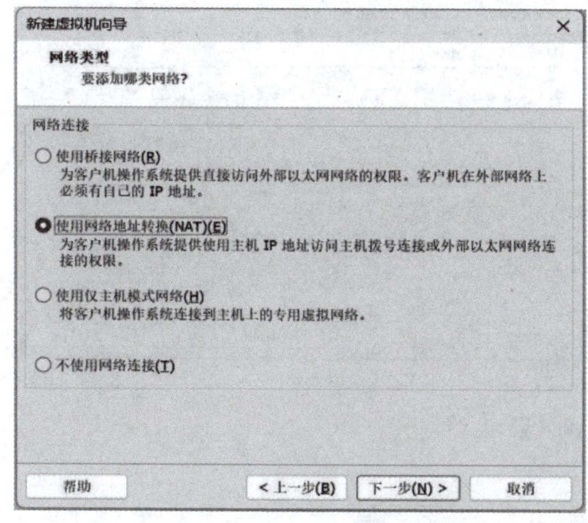

图 3-9　“网络类型”界面

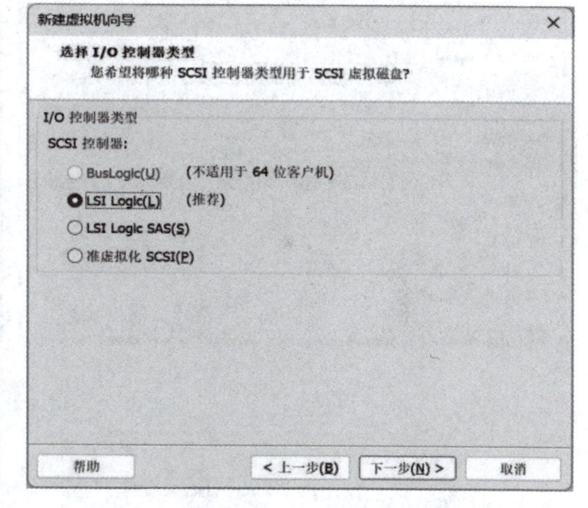

图 3-10　“选择 I/O 控制器类型”界面

单击“下一步”按钮，进入“选择磁盘类型”界面，选择推荐的“SCSI”，如图 3-11（a）所示。单击“下一步”按钮，选择“创建新虚拟磁盘”，以分配磁盘空间，如图 3-11（b）所示。

单击“下一步”按钮，进入图 3-12 所示的“指定磁盘容量”界面，“最大磁盘大小”选择 Ubuntu 64 位虚拟机推荐的“20.0”内存，如图 3-12（a）所示。单击“下一步”按钮，新建“Ubuntu 64 位 . vmdk”文件夹，以存储创建的 20 GB 磁盘文件，如图 3-12（b）所示。

单击“下一步”按钮，进入图 3-13 所示的“已准备好创建虚拟机”界面。单击“完成”按钮，Ubuntu 虚拟机的创建工作正式完成。

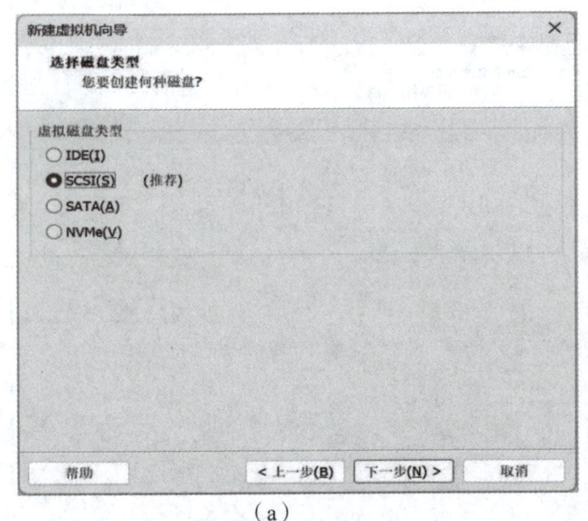

(a)

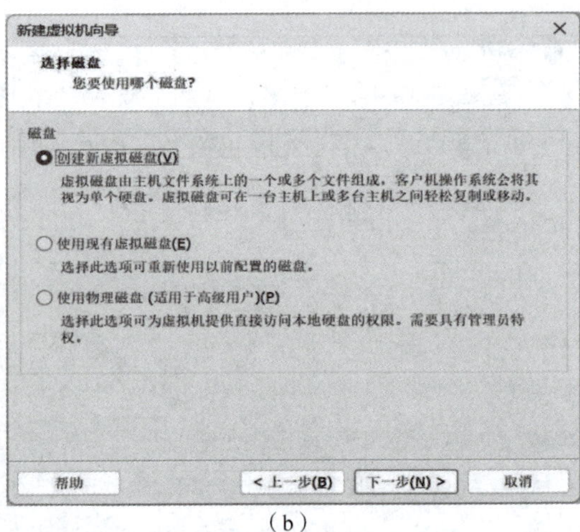

(b)

图 3-11　选择磁盘类型

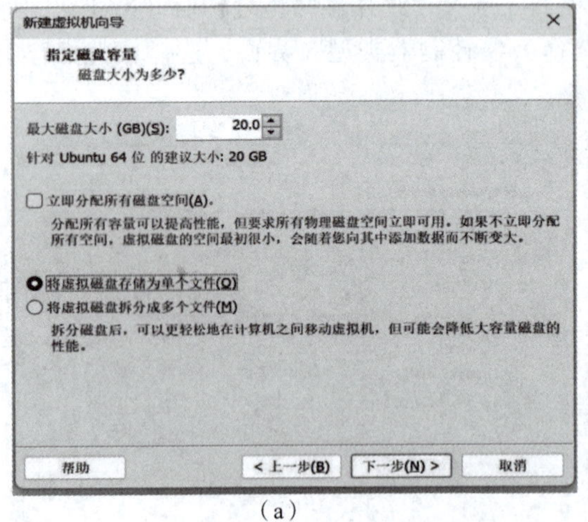

(a)

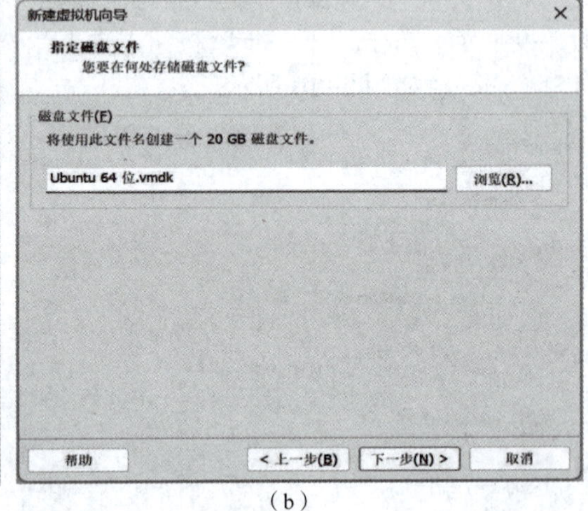

(b)

图3-12　指定磁盘容量和文件

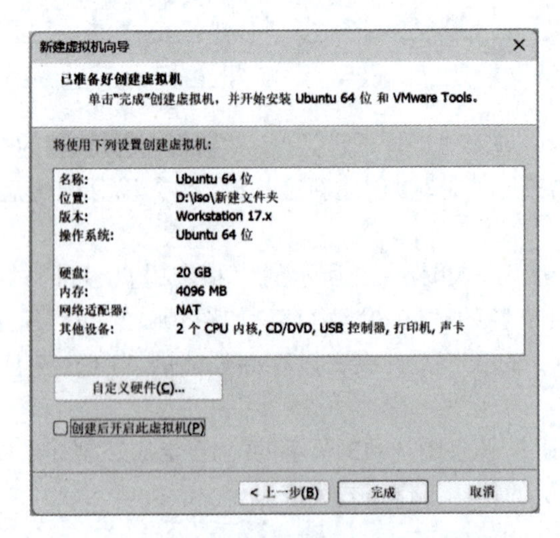

图3-13　“已准备好创建虚拟机”界面

双击 Ubuntu 虚拟机图标，运行虚拟机系统。单击图 3-14 所示的“开启虚拟机”按钮进行启动。系统会自动从 Ubuntu 的安装镜像引导启动，运行安装程序。由于进入虚拟机后对 Ubuntu 虚拟机的基础配置过程比较简单，这里不再具体进行介绍。

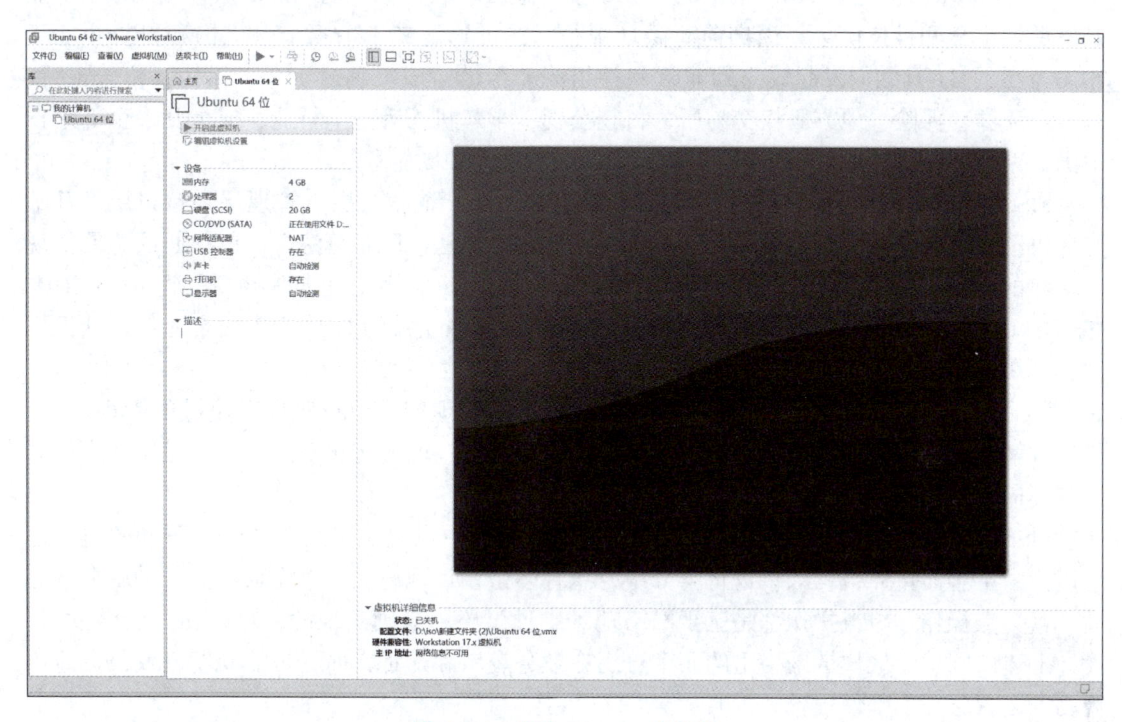

图 3-14　启动 Ubuntu 虚拟机

在最后一步要设置用户名及密码,则选择“登录时需要密码”，如图 3-15（a）所示。虚拟机的基础配置完成后，可以重启虚拟机，并使用用户名及其密码登录，如图 3-15（b）所示。

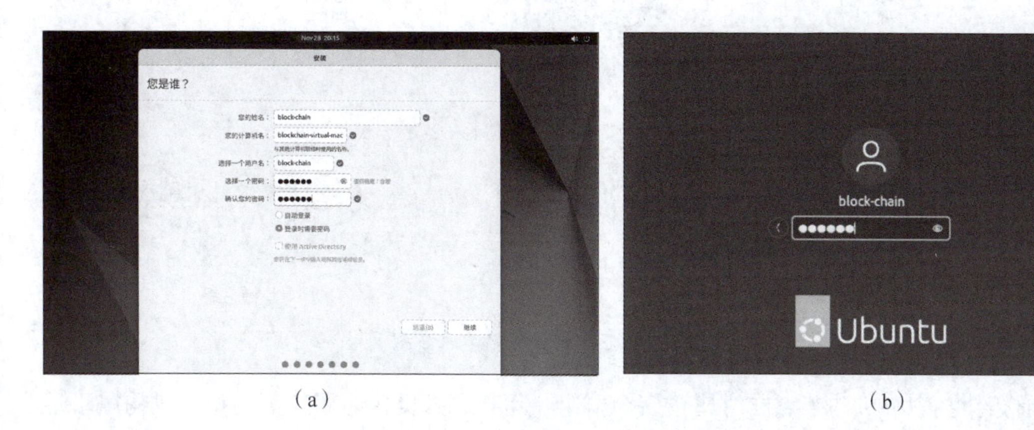

（a）　　（b）

图 3-15　创建用户及密码登录

3.2 搭建多群组 FISCO BCOS 联盟链

FISCO BCOS 诞生于 2017 年，由 FISCO 金链盟推出，是标准的国产底层。FISCO 金链盟是由深圳市金融科技协会、深圳前海微众银行、深证通等二十余家金融机构和科技企业于 2016 年 5 月 31 日共同发起成立的非营利性组织。金链盟成员超过 110 个机构，覆盖银行、基金、证券、保险、地方股权交易所、科技公司、学术机构等多个行业，成员几乎全部来自中国。因此，在设计监管接口时，FSICO BCOS 更适合中国企业。

FISCO BCOS 的逻辑架构分为基础层、互连核心层、链核心层、管理层和接口层。基础层提供区块链的基础数据结构和算法库，包括密码学算法、隐私算法等。链核心层主要实现区块链的链式数据结构和数据存储（分布式存储），采用了不同的数据库（LevelDB、MySQL、Oracle）来存储区块数据。互连核心层实现了区块链的基础 P2P 网络通信、共识机制和区块同步机制等。

相对于区块链基础架构，FISCO BCOS 细分出了管理层，用于实现区块链的管理功能，如参数配置、账本管理等。接口层主要对应的是应用层，面向区块链用户，提供交互式控制和各类应用接口等。

FISCO BCOS 是明确的多链设计，并且其设计指导中也建议按照业务分成不同的链，还可以为了扩容而按照机构数量进行再分组，这种多链设计理论上可以无限扩大。采用多链之后，其节点操作、跨链操作都是基于网络地址，通过路由规则实现的，可以执行跨链读写。设计上建议同一个区块链网络里的多个分组在业务逻辑和配置方面尽可能高度一致，在商业规则、运营管理上都使用统一策略。

3.2.1 星形拓扑与并行多组

如图 3-16 所示，星形组网拓扑和并行多组组网拓扑是区块链应用中使用较广泛的两种组网方式。

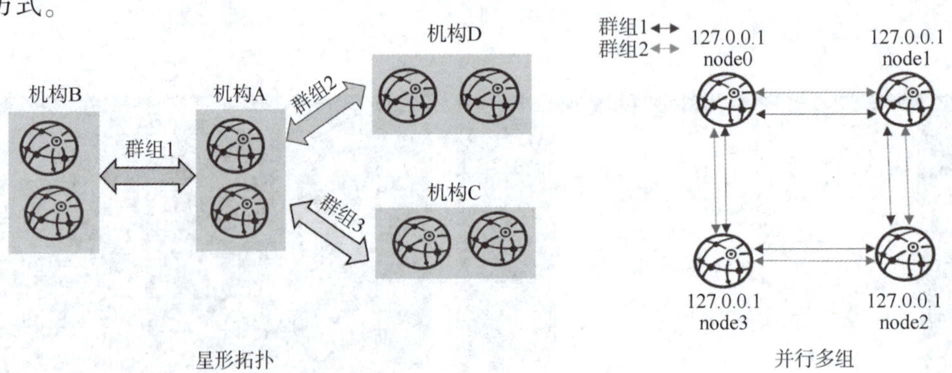

图 3-16　星形拓扑与并行多组示意图

星形拓扑：中心机构节点同时属于多个群组，运行多家机构应用，其他每家机构属于不同群组，运行各自应用。

并行多组：区块链中每个节点均属于多个群组，可用于多方不同业务的横向扩展，或者同一业务的纵向扩展。

星形拓扑的优势是网络的稳定性好，当一台计算机发生连接故障时，通常不会影响其他计算机之间的连接，网络仍然能够正常运行。下面以构建八节点星形拓扑区块链为例，详细介绍多群组操作方法。

3.2.2　安装 Ubuntu 依赖

重启进入 Ubuntu 虚拟机后，使用以下命令进入超级管理员 root 工作组。

```
$ sudo su root
```

部署 FISCO BCOS 区块链节点前，需要执行下面的命令安装 OpenSSL、cURL 等依赖软件，如图 3-17 所示。

```
# Ubuntu
$ sudo apt install -y openssl curl
```

cURL 是非常流行的一个客户端网络请求工具。在 Ubuntu 下，为支持 HTTPS 协议，cURL 安装的时候默认使用的是 OpenSSL 密码库，如图 3-17 所示。

```
root@blockchain-virtual-machine:/home/block-chain/桌面# sudo apt install -y openssl curl
正在读取软件包列表... 完成
正在分析软件包的依赖关系树... 完成
正在读取状态信息... 完成
将会同时安装下列软件:
  libcurl4
下列【新】软件包将被安装:
  curl
下列软件包将被升级:
  libcurl4 openssl
升级了 2 个软件包，新安装了 1 个软件包，要卸载 0 个软件包，有 359 个软件包未被升级。
```

图 3-17　安装 OpenSSL 与 cURL 依赖软件

3.2.3　使用 build_chain. sh 开发部署工具

本小节以图 3-18 所示的八节点星形组网拓扑为例，介绍多群组使用方法。

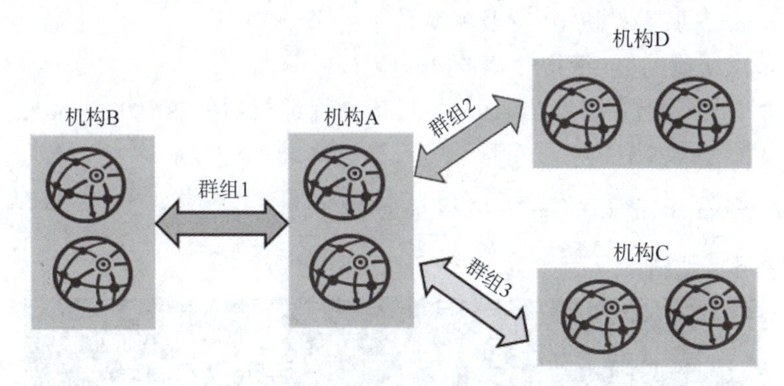

图 3-18　八节点星形拓扑组网图

星形区块链组网如下：

agencyA：在 127. 0. 0. 1 上有 2 个节点，同时属于 group1、group2、group3。

agencyB：在 127. 0. 0. 1 上有 2 个节点，属于 group1。

agencyC：在 127.0.0.1 上有 2 个节点，属于 group2。

agencyD：在 127.0.0.1 上有 2 个节点，属于 group3。

需要注意的是：

① 实际应用场景中，不建议将多个节点部署在同一台机器，建议根据机器负载选择部署节点数目。

② 星形网络拓扑中，核心节点（本例中为 agencyA 节点）属于所有群组，负载较高，建议单独部署于性能较好的机器。

③ 在不同机器操作时，将生成的 IP 的文件夹复制到对应机器启动，建链操作只需要执行一次。

通过以下命令创建多级操作目录：

```
mkdir -p ~/fisco && cd ~/fisco
```

通过以下命令获取 build_chain.sh 脚本：

```
curl -#LO https://github.com/FISCO-BCOS/FISCO-BCOS/releases/download/v2.7.1/build_chain.sh && chmod u+x build_chain.sh
```

build_chain.sh 脚本是 FISCO BCOS 的开发部署工具，build_chain.sh 脚本可以快速生成一条链中节点的配置文件，从而帮助用户快速搭建 FISCO BCOS 联盟链。

通过以下命令使用 vi 编辑器生成区块链配置文件 ipconf，并向文件中添加如图 3-19 所示的内容。

```
vi ipconf
```

```
127.0.0.1:2 agencyA 1,2,3
127.0.0.1:2 agencyB 1
127.0.0.1:2 agencyC 2
127.0.0.1:2 agencyD 3
```

图 3-19　节点 IP 命令

其中，ip:num 表示物理机 IP 以及物理机上的节点数目；agency_name 表示机构名称；group_list 表示节点所属的群组列表，不同群组以逗号分隔。

通过以下命令根据配置生成星形区块链（需要保证机器的 30300~30301、20200~20201、8545~8546 端口没有被占用）：

```
$ bash build_chain.sh -f ipconf -p 30300,20200,8545
```

配置生成星形区块链的界面如图 3-20 所示。

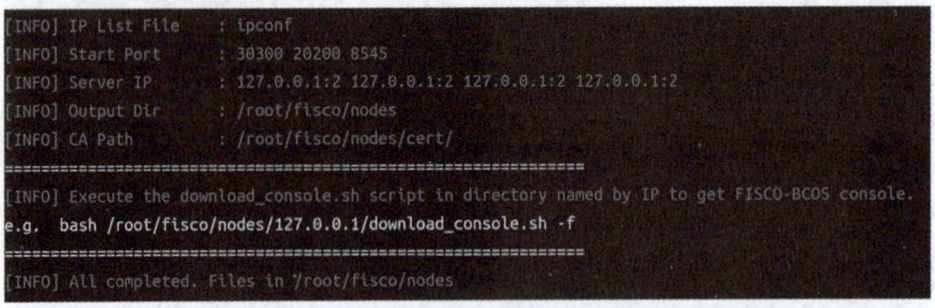

```
[INFO] IP List File     : ipconf
[INFO] Start Port       : 30300 20200 8545
[INFO] Server IP        : 127.0.0.1:2 127.0.0.1:2 127.0.0.1:2 127.0.0.1:2
[INFO] Output Dir       : /root/fisco/nodes
[INFO] CA Path          : /root/fisco/nodes/cert/
==============================================================
[INFO] Execute the download_console.sh script in directory named by IP to get FISCO-BCOS console.
e.g.  bash /root/fisco/nodes/127.0.0.1/download_console.sh -f
==============================================================
[INFO] All completed. Files in /root/fisco/nodes
```

图 3-20　配置生成星形区块链的界面

例：在配置生成星形区块链的过程中遇到如图 3-21 所示的错误。

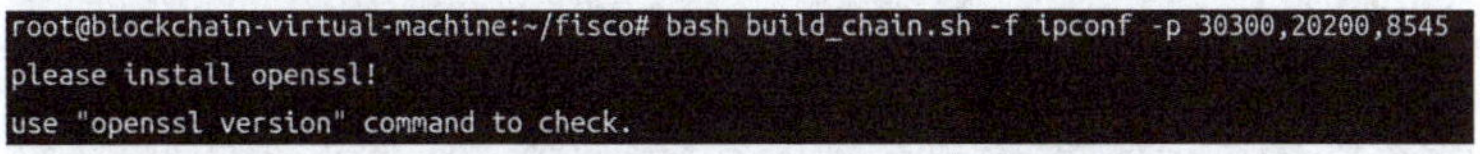

```
root@blockchain-virtual-machine:~/fisco# bash build_chain.sh -f ipconf -p 30300,20200,8545
please install openssl!
use "openssl version" command to check.
```

图 3-21　配置星形区块链出现错误界面

解决方案如下：

输入以下两条命令。首先查看 OpenSSL 版本，然后使用 gedit 打开 build_chain. sh。

```
~fisco# openssl version
~fisco# gedit build_chain. sh
```

执行完以上命令后，找到如图 3-22 所示代码段内的 244 行进行修改，将其 OpenSSL 版本号修改成查看到的正确的版本号。

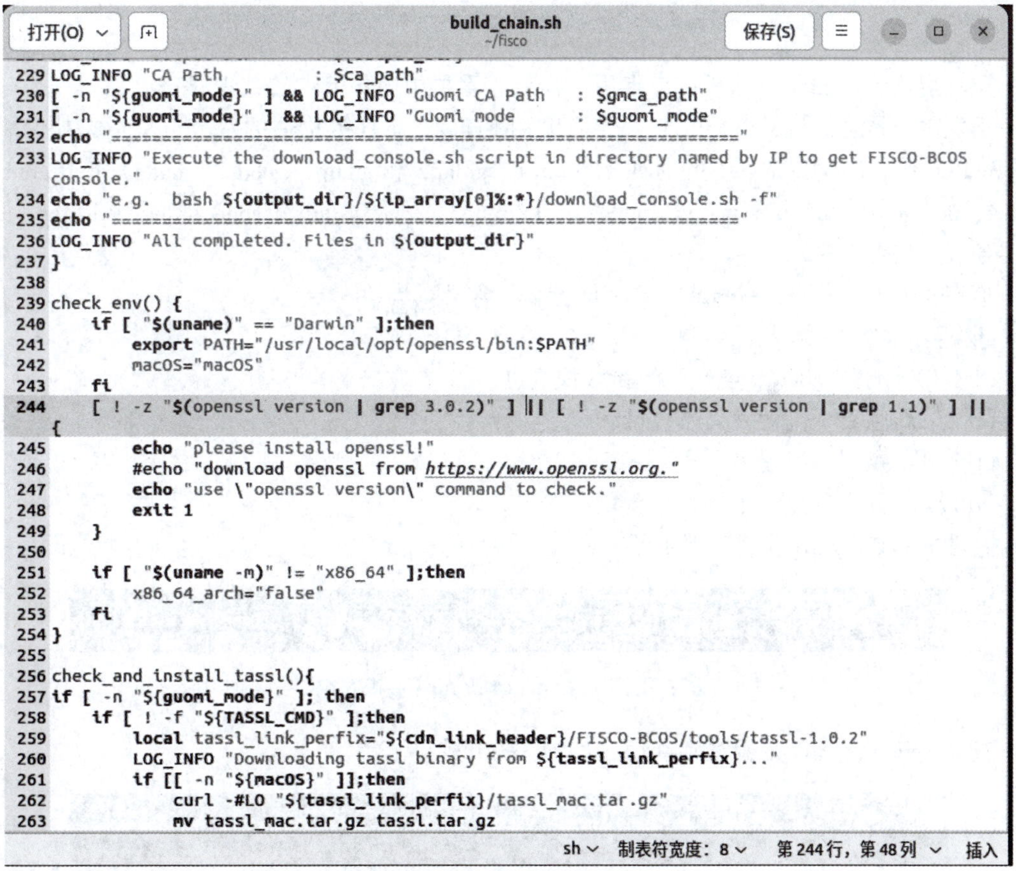

```
打开(O)    build_chain.sh ~/fisco    保存(S)
229 LOG_INFO "CA Path                    : $ca_path"
230 [ -n "${guomi_mode}" ] && LOG_INFO "Guomi CA Path    : $gmca_path"
231 [ -n "${guomi_mode}" ] && LOG_INFO "Guomi mode       : $guomi_mode"
232 echo "=============================================================="
233 LOG_INFO "Execute the download_console.sh script in directory named by IP to get FISCO-BCOS
    console."
234 echo "e.g.  bash ${output_dir}/${ip_array[0]%:*}/download_console.sh -f"
235 echo "=============================================================="
236 LOG_INFO "All completed. Files in ${output_dir}"
237 }
238
239 check_env() {
240     if [ "$(uname)" == "Darwin" ];then
241         export PATH="/usr/local/opt/openssl/bin:$PATH"
242         macOS="macOS"
243     fi
244     [ ! -z "$(openssl version | grep 3.0.2)" ] || [ ! -z "$(openssl version | grep 1.1)" ] ||
    {
245         echo "please install openssl!"
246         #echo "download openssl from https://www.openssl.org."
247         echo "use \"openssl version\" command to check."
248         exit 1
249     }
250
251     if [ "$(uname -m)" != "x86_64" ];then
252         x86_64_arch="false"
253     fi
254 }
255
256 check_and_install_tassl(){
257 if [ -n "${guomi_mode}" ]; then
258     if [ ! -f "${TASSL_CMD}" ];then
259         local tassl_link_perfix="${cdn_link_header}/FISCO-BCOS/tools/tassl-1.0.2"
260         LOG_INFO "Downloading tassl binary from ${tassl_link_perfix}..."
261         if [[ -n "${macOS}" ]];then
262             curl -#LO "${tassl_link_perfix}/tassl_mac.tar.gz"
263             mv tassl_mac.tar.gz tassl.tar.gz
sh ∨   制表符宽度：8 ∨   第 244 行，第 48 列 ∨   插入
```

图 3-22　查找 OpenSSL 版本号界面

如果没有报错，或报错行已修改，说明已成功生成星形区块链。接下来使用以下命令进入节点目录并启动当前目录下的所有节点。命令及效果如图 3-23 所示。

```
cd ~/fisco/nodes/127. 0. 0. 1
$ bash start_all. sh
```

```
root@blockchain-virtual-machine:~/fisco# cd ~/fisco/nodes/127.0.0.1
root@blockchain-virtual-machine:~/fisco/nodes/127.0.0.1# bash start_all.sh
try to start node0
try to start node1
try to start node2
try to start node3
try to start node4
try to start node5
try to start node6
try to start node7
 node5 start successfully
 node3 start successfully
 node4 start successfully
 node7 start successfully
 node2 start successfully
 node1 start successfully
 node6 start successfully
 node0 start successfully
```

图 3-23　使用 start_all. sh 脚本命令启动当前目录下的所有节点

成功启功当前目录下的所有节点后，需要查看群组内各节点的共识状态。

不发生交易时，共识正常的节点会输出+++日志，本任务构造的八节点星形拓扑区块链（图 3-18）中，node0、node1 同时属于 group1、group2 和 group3；node2、node3 属于 group1；node4、node5 属于 group2；node6、node7 属于 group3，可通过 tail -f node * /log/ * | grep "++" 查看各节点是否正常。

节点正常共识打印+++日志。+++日志字段含义：

① g:：群组 ID。

② blkNum：Leader 节点产生的新区块高度。

③ tx：新区块中包含的交易数目。

④ nodeIdx：本节点索引。

⑤ hash：共识节点产生的最新区块哈希。

查看 node0 group1 是否正常共识，如图 3-24 所示。

```
root@blockchain-virtual-machine:~/fisco/nodes/127.0.0.1# tail -f node0/log/* | grep "g:1.*++"
info|2023-11-28 15:43:01.253145|[g:1][CONSENSUS][SEALER]++++++++++++++++ Generating seal on,blkNum=1,tx=0,nodeIdx=2,hash=802d8769...
```

图 3-24　查看 node0 group1 共识状态

查看 node0 group2 是否正常共识，如图 3-25 所示。

```
root@blockchain-virtual-machine:~/fisco/nodes/127.0.0.1# tail -f node0/log/* | grep "g:2.*++"
info|2023-11-28 15:44:51.004772|[g:2][CONSENSUS][SEALER]++++++++++++++++ Generating seal on,blkNum=1,tx=0,nodeIdx=3,hash=99a0fed9...
```

图 3-25　查看 node0 group2 共识状态

查看 node3 group1 是否正常共识，如图 3-26 所示。

```
root@blockchain-virtual-machine:~/fisco/nodes/127.0.0.1# tail -f node3/log/*| grep "g:1.*++"
info|2023-11-28 15:45:45.289610|[g:1][CONSENSUS][SEALER]++++++++++++++++ Generating seal on,blkNum=1,tx=0,nodeIdx=1,hash=f069f919...
```

图 3-26　查看 node3 group1 共识状态

查看 node5 group2 是否正常共识，如图 3-27 所示。

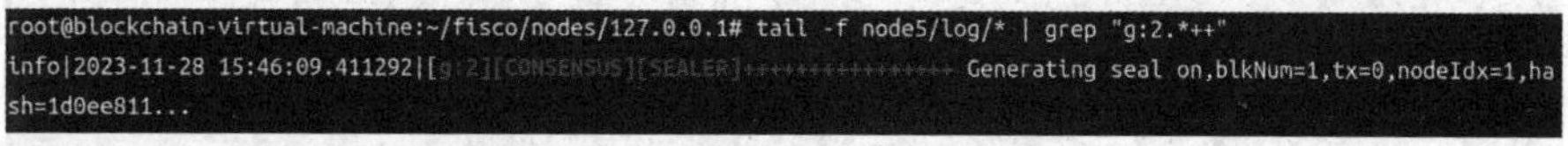

```
root@blockchain-virtual-machine:~/fisco/nodes/127.0.0.1# tail -f node5/log/* | grep "g:2.*++"
info|2023-11-28 15:46:09.411292|[g:2][CONSENSUS][SEALER]++++++++++++++++ Generating seal on,blkNum=1,tx=0,nodeIdx=1,ha
sh=1d0ee811...
```

图 3-27　查看 node5 group2 共识状态

3.2.4 控制台配置 & 启动

控制台是 FISCO BCOS 2.0 重要的交互式客户端工具，它通过 Java SDK 与区块链节点建立连接，实现对区块链节点数据的读写访问请求。控制台拥有丰富的命令，包括查询区块链状态、管理区块链节点、部署并调用合约等。此外，控制台提供一个合约编译工具，用户可以方便、快捷地将 Solidity 合约文件编译为 Java 合约文件。

一、控制台配置

使用以下命令回到 fisco 目录并获取控制台。

```
cd ~ && mkdir -p fisco && cd fisco
curl -#LO https://github.com/FISCO-BCOS/console/releases/download/v2.7.1/download_console.sh && bash download_console.sh
```

download_console. sh 命令表示下载 console 控制台的脚本。如图 3-28 所示，表示下载 console 成功。

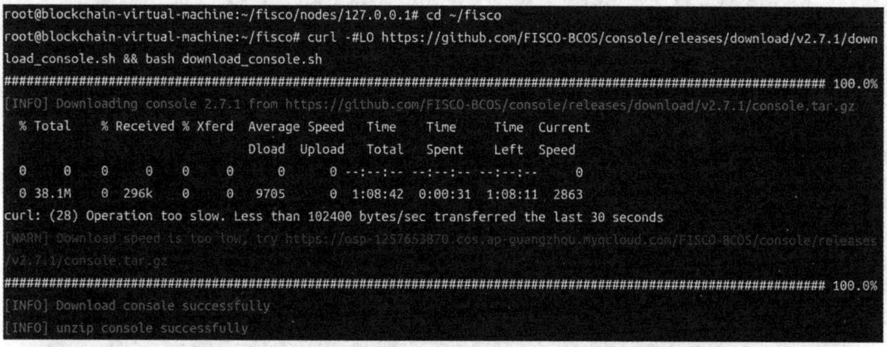

```
root@blockchain-virtual-machine:~/fisco/nodes/127.0.0.1# cd ~/fisco
root@blockchain-virtual-machine:~/fisco# curl -#LO https://github.com/FISCO-BCOS/console/releases/download/v2.7.1/down
load_console.sh && bash download_console.sh
############################################################################################################ 100.0%
[INFO] Downloading console 2.7.1 from https://github.com/FISCO-BCOS/console/releases/download/v2.7.1/console.tar.gz
  % Total    % Received % Xferd  Average Speed   Time    Time     Time  Current
                                 Dload  Upload   Total   Spent    Left  Speed
  0     0    0     0    0     0      0      0 --:--:-- --:--:-- --:--:--     0
  0 38.1M    0  296k    0     0   9705      0  1:08:42  0:00:31  1:08:11  2863
curl: (28) Operation too slow. Less than 102400 bytes/sec transferred the last 30 seconds
[WARN] Download speed is too low, try https://osp-1257653870.cos.ap-guangzhou.myqcloud.com/FISCO-BCOS/console/releases
/v2.7.1/console.tar.gz
############################################################################################################ 100.0%
[INFO] Download console successfully
[INFO] unzip console successfully
```

图 3-28　使用 download_console. sh 命令下载控制台

如果因长时间无法完成下载，可尝试以下命令来完成 console 控制台的下载。

```
curl -#LO https://gitee.com/FISCO-BCOS/console/raw/master/tools/download_console.sh && bash download_console.sh
```

通过以下命令进入控制台操作目录，复制 group2 节点证书。

```
cd console
cp/fisco/nodes/127.0.0.1/sdk/* conf/
```

获取 node0 的 channel_listen_port，复制控制台配置，命令如下，效果如图 3-29 所示。

```
grep "channel listen port"~/fisco/nodes/127.0.0.1/node*/config.ini
cp ~/fisco/console/conf/config-example.toml  ~/fisco/console/conf/config.toml
```

```
root@blockchain-virtual-machine:~/fisco/console# grep "channel_listen_port" ~/fisco/nodes/127.0.0.1/node*/config.ini
/root/fisco/nodes/127.0.0.1/node0/config.ini:    channel_listen_port=20200
/root/fisco/nodes/127.0.0.1/node1/config.ini:    channel_listen_port=20201
/root/fisco/nodes/127.0.0.1/node2/config.ini:    channel_listen_port=20202
/root/fisco/nodes/127.0.0.1/node3/config.ini:    channel_listen_port=20203
/root/fisco/nodes/127.0.0.1/node4/config.ini:    channel_listen_port=20204
/root/fisco/nodes/127.0.0.1/node5/config.ini:    channel_listen_port=20205
/root/fisco/nodes/127.0.0.1/node6/config.ini:    channel_listen_port=20206
/root/fisco/nodes/127.0.0.1/node7/config.ini:    channel_listen_port=20207
root@blockchain-virtual-machine:~/fisco/console# cp ~/fisco/console/conf/config-example.toml ~/fisco/console/conf/conf
ig.toml
```

图 3-29　获取 node0 的 channel_listen_port 并复制控制台配置

二、下载 Java 依赖

启动控制台需要安装 Java8 以上的版本。使用以下命令检索可安装的 Java 安装包，并选择合适版本进行下载，如图 3-30 所示。

```
java
apt install openjdk-11-jre-headless
```

```
root@blockchain-virtual-machine:~/fisco/console# java
找不到命令 "java"，但可以通过以下软件包安装它:
apt install openjdk-11-jre-headless  # version 11.0.20.1+1-0ubuntu1~22.04, or
apt install default-jre              # version 2:1.11-72build2
apt install openjdk-17-jre-headless  # version 17.0.8.1+1~us1-0ubuntu1~22.04
apt install openjdk-18-jre-headless  # version 18.0.2+9-2~22.04
apt install openjdk-19-jre-headless  # version 19.0.2+7-0ubuntu3~22.04
apt install openjdk-8-jre-headless   # version 8u382-ga-1~22.04.1
root@blockchain-virtual-machine:~/fisco/console# apt install openjdk-11-jre-headless
```

图 3-30　下载 Java 版本依赖包

三、启动控制台

通过以下命令启动控制台，输出如图 3-31 所示信息，表明控制台启动成功，若启动失败，则检查是否配置证书、channel listen port 配置是否正确。

```
bash start. sh
```

```
root@blockchain-virtual-machine:~/fisco/console# bash start.sh
=============================================================================================
Welcome to FISCO BCOS console(2.7.1)!
Type 'help' or 'h' for help. Type 'quit' or 'q' to quit console.
=============================================================================================
[group:1]>
```

图 3-31　控制台启动成功界面

3.2.5 通过控制台发送交易

上一小节介绍了如何配置控制台，并成功启动了控制台。本小节介绍如何通过控制台向各群组发送交易。需要注意的是，多群组架构中，群组间账本相互独立，向某个群组发交易仅会导致本群组区块高度增加，不会增加其他群组区块高度。

通过如图 3-32 所示命令向 group1 发送交易，返回交易哈希值，表明交易部署成功。

```
[group:1]> deploy HelloWorld
transaction hash: 0xc6eae0a456c78f754ad12c7a67abfef6554413b94ca9aa8a00f9f59e11774bfe
contract address: 0x8c5e73b38602e94fd2257a22c9cccf15db57ddc4
```

图 3-32　向 group1 发送交易

用以下命令查询 group1 当前块高，块高增加为 1 时，表面出块正常。

```
$ [group:1]> getBlockNumber
```

由 group1 切换至 group2，命令如下。

```
$ [group:1]> switch 2
```

通过如图 3-33 所示命令向 group2 发送交易。

```
[group:2]> deploy HelloWorld
transaction hash: 0x0c1b6d968ef83c738015d7cef53f0fd4728bb95173cd53c8eabcaac505df450a
contract address: 0x8c5e73b38602e94fd2257a22c9cccf15db57ddc4
```

图 3-33　向 group2 发送交易

用以下命令查询 group2 当前块高，块高增加为 1 时，表面出块正常。

```
$ [group:2]> getBlockNumber
```

由 group2 切换至 group3，命令如下。

```
$ [group:2]> switch 3
```

通过如图 3-34 所示命令向 group3 发送交易。

```
[group:3]> deploy HelloWorld
transaction hash: 0xb9eb35d23b6cdfc8b6bb4b916f73bc6b9667fa1fbe331c02dfe75a490db3f4b2
contract address: 0x8c5e73b38602e94fd2257a22c9cccf15db57ddc4
```

图 3-34　向 group3 发送交易

用以下命令查询 group3 当前块高，块高增加为 1 时，表面出块正常。

```
$ [group:3]> getBlockNumber
```

下一步则切换到 group4，控制台提示 group4 不存在，并输出当前的 group 列表，如图 3-35 所示。

```
[group:3]> switch 4
Switch to group 4 failed! create client for group 4 failed! Please check the existence of group 4 of the connected nod
e! Current groupList is: [1, 2, 3], please check the existence of group 4
```

图 3-35　切换至不存在的 group4 并返回列表

最后输入以下命令退出控制台。

```
$ [group:3]> exit
```

上述操作是进入控制台创建交易的过程。接下来需要进入节点目录并查看每个 group 的出块情况。首先使用以下命令进入节点目录。

```
$ cd ~/fisco/nodes/127. 0. 0. 1
```

之后查看 group1 的出块情况，以确定是否有新区块产生，命令如图 3-36 所示。

```
root@blockchain-virtual-machine:~/fisco/nodes/127.0.0.1# cat node0/log/* |grep "g:1.*Report"
info|2023-11-28 15:40:41.573394|[g:1][CONSENSUS][PBFT]^^^^^^^^Report,num=0,sealerIdx=0,hash=4cfdcd2b...,next=1,tx=0,no
deIdx=2
info|2023-11-28 15:40:41.588597|[g:1][CONSENSUS][PBFT]^^^^^^^^Report,num=0,sealerIdx=0,hash=4cfdcd2b...,next=1,tx=0,no
deIdx=2
info|2023-11-28 15:57:19.144447|[g:1][CONSENSUS][PBFT]^^^^^^^^Report,num=1,sealerIdx=0,hash=655fc457...,next=2,tx=1,no
deIdx=2
```

图 3-36　group1 出块情况

查看 group2 的出块情况，以确定是否有新区块产生，命令如图 3-37 所示。

```
root@blockchain-virtual-machine:~/fisco/nodes/127.0.0.1# cat node0/log/* |grep "g:2.*Report"
info|2023-11-28 15:40:41.592147|[g:2][CONSENSUS][PBFT]^^^^^^^^Report,num=0,sealerIdx=0,hash=3715cf89...,next=1,tx=0,no
deIdx=3
info|2023-11-28 15:40:41.601289|[g:2][CONSENSUS][PBFT]^^^^^^^^Report,num=0,sealerIdx=0,hash=3715cf89...,next=1,tx=0,no
deIdx=3
info|2023-11-28 15:58:59.973034|[g:2][CONSENSUS][PBFT]^^^^^^^^Report,num=1,sealerIdx=0,hash=7596b6e7...,next=2,tx=1,no
deIdx=3
```

图 3-37　group2 出块情况

查看 group3 的出块情况，以确定是否有新区块产生，命令如图 3-38 所示。

```
root@blockchain-virtual-machine:~/fisco/nodes/127.0.0.1# cat node0/log/* |grep "g:3.*Report"
info|2023-11-28 15:40:41.602189|[g:3][CONSENSUS][PBFT]^^^^^^^^Report,num=0,sealerIdx=0,hash=a472bb8f...,next=1,tx=0,no
deIdx=3
info|2023-11-28 15:40:41.609555|[g:3][CONSENSUS][PBFT]^^^^^^^^Report,num=0,sealerIdx=0,hash=a472bb8f...,next=1,tx=0,no
deIdx=3
info|2023-11-28 16:00:37.451909|[g:3][CONSENSUS][PBFT]^^^^^^^^Report,num=1,sealerIdx=1,hash=8daef94e...,next=2,tx=1,no
deIdx=3
```

图 3-38　group3 出块情况

通过以上命令确认交易成功，并在星形拓扑区块链中增加了新的区块。FISCO BCOS 可以将指定节点加入指定群组，也可以将节点从指定群组删除。接下来以将 node2 加入 group2 为例，介绍通过控制台并利用 FISCO BCOS 在已有群组中加入新的节点的方法。

新节点加入群组前，请确保需要新加入的节点的 ID 存在，同时，保证群组内节点正常共识，即正常共识的节点会输出+++日志。

使用以下命令进入节点目录，并从 node0 复制 group2 的配置到 node2。

```
$ cd ~/fisco/nodes/127. 0. 0. 1
$ cp node0/conf/group. 2. *  node2/conf
```

在节点共识正常的情况下重启 node2，命令如下。

```
$ cd node2 && bash stop. sh && bash start. sh
```

获取 node2 的 node ID，命令如下。

```
$ cat conf/node. nodeid
```

使用以下命令回到控制台并向 group2 发送命令，将 node2 加入 group2。

```
$ cd ~/fisco/console && bash start. sh 2
```

通过如图 3-39 所示命令查看共识节点列表。

```
[group:2]> getSealerList
[
    033f98128f96e99bf1d67fb890bf39d5a582e8d8be68fea8d176fe003e1787df37b361417ccfbae3778a7fd430ca276c7d85f04b5ae315c5d0
44ae9220e5806f,
    96f9e54e71c880b7d9f91246bf03906b209383062691129ac9c441b73dd56fd705835619eaec9f0cc1e7f2dcfd7208112412f7075baff73c34
5ac8739f68aa9d,
    d68443a3d86adbb71d56f69a8d86d90c8d053e1bd23d5856919861d3517df8684575b3e9fbf4496fe4d9bd11c3e670fa15b47009ae8a993a05
cb4b2e0340a6ff,
    e3d9cad77ded3c66bc8468aecc34f6f547b493ef1bfb6ad456814d764c5ef8e24cb5115d1121275edc7f8287a0bde32fd73e444ad68292190c
1d384596375ae4
]
```

图 3-39　共识节点列表

将 node2 加入共识节点，命令如图 3-40 所示。addSealer 后面的参数是上一步获取的 node ID。

```
[group:2]> addSealer fc964de234ff0a3c50e48910af8eaa7a09e593ce32b8ddc0f8303fa6517f35661a57002f22c1da3633137daa0635cfd99
f43451072085b5f89004f891348cc48
{
    "code":1,
    "msg":"Success"
}
```

图 3-40　node2 加入共识节点

查看共识节点列表，确保 node2 成功加入共识节点，如图 3-41 所示。

```
[group:2]> getSealerList
[
    033f98128f96e99bf1d67fb890bf39d5a582e8d8be68fea8d176fe003e1787df37b361417ccfbae3778a7fd430ca276c7d85f04b5ae315c5d0
44ae9220e5806f,
    96f9e54e71c880b7d9f91246bf03906b209383062691129ac9c441b73dd56fd705835619eaec9f0cc1e7f2dcfd7208112412f7075baff73c34
5ac8739f68aa9d,
    d68443a3d86adbb71d56f69a8d86d90c8d053e1bd23d5856919861d3517df8684575b3e9fbf4496fe4d9bd11c3e670fa15b47009ae8a993a05
cb4b2e0340a6ff,
    e3d9cad77ded3c66bc8468aecc34f6f547b493ef1bfb6ad456814d764c5ef8e24cb5115d1121275edc7f8287a0bde32fd73e444ad68292190c
1d384596375ae4,
    fc964de234ff0a3c50e48910af8eaa7a09e593ce32b8ddc0f8303fa6517f35661a57002f22c1da3633137daa0635cfd99f43451072085b5f89
004f891348cc48
]
```

图 3-41　加入 node2 后的共识节点列表

获取 group2 当前块高，命令如下。

```
$ [group:2]> getBlockNumber
```

当前块高为 2。

利用图 3-42 所示命令向 group2 发送交易。部署 HelloWorld 合约，若输出合约哈希地址，则代表成功部署合约。

```
[group:2]> deploy HelloWorld
transaction hash: 0xea38f2cc271ecbdd0ca8ddbaef771c0ff66eb871e9adcb2f632bbbcbfd3c85fd
contract address: 0xc4e3fe38c72226052e8028470acf1d2c2d17e811
```

图 3-42　部署 HelloWorld 合约

使用以下命令获取 group2 当前块高。

```
$ [group:2]> getBlockNumber
```

当前块高增加为 3。

退出控制台，命令如下。

```
$ [group:2]> exit
```

回到节点目录并停止所有节点，命令如下。

```
$ cd ~/fisco/nodes/127. 0. 0. 1 && bash stop_all. sh
```

任务总结

本任务介绍了搭建 FISCO BCOS 区块链环境的方法，包括安装 VMware 虚拟机及 Ubuntu 操作系统等基础环境，以及下载 FISCO BCOS 区块链的源代码并将其安装在 Ubuntu 操作系统上的完整过程。本任务还介绍了搭建多群组 FISCO BCOS 区块链的管理工具 console 控制台及部署工具 build chain. sh 用于管理和配置 FISCO BCOS 区块链的各个组件。本任务最后介绍了启动控制台并向各群组发送交易的命令。读者可以对 FISCO BCOS 区块链的环境搭建与后续启动控制台完成交易形成清晰、直观的印象。

课后习题

任务三课后题答案

简答题：

1. 列出并解释区块链应用中使用较为广泛的两种组网方式。
2. 在搭建 FISCO BCOS 区块链中，用户可以借助哪个工具实现快速搭建？
3. 启动控制台需要下载哪些依赖包？

操作题：

1. 在 VMware 上启动 Ubuntu 操作系统。
2. 完成 FISCO BCOS 区块链网络的搭建。
3. 启动 FISCO BCOS 控制台。
4. 通过控制台向 group3 发送交易。

任务评价 3

本课程采用以下三种评分方式，最终成绩由三项加权平均得出：

1. 自我评价：根据下表中的评分要求和准则，结合学习过程中的表现进行自我评价。
2. 小组互评：小组成员之间互相评价，以小组为单位提交互评结果。
3. 教师评价：教师根据学生的学习表现进行评价。

<table>
<tr><th rowspan="2">评价指标</th><th rowspan="2">评分标准</th><th colspan="3">评价</th><th rowspan="2">等级</th></tr>
<tr><th>自我评价</th><th>小组互评</th><th>教师评价</th></tr>
<tr><td rowspan="5">知识掌握</td><td>优秀：能够全面理解和掌握任务资源的内容，并能够灵活运用解决实际问题</td><td rowspan="5"></td><td rowspan="5"></td><td rowspan="5"></td><td rowspan="5"></td></tr>
<tr><td>良好：能够基本掌握任务资源的内容，并能够基本运用解决实际问题</td></tr>
<tr><td>中等：能够掌握课程的大部分内容，并能够部分运用解决实际问题</td></tr>
<tr><td>及格：能够掌握任务资源的基本内容，并能够简单运用解决实际问题</td></tr>
<tr><td>不及格：未能掌握任务资源的基本内容，无法运用解决实际问题</td></tr>
<tr><td rowspan="5">技能应用</td><td>优秀：能够熟练运用任务资源所学技能解决实际问题，并能够提出改进建议</td><td rowspan="5"></td><td rowspan="5"></td><td rowspan="5"></td><td rowspan="5"></td></tr>
<tr><td>良好：能够熟练运用任务资源所学技能解决实际问题</td></tr>
<tr><td>中等：能够基本运用任务资源所学技能解决实际问题</td></tr>
<tr><td>及格：能够部分运用任务资源所学技能解决实际问题</td></tr>
<tr><td>不及格：无法运用任务资源所学技能解决实际问题</td></tr>
<tr><td rowspan="5">学习态度</td><td>优秀：积极主动，认真完成学习任务，并能够帮助他人</td><td rowspan="5"></td><td rowspan="5"></td><td rowspan="5"></td><td rowspan="5"></td></tr>
<tr><td>良好：积极主动，认真完成学习任务</td></tr>
<tr><td>中等：能够完成学习任务</td></tr>
<tr><td>及格：基本能够完成学习任务</td></tr>
<tr><td>不及格：不能按时完成学习任务，或学习态度不端正</td></tr>
</table>

续表

评价指标	评分标准	评价			等级
		自我评价	小组互评	教师评价	
合作精神	优秀：能够有效合作，与他人共同完成任务，并能够发挥领导作用				
	良好：能够有效合作，与他人共同完成任务				
	中等：能够与他人合作完成任务				
	及格：基本能够与他人合作完成任务				
	不及格：不能与他人合作完成任务				

结合老师、同学的评价及自己在学习过程中的表现，总结自己在本工作领域的主要收获和不足，进行自我评价。

（1）＿＿＿＿＿＿＿＿＿＿＿＿＿＿＿＿＿＿＿＿＿＿＿＿＿＿＿＿＿＿＿＿

（2）＿＿＿＿＿＿＿＿＿＿＿＿＿＿＿＿＿＿＿＿＿＿＿＿＿＿＿＿＿＿＿＿

（3）＿＿＿＿＿＿＿＿＿＿＿＿＿＿＿＿＿＿＿＿＿＿＿＿＿＿＿＿＿＿＿＿

（4）＿＿＿＿＿＿＿＿＿＿＿＿＿＿＿＿＿＿＿＿＿＿＿＿＿＿＿＿＿＿＿＿

教师评语

任务四

Solidity 语言基础

任务导读

Solidity 是一门面向对象的、高级的、可编译的编程语言，用于编写智能合约。它是 FISCO BCOS 平台的官方编程语言，也是 Ethereum 等其他区块链平台的支持语言之一。

Solidity 的设计目标是使智能合约开发变得简单、高效和安全。它支持面向对象编程、函数式编程、模块化编程等多种编程范式，并提供丰富的语言特性，如变量、函数、类、继承、事件、库等。

本任务主要介绍 Solidity 语言的基本语法。

学习目标	（1）了解 Solidity 语言 （2）掌握在线编译器 Remix 的使用 （3）掌握 Solidity 的基本语法
技能目标	能熟练使用在线编译器 Remix，能理解 Solidity 基本语法和常用语句，能使用 Remix 开发简单的 Solidity 程序
素养目标	培养学生良好的计算机思维模式及逻辑思维能力。培养学生严谨、细致的工作作风，树立正确的科学观及大国工匠精神
教学重点	（1）Solidity 基本语法 （2）Solidity 常用语句 （3）在 Remix 上开发 Solidity 程序
教学难点	在 Remix 上开发 Solidity 程序

任务工作单 4

<table>
<tr><td>任务序号</td><td>4</td><td>任务名称</td><td>Solidity 语言基础</td></tr>
<tr><td>计划学时</td><td></td><td>学生姓名</td><td></td></tr>
<tr><td>实训场地</td><td></td><td>学号</td><td></td></tr>
<tr><td>适用专业</td><td>计算机大类</td><td>班级</td><td></td></tr>
<tr><td>考核方案</td><td>实践操作</td><td>实施方法</td><td>理实一体</td></tr>
<tr><td>日期</td><td></td><td>任务形式</td><td>□个人/□小组</td></tr>
<tr><td>实训环境</td><td colspan="3">虚拟机 VMware Workstation 17、Ubuntu 操作系统</td></tr>
<tr><td>任务描述</td><td colspan="3">Solidity 是一门面向对象的、高级的、可编译的编程语言，用于编写智能合约。它是 FISCO BCOS 平台的官方编程语言，也是 Ethereum 等其他区块链平台的支持语言之一。</td></tr>
<tr><td colspan="4">一、任务分解
1. Solidity 开发环境准备。
2. Solidity 基础语法。
3. 常用语句。
4. 合约。
二、任务实施
1. 合约结构。

2. 基本数据类型。</td></tr>
</table>

续表

3. 全局变量和函数。   4. 运算符。   5. 表达式语句。   6. 赋值语句。   7. 条件分支语句。

续表

8. 循环语句。   9. break 语句。   10. continue 语句。   11. return 语句。

续表

12. 创建合约。

13. 可见性和 getter 函数。

14. 函数修改器。

15. Constant 和 Immutable 状态变量。

续表

16. 函数。

17. 事件。

18. 错误和回退语句。

19. 继承。

续表

20. 抽象合约。

21. 接口。

22. 库。

23. UsingFor。

三、任务资源（二维码）

教学方案——任务四

4.1 Solidity 开发环境准备

在使用 Solidity 语言进行开发时，需要使用合适的编译器进行开发与调试工作。本节将介绍在线编译器 Remix。

Remix IDE 一般用于编译和运行 Solidity 智能合约。以下是智能合约的编译、执行和调试的步骤。

步骤 1：在任何浏览器上打开 Remix IDE，选择“Start Coding”来生成一个原型开发环境和示例程序，如图 4-1 所示。

图 4-1　Remix IDE 环境

步骤 2：打开自动生成的示例智能合约，然后单击 Compiler 窗口下的“Compile”按钮来编译合约，如图 4-2～图 4-4 所示。

图 4-2　Compiler 窗口 1

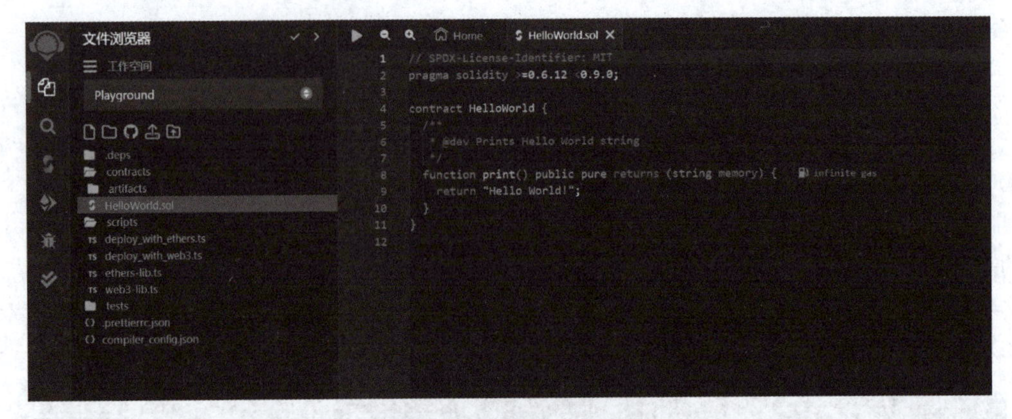

图 4-3　Compiler 窗口 2

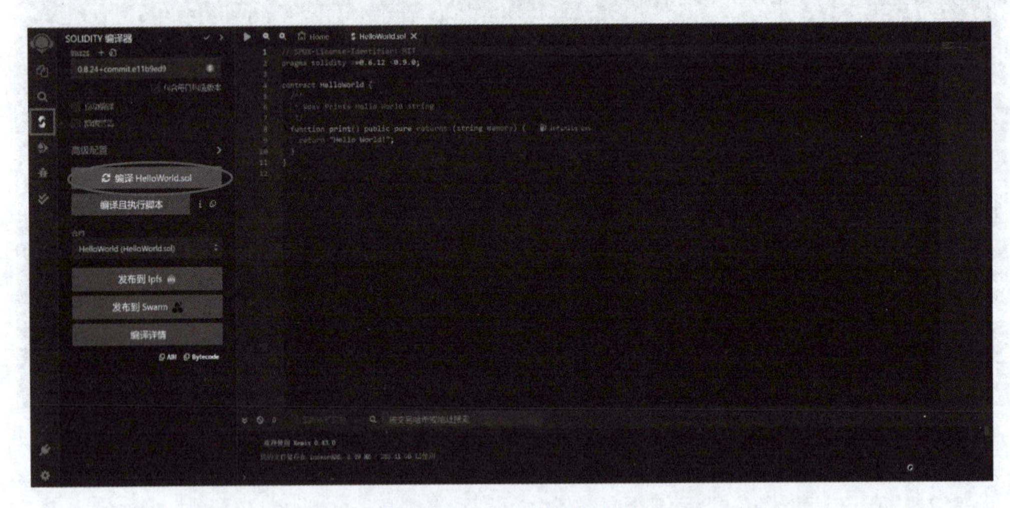

图 4-4　Compiler 窗口 3

步骤 3：要执行代码，需单击“部署并运行事务”窗口下的“部署”按钮，如图 4-5、图 4-6 所示。

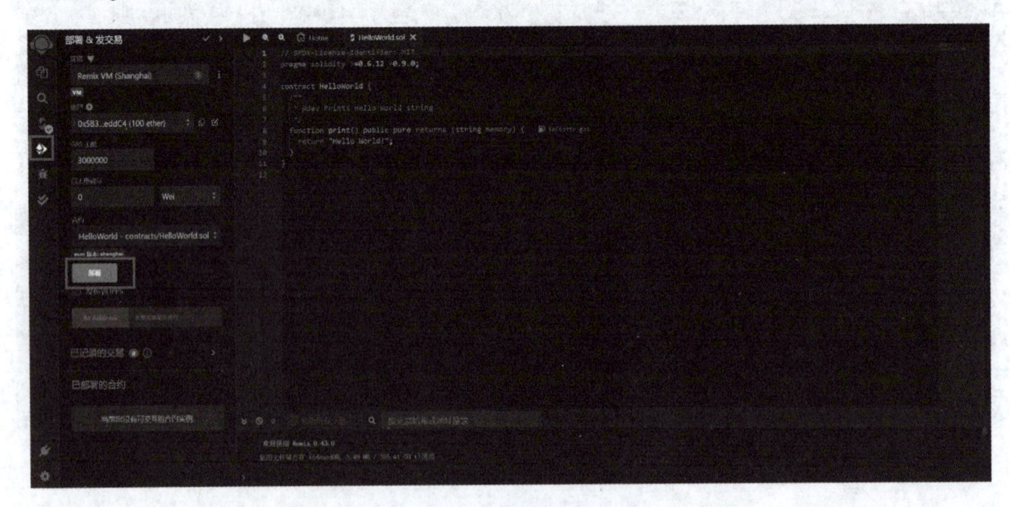

图 4-5　Compiler 窗口 4

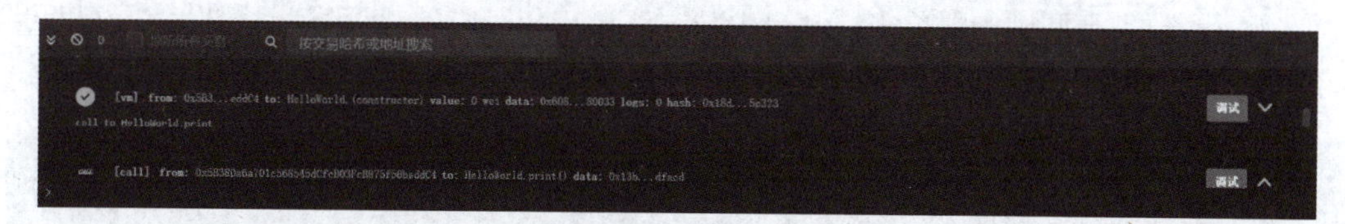

图 4-6 调试

步骤 4：部署代码后，单击已部署的合约下拉列表下的“print”按钮来运行程序，并检查是否单击控制台上的下拉列表以获取输出，如图 4-7、图 4-8 所示。

图 4-7 控制台输出 1

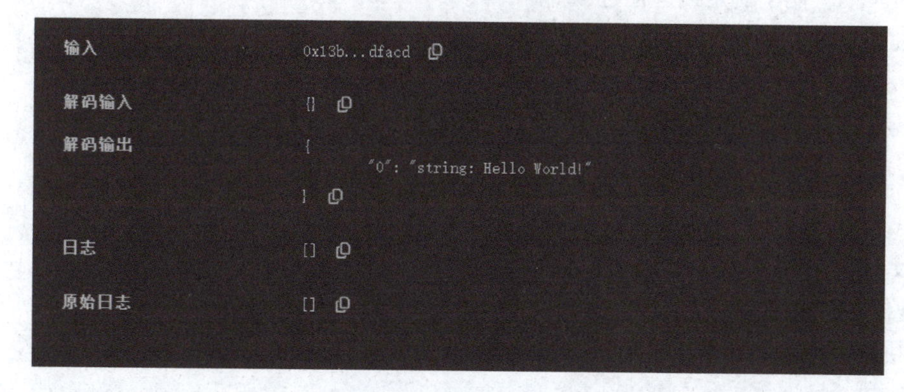

图 4-8 控制台输出 2

步骤 5：要进行调试，则单击控制台中与方法调用相对应的“调试”按钮。在这里可以检查每个函数调用和变量分配，如图 4-9 所示。

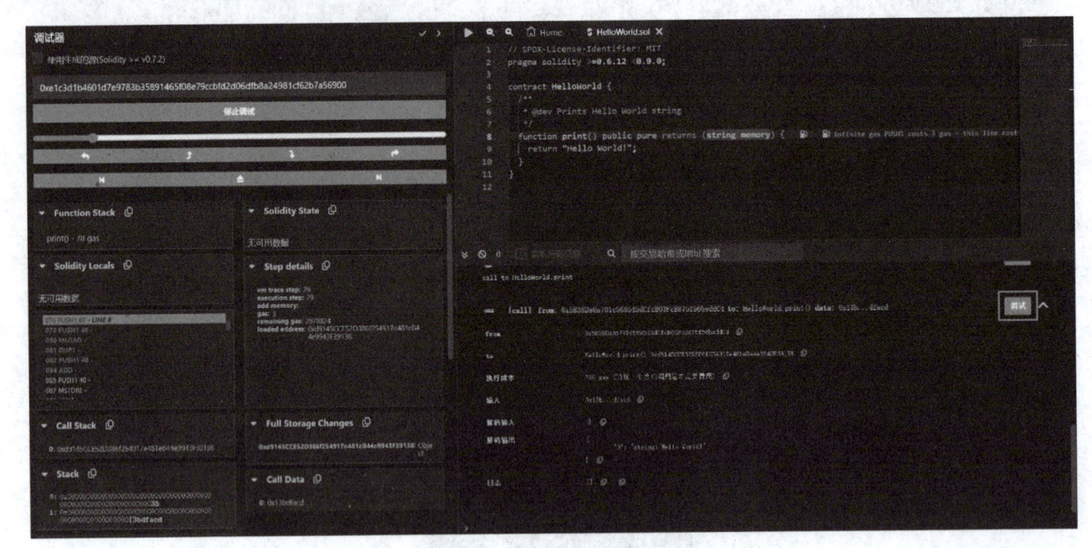

图 4-9　控制台调试

4.2 Solidity 基础语法

Solidity 是一种静态类型、大小写敏感的面向对象编程（OOP）语言。虽然它是面向对象的，但它支持有限的面向对象特性。这意味着变量数据类型应在编译时定义并已知。函数和变量的编写方式应与它们的定义方式相同。在 Solidity 中，严格区分大小写，这也就意味着“Cat”不同于“CAT”“cat”或“cat”的其他变体。Solidity 中的语句结束符是英文输入法下的分号“;”。

Solidity 代码是以扩展名为“. sol”的 Solidity 文件编写的。它们是可读的文本文件，可以在任何编辑器（包括记事本）中作为文本文件打开。

一个 Solidity 文件有以下四个高级结构：

① pragma：用于制定编译器选项。

② comments：注释。

③ import：导入。

④ contracts/library/interface：合约/库/接口。

一、pragma

pragma 通常是任何 Solidity 文件中的第一行代码。pragma 是一个指令，用于指定当前 Solidity 文件使用的编译器版本的指令。Solidity 是一种新的语言，并在不断改进。在撰写本文时，要时刻注意编译版本。

在 pragma 指令的帮助下，可以选择编译器的版本，并据此编译代码，如下所示。

```
pragma solidity >=0. 6. 12<0. 9. 0
```

此代码表示此程序兼容 0.6.12~0.9.0 版本的 Solidity 语言。

二、comments

任何编程语言都提供注释代码的功能，Solidity 也是如此。Solidity 有以下三种注释类型：

- 单行注释
- 多行注释
- 以太坊自然规范（Natspec）

单行注释用双斜线//表示，多行注释用/＊和＊/表示。

Natspec 有两种格式：///表示单行注释；/** 表示多行注释的开始，＊/表示多行注释的结束。(Natspec 常用于文档，它有自己的规范。)

在 Remix 中，pragma 指令和注释如下。

```
pragma solidity >=0.6.12 <0.9.0;
//这是 Solidity 中的单行注释
    /* 在 Solidity 中,这是一个多行注释。
    多个连续的行应作为一个整体进行注释时,请使用此选项 */
```

三、import

import 关键字有助于导入其他 Solidity 文件，可以在当前 Solidity 文件和代码中访问其代码。这有助于编写模块化的 Solidity 代码。

使用导入的语法如下：

```
import <<filename>> ;
```

文件名可以是完全显式或隐式的路径。正斜线“/”用于分隔目录与其他目录和文件，“.”指当前目录，“..”指父级目录。这与 Linux 程序的指代文件的方式非常相似。语法示例如下：

```
import ' CommonLibrary. sol' ;
```

四、contracts

除 pragma、导入和注释之外，还可以在全局或顶层定义合约、库和接口。本节假设可以在同一个 Solidity 文件中声明多个合约、库和接口。以下代码中显示的库、合约和界面关键字在本质上是区分大小写的。

```
//contracts.sol
pragma solidity 0.4.19;
//这是 Solidity 中的单行注释
/* 在 Solidity 中,这是一个多行注释。
多个连续的行应作为一个整体进行注释时,请使用此选项 */
contract firstContract {}
contract secondContract{}
library stringLibrary{}
```

```
library mathLibrary{}
interface IBank{}
interface IAccount {}
```

4.2.1 合约结构

在 Solidity 语言中，合约类似于其他面向对象编程语言中的 ** 类 ** 。

每个合约中可以包含状态变量、函数、事件（Event）、错误（Errors）、结构体和枚举类型的声明，且合约可以从其他合约继承。

还有一些特殊的合约，如：库和接口。

本节主要讲述智能合约中合约的基本结构及基本关键字的使用。

合约中可包含内容：

- 状态变量
- 结构体类型
- 函数修改器
- 函数
- 事件
- 枚举类型

一、状态变量（StateVariable）

编程中的变量是指可以包含值的存储位置。这些值可以在运行时进行更改。该变量可以在代码中的多个位置使用，它们都将引用存储在其中的值。Solidity 提供了两种类型的变量：状态变量和内存变量。在本节中，将介绍状态变量。

合约结构最重要的方面之一是状态变量。这些状态变量被永久地存储在区块链/以太坊的合约中。在合约中声明的不在任何函数中的变量被称为状态变量。

状态变量可以被定义为 constant，即常量，例如：

```
uint constant x=1;
```

状态变量所分配的内存是静态分配的，在合约有效期内不能改变（分配的内存大小）。每个状态变量都有一个必须静态定义的类型。Solidity 编译器必须确定每个状态变量的内存分配细节，因此，必须声明状态变量的数据类型。

状态变量也有与之关联的附加限定符。它们可以是以下任何一种。

internal：默认情况下，如果没有指定任何内容，则状态变量具有内部限定符。这意味着这个变量只能在当前的合约函数和从它们继承的任何合约中使用。这些变量无法从外部访问以进行修改，但是可以查看它们。内部状态变量的一个示例如下：

```
int internal StateVariable;
```

private：这个限定符类似于带有附加约束的内部约束。私有状态变量只能在声明它们的合约中使用。它们甚至在派生的合约中也不能使用。私有状态变量的示例如下：

```
int private privateStateVariable;
```

public：此限定符使状态变量可以直接访问。Solidity 编译器为每个公有状态变量生成一个 getter 函数。一个公共状态变量的示例如下：

```
int public stateIntVariable;
```

constant：这个限定符使状态变量不可变。该值必须在声明时分配给该变量本身。实际上，编译器将用代码中的赋值替换该变量的引用。常量状态变量的示例如下：

```
bool constant hasIncome=true;
```

综上所述，每个状态变量都有一个关联的数据类型。数据类型可以帮助我们确定变量的内存需求，并确定可以存储在其中的值。例如，类型为 uint8 的状态变量也称为无符号整数，被分配预定的内存大小，它可以包含 0~255 的值。任何其他值都被视为外部值，编译器和运行时，不能接受它将其存储在此变量中。

Solidity 提供了以下多种开箱即用的数据类型：

- bool
- uint/int
- bytes
- address
- mapping
- enum
- struct
- bytes/String

使用枚举和结构体也可以声明用户自定义的数据类型。在本任务的后面，将有一个完整的部分专门介绍数据类型和变量。

二、结构体类型（StructsType）

结构或结构体有助于实现用户自定义的数据类型。结构体是一种复合数据类型，由多个不同数据类型的变量组成。结构体与合约非常相似，但结构体中不包含任何代码，只有变量。

有时希望将相关数据存储在一起。例如，想存储一名员工的信息，如姓名、年龄、婚姻状况和银行账号。为了表示这些与单个雇员相关的单个变量，可以使用 struct 关键字在 Solidity 中声明一个结构。结构体中的变量定义在开头和结尾的 {} 中，如下列代码所示。

```
//定义结构体
struct{
    string name;
    uint age;
    bool is Adult;
    uint[] ID;
}
```

创建结构体实例的语法如下。无须明确使用 new 关键字。new 关键字只能用于创建合约或数组的实例。

```
people=myStruct("Sam",18,true,newuint[](3));
```

可以在函数中创建多个结构体实例。结构体可以包含数组和映射变量，而映射和数组可以存储结构体类型的值。

以下是一个结构体使用的示例：

```
pragma solidity >=0. 6. 0 <0. 9. 0;
//定义的新类型包含两个属性。
//在合约外部声明结构体可以使其被多个合约共享。在这里,这并不是真正需要的。
struct Funder {
    address addr;
    uint amount;
}
contract CrowdFunding {
    //也可以在合约内部定义结构体,这使它们仅在此合约和衍生合约中可见。
    struct Campaign {
        address beneficiary;
        uint fundingGoal;
        uint numFunders;
        uint amount;
        mapping(uint=> Funder) funders;
    }
    uint numCampaigns;
    mapping (uint=> Campaign) campaigns;
    function newCampaign(address payable beneficiary, uint goal) public returns(uint campaignID) {
        campaignID=numCampaigns++; // campaignID 作为一个变量返回
        //不能使用 campaigns[campaignID]=Campaign(beneficiary, goal, 0, 0)
        //因为 RHS( right hand side)会创建一个包含映射的内存结构体 Campaign
        Campaign storage c=campaigns[campaignID];
        c. beneficiary=beneficiary;
        c. fundingGoal=goal;
    }
    function contribute(uint campaignID) public payable {
        Campaign storage c=campaigns[campaignID];
        //以给定的值初始化,创建一个新的临时 memory 结构体,
        //并将其复制到 storage 中。
        //注意,也可以使用 Funder(msg. sender, msg. value)来初始化。
        c. funders[c. numFunders++]=Funder({addr: msg. sender, amount: msg. value});
        c. amount +=msg. value;
    }
    function checkGoalReached(uint campaignID) public returns(bool reached) {
        Campaign storage c=campaigns[campaignID];
```

```
        if (c. amount < c. fundingGoal)
            return false;
        uint amount=c. amount;
        c. amount=0;
        c. beneficiary. transfer(amount);
        return true;
    }
}
```

三、函数修改器（FunctionModifier）

在 Solidity 环境下，修改器总是与函数相关联。编程语言中的修改器是指一种结构，该结构更改执行代码的行为。由于一个修改器与 Solidity 中的一个函数相关联，因此，它有能力改变与之相关联的函数的行为。为了便于理解修改器，可将它们看作在执行目标函数之前将执行的函数。假设想调用 getAge 函数，但是在执行它之前，希望执行另一个函数，它可以检查合约的当前状态、传入参数中的值、状态变量中的当前值等，并据此决定是否应该执行目标函数 getAge。这有助于编写更干净的函数，而不会使它们混淆验证和验证规则。此外，修改器可以与多个函数相关联。这确保了更干净、更具可读性和更具可维护性的代码。

修改器使用修饰符关键字和修饰符标识符，它可以接受任何参数，然后在“{}”内进行编码。修改器中的下划线_表示执行目标函数。payable 是由 Solidity 提供的开箱即用的修改器，当应用于任何函数时，允许该函数接受其他用户。

在合约级别声明一个修改器关键字，如下列代码所示。

```
// SPDX- License- Identifier: GPL- 3.0
pragma solidity >=0.4.22 <0.9.0;
contract Purchase {
    address public seller;
    modifier onlySeller() {                     //修改器
        require(
            msg.sender == seller,
            "Only seller can call this."
        );
        _;
    }
    function abort() public view onlySeller {  //修改器的使用
        // ...
    }
}
```

在这里仅做简单的了解，后边的任务会有详细的介绍。

四、事件（Event）

Solidity 支持事件。Solidity 中的事件就像其他编程语言中的事件一样。事件是从合约中触发的，这样任何对它们感兴趣的人都可以捕获它们并执行代码作为响应。Solidity 中的事件主要用于通过 EVM 的日志记录工具通知调用应用程序关于合约的当前状态。它们习惯于通知应用程序有关合约的更改，应用程序也可以使用它们来执行它们的依赖逻辑。它们不使用应用程序，而是不断轮询合约中某些状态的变化；合约可以通过事件来通知它们。

事件在全局级别的合约中声明，并在其函数中调用。使用事件关键字声明一个事件，后面跟着一个标识符和参数列表，并以分号结束。参数中的值可用于记录信息或执行条件逻辑。事件信息及其值作为块内事务的一部分存储。在最后一个任务中，在讨论事务的属性时，介绍了一个名为 LogsBloom 的属性，作为事务的一部分而引发的事件将存储在此属性中。

事件不需要显式提供参数变量——仅数据类型就足够，如下列代码所示。

```
//event declaration
event ageRead(address,int);
```

事件可以通过任何函数的名称和传递所需的参数来调用，如下列代码所示。

```
//function definition
function getAge (address personIdentifier) onlyBy() payable external returns(uint) {
human=myStruct ("Ritesh",10,true,new uint[](3));
//using struct mystruct
gender_gender=gender. male;//using enum
ageRead(personIdentifier,stateIntVariable);
}
```

五、错误（Error）

Solidity 为应对失败，允许用户定义 error 来描述错误的名称和数据。错误可以在 revert-statements 中使用。

跟用错误字符串相比，error 更便宜并且允许编码额外的数据，还可以用 NatSpec 为用户描述错误。

```
// SPDX- License- Identifier: GPL- 3.0
pragma solidity ^0.8.4;
///没有足够的资金用于转账。要求"requested"。
///但只有"available" 可用。
error NotEnoughFunds(uint requested, uint available);
contract Token {
    mapping(address =>uint) balances;
    function transfer(address to,uint amount) public {
        uint balance = balances[msg.sender];
        if (balance < amount)
            revert NotEnoughFunds(amount, balance);
```

```
            balances[msg.sender] - = amount;
            balances[to] += amount;
            // ...
        }
    }
```

在合约的错误和回退语句中查看更多的信息。

六、枚举（EnumType）

枚举关键字用于声明枚举。枚举有助于在 Solidity 中声明用户自定义的数据类型。枚举由一个枚举列表、一组预定的命名常数组成。

枚举中的常数值可以在 Solidity 中显式地转换为整数。每个常量值对应一个整数值，第一个值为 0，每个连续项的值增加 1。

枚举声明使用枚举关键字，后面跟着枚举标识符和 {} 内的枚举值列表。需要注意的是，枚举声明中没有分号作为其终止符，并且在列表中应该至少要声明一个成员。

枚举的一个实例如下：

```
enum gender{male,female}
```

枚举变量可以声明并赋值，代码如下。

```
gender_gender=gender. male;
```

在 Solidity 合约中定义枚举并不是强制性的。如果有一个常量的项列表没有改变，则应该定义枚举。这些都成为枚举声明的好示例，它们有助于使代码更具可读性和可维护性。

七、函数（Function）

函数是以太坊和 Solidity 的核心。以太坊维护状态变量的当前状态，并执行事务，以更改状态变量中的值。当一个函数位于合约被调用或调用时，它会创建一个交易。函数是读取和写入值的机制 from/to 的状态变量。函数是一个代码单元，可以通过调用它来按需执行。函数可以接受参数，执行其逻辑，并选择性地将值返回给调用方。它们既可以实名，也可以匿名。在 Solidity 中声明函数的语法如下：

```
//function definition
function getAge (address_personIdentifider) onlyBy() payable external returns(uint){
}
```

在本例中，函数是使用 function 关键字后跟其标识符 getAge 来声明的。它可以接受多个通信分隔参数。参数标识符是可选的，但是数据类型应该在参数列表中提供。函数可以附加修改器，例如本例中的 onlyBy( )。

函数具有与它们相关联的可见性限定符，类似于状态变量。函数的可见性可以是以下任意一种。

public（公有）：任何人都可以调用。通常用于声明在合约外部中可调用的函数。

internal（内部）：只能在当前合约内部或继承合约中调用。通常用于在合约内部实现重要的逻辑。

external（外部）：只能从合约外部调用。通常用于节省 gas，因为外部函数不会将调用者上下文的状态存储到堆栈中。

private（私有）：只能在当前合约内部调用。通常用于封装只能在合约内部使用的辅助函数。

view 和 pure：可以与任何可见性修饰符一起使用，用于声明函数不修改合约状态。通常用于读取状态或执行计算而不修改状态。

4.2.2 基本数据类型

Solidity 的数据类型大致可分为以下两类：

- 值类型
- 引用类型

一、值类型

如果一个类型将数据（值）直接保存在它所拥有的内存中，则它被称为值类型。这些类型的值与它们一起存储，而不是存储在其他地方。在本例中，声明了一个数据类型为 unsigned integer(uint) 的变量，其数据（值）为 13。变量 a 拥有由 EVM 分配的内存空间，它被称为 0x123，该位置的存储值为 13，如图 4-10 所示。

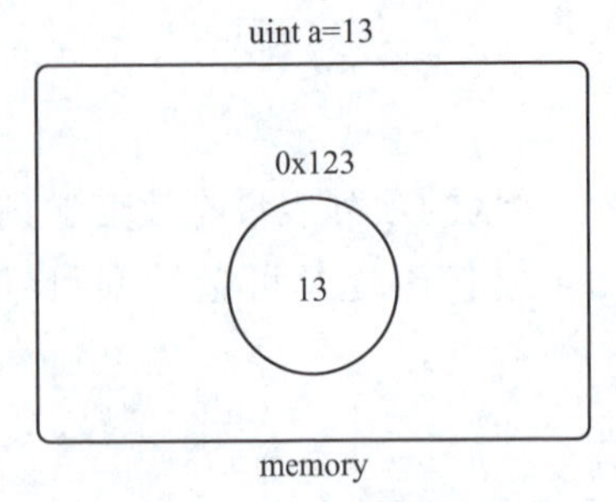

图 4-10　值类型的存储方式

值类型是占用内存不超过 32 字节的类型。Solidity 提供了以下值类型。

（1）bool：布尔值，可以保存 true 或 false 作为其值。bool 类型运算符见表 4-1。

表 4-1　bool 类型运算符

符号	说明
!	（逻辑非）
&&	（逻辑与，“and”）
‖	（逻辑或，“or”）
==	（等于）
!=	（不等于）

运算符 ‖ 和 && 都遵循同样的短路（short-circuiting）规则。也就是说，在表达式 f(x) ‖ g(y) 中，如果 f(x) 的值为 true，那么 g(y) 就不会被执行，即使会出现一些副作用。

（2）int/uint：分别表示有符号和无符号的不同位数的整型变量。支持关键字 uint8～uint256（无符号，从 8 位到 256 位）以及 int8～int256，以 8 位为步长递增。uint 和 int 分别是 uint256 和 int256 的别名。

整型变量运算符见表 4-2。

表 4-2　整型变量运算符

符号	说明
比较运算符	<=，<，==，!=，>=，>（返回布尔值）
位运算符	&，|，^（异或），~（位取反）
移位运算符	<<（左移位），>>（右移位）
算术运算符	+，-，单目运算符-（仅针对有符号整型），*，/，%（取余或叫模运算），**（幂）

对于整型常量 X，可以使用 type(X).min 和 type(X).max 获取这个类型的最小值与最大值。

➢注意：

Solidity 中的整数是有取值范围的。

（3）Address：地址类型。

地址类型有以下两种形式，它们大致相同。

address：保存一个 20 字节的值（以太坊地址的大小）。

address payable：可支付地址，与 address 相同，不过有成员函数 transfer 和 send。

这种区别背后的思想是 address payable 可以向其发送以太币，而不能向一个普通的 address 发送以太币，例如，它可能是一个智能合约地址，并且不支持接收以太币。允许从 address payable 到 address 的隐式转换，而从 address 到 address payable 必须显式的转换，通过 payable（<address>）进行转换。

对于 uint160、整数、bytes20 和合约类型，允许对 address 进行明确的转换和输出。只有 address 类型和合约类型的表达式可以通过 payable(…) 显式转换为 address payable 类型。对于合约类型，只有在合约可以接收以太的情况下才允许这种转换，也就是说，合约要么有一个 receive 函数，要么有一个 payable 类型的 fallback 函数。注意，payable（0）是有效的，是这个规则的例外。

如果需要 address 类型的变量，并计划发送以太币给这个地址，那么声明类型为 address payable，可以明确表达出你的需求。同样，尽量更早地对它们进行区分或转换。

address 和 address payable 之间的区别是从 0.5.0 版本引入的。同样，从该版本开始，合约不能隐含地转换为 address 类型，但仍然可以显式地转换为 address 或者 address payable。

地址变量提供了表 4-3 所列的运算符。

表 4-3　地址变量运算符

符号
<=，<，==，!=，>=，>

➢警告

如果将使用较大字节数组的类型转换为 address，例如 bytes32，那么 address 将被截断。

地址类型成员变量如下：

◆ balance 和 transfer 成员

可以使用 balance 属性来查询一个地址的余额，也可以使用 transfer 函数向一个可支付地址（payable address）发送以太币（以 wei 为单位）。

```
address x=0x123;
address myAddress=this;
if(x. balance < 10 && myAddress. balance >=10)x. transfer(10);
```

如果当前合约的余额不足，或者以太币转账被接收账户拒收，那么 transfer 功能就会失败。transfer 功能在失败后会被还原。

如果 x 是一个合约地址，它的代码（更具体来说是，如果有 receive 函数，执行 receive 接收以太函数，或者存在 fallback 函数，执行 fallback 回退函数）会跟 transfer 函数调用一起执行（这是 EVM 的一个特性，无法阻止）。如果在执行过程中用光了 gas 或者因为任何原因执行失败，以太币交易会被打回，当前的合约也会在终止的同时抛出异常。

◆ send 成员

send 是 transfer 的低级版本。如果执行失败，当前的合约不会因为异常而终止，但 send 会返回 false。

在使用 send 的时候会有些风险：如果调用的栈深度是 1 024，则会导致发送失败（这总是可以被调用者强制）；如果接收者用光了 gas，也会导致发送失败。所以，为了保证以太币发送的安全，一定要检查 send 的返回值，可以使用 transfer 函数或者采用接收者自己取回资金的模式。

◆ call，delegatecall 和 staticcall 函数

为了与不遵守 Application Binary Interface（ABI）的合约对接，或者为了更直接地控制编码，提供了 call、delegatecall 和 staticcall 函数。它们都接收一个 bytes memory 参数，并返回成功条件（作为一个 bool）和返回的数据（bytes memory）。

函数 abi. encode、abi. encodePacked、abi. encodeWithSelector 和 abi. encodeWithSignature 可用于编码结构化数据。

例如：

```
bytes memory payload=abi. encodeWithSignature("register(string)","MyName");
(bool success, bytes memory returnData)=address(nameReg). call(payload);
require(success);
```

此外，为了与不符合 ABI 的合约交互，于是就有了可以接受任意类型、任意数量参数的 call 函数。这些参数会被打包到以 32 字节为单位的连续区域中存放。其中一个例外是，当第一个参数被编码成正好 4 字节时，这个参数后边不会填充后续参数编码，以允许使用函数签名。

```
address nameReg=0x72ba7d8e73fe8eb666ea66babc8116a41bfb10e2;
nameReg. call("register","MyName");
nameReg. call(bytes4(keccak256("fun(uint256)")),a);
```

所有这些函数都是低级函数，应谨慎使用。具体来说，任何未知的合约都可能是恶意的，我们在调用一个合约的同时就将控制权交给了它，而合约又可以回调合约，所以要准备好在调用返回时改变相应的状态变量（可参考、可重入）。与其他合约交互的常规方法是在合约对象上调用函数（x. f( )）。

可以使用 gas 修改器（modifier）调整提供的 gas 数量。

```
address(nameReg). call{gas:1000000}(abi. encodeWithSignature("register(string)","MyName"));
```

类似地，也能控制提供的以太币的值。

```
address(nameReg). call{value:1ether}(abi. encodeWithSignature("register(string)","MyName"));
```

这些修改器（modifier）可以联合使用，并且每个修改器出现的顺序不重要。

```
address(nameReg). call{gas:1000000,value:1ether}(abi. encodeWithSignature("register(string)","MyName"));
```

以类似的方式，可以使用函数 delegatecall，区别在于 delegatecall 只调用给定地址的代码（函数），其他状态属性如（存储，余额，…）都来自当前合约。delegatecall 函数的目的是使用另一个合约中的库代码。用户必须确保两个合约中的存储结构都适合委托调用（delegatecall）。

从以太坊拜占庭版本开始，提供了 staticcall 函数，它与 call 函数基本相同，但如果被调用的函数以任何方式修改状态变量，则都将回退。

call、delegatecall 和 staticcall 都是非常低级的函数，应该只把它们当作最后的方法来使用，因为它们破坏了 Solidity 的类型安全性。

call、delegatecall 和 staticcall 函数都提供了 gas 选项，而 value 选项仅 call 支持。

不管是读取状态还是写入状态，最好避免在合约代码中硬编码使用的 gas 值。这可能会引入“错误”，并且 gas 的消耗也是可能会改变的。

◆ code 和 codehash 成员

可以查询任何智能合约的部署代码。使用 . code 来获取 EVM 的字节码，其返回 bytes memory，值可能为空。使用 . codehash 获得该代码的 Keccak256 哈希值（为 bytes32）。注意，addr. codehash 比使用 Keccak256（addr. code）更便宜。

所有合约都可以转换为 address 类型，因此，可以使用 address(this).balance 查询当前合约的余额。

二、引用类型

与值类型不同，引用类型不会将其值直接存储在变量本身中。它们存储的是值存储位置的地址，而不是值。该变量保存指向保存实际数据的另一个内存位置的指针。引用类型是可以占用超过 32 字节内存的类型。

在图 4-11 所示的示例中，数据类型为 uint 的数组变量大小声明为 6。Solidity 中的数组基于 0，因此这个数组可以包含 7 个元素。变量 a 具有由 EVM 分配的内存空间，称为 0x123，该位置中存储了一个指针值 0x456。此指针是指存储数组数据的实际内存位置。当访问变量时，EVM 会取消引用指针的值，并显示来自数组索引中的值。

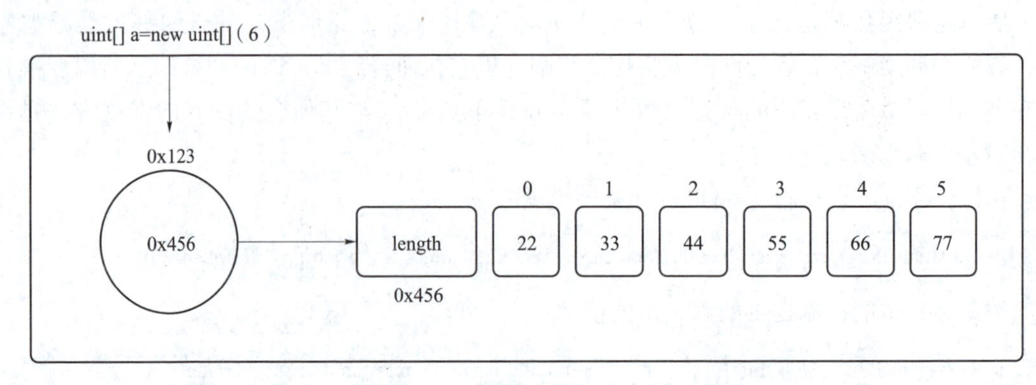

图 4-11 引用类型存储方式

引用类型的值可以通过多个不同的名称进行修改。这与值类型形成鲜明对比，在值类型的变量被使用时，会得到一个独立的副本。正因为如此，对引用类型的处理要比对值类型的处理更加谨慎。目前，引用类型包括结构、数组和映射，如果使用一个引用类型，必须明确地提供存储该类型的数据区域，比如 memory（其寿命限于外部函数调用）、storage（存储状态变量的位置，其寿命限于合约的寿命）、calldata（包含函数参数的特殊数据位置）。

1. 数据位置

数据位置不仅仅表示数据如何保存，它同样影响着赋值行为。

在存储和内存之间两两赋值（或者从调用数据赋值），都会创建一个独立的备份。

从内存到内存的赋值只创建引用，这意味着更改内存变量，其他引用相同数据的内存变量的值也会跟着改变。

从存储到本地存储变量的赋值也只分配一个引用。

其他的向存储的赋值，总是进行复制。例如对状态变量或存储的结构体类型的局部变量成员的赋值，即使局部变量本身是一个引用，也会进行复制。

```
pragma solidity >=0. 5. 0 <0. 9. 0;
contract Tiny {
    uint[] x;                    //x 的数据存储位置是 storage,位置可以忽略
    //memoryArray 的数据存储位置是 memory
    function f(uint[] memory memoryArray) public {
        x=memoryArray;           //将整个数组复制到 storage 中,可行
        uint[] storage y=x;      //分配一个指针(其中 y 的数据存储位置是 storage),可行
        y[7];                    //返回第 8 个元素,可行
        y. pop();                //通过 y 修改 x,可行
        delete x;                //清除数组,同时修改 y,可行
        //下面的就不可行了,需要在 storage 中创建新的未命名的临时数组,
        //但 storage 是“静态”分配的:
        //y=memoryArray;
        //下面这一行也不可行,因为这会“重置”指针,
        //但并没有可以让它指向的合适的存储位置。
        //delete y;
```

```
        g(x); //调用 g 函数,同时移交对 x 的引用
        h(x); //调用 h 函数,同时在 memory 中创建一个独立的临时备份
    }
    function g(uint[] storage) internal pure{}
    function h(uint[] memory) public pure{}
```

2. 数组

数组可以在声明时指定长度，也可以动态调整大小（长度）。一个元素类型为 T，固定长度为 k 的数组可以声明为 T[k]，而动态数组声明为 T[]。例如，一个长度为 5，元素类型为 uint 的动态数组的数组（二维数组），应声明为 uint[][5]（注意，这里与其他语言相比，数组长度的声明位置是反的）。比如，在 Java 中，声明一个包含 5 个元素、每个元素都是数组的方式为 int[5][]。

在 Solidity 中，X[3] 总是一个包含三个 X 类型元素的数组，即使 X 本身就是一个数组，这和其他语言也有所不同，比如 C 语言。数组下标是从 0 开始的，并且访问数组时的下标顺序与声明时相反。例如，变量为 uint[][5]memory x，要访问第三个动态数组的第 7 个元素，使用 x[2][6]；要访问第三个动态数组，使用 x[2]。同样，如果有一个 T 类型的数组 T[5] a，T 也可以是一个数组，那么 a[2] 总会是 T 类型的。

数组元素可以是任何类型，包括映射或结构体。对类型的限制是映射只能存储在 storage 中，并且公开访问函数的参数需要是 ABI 类型的。可以将状态变量数组标记为 public，并让 Solidity 创建一个 getter 函数。数字索引成为该函数的一个必要参数。访问超出数组长度的元素会导致异常（assert 类型异常）。可以使用 .push() 方法在末尾追加一个新元素，其中，.push() 追加一个零初始化的元素并返回对它的引用。

1）bytes 和 string 也是数组

bytes 和 string 类型的变量是特殊的数组。bytes 类似于 bytes1[]，但它在 calldata 和 memory 中会被“紧打包”（将元素连续地存在一起，不会按每 32 字节一单元的方式来存放）。string 与 bytes 相同，但不允许用长度或索引来访问。Solidity 没有字符串操作函数，但是可以使用第三方字符串库，可以比较两个字符串，通过计算它们的 Keccak256-hash，可使用 keccak256(abi.encodePacked(s1))==keccak256(abi.encodePacked(s2)) 和 string.concat(s1,s2) 来拼接字符串。

更多时候应该使用 bytes 而不是 bytes1[]，因为 gas 费用更低。在 memory 中使用 bytes1[] 时，会在元素之间添加 31 个填充字节，而在 storage 中，由于紧密包装，没有填充字节，参考 bytesandstring。作为一个基本规则，对任意长度的原始字节数据使用 bytes，对任意长度的字符串（UTF-8）数据使用 string。

如果使用一个长度限制的字节数组，应该使用一个 bytes1~bytes32 的具体类型，因为它们便宜得多。如果想要访问以字节表示的字符串 s，则使用 bytes(s).length/bytes(s)[7]='x';。注意，这时访问的是 UTF-8 形式的低级 bytes 类型，而不是单个字符。

2）函数 bytes.concat 和 string.concat

可以使用 string.concat 连接任意数量的 string 字符串。该函数返回一个 stringmemory，包含所有参数的内容，无填充方式拼接在一起。如果想使用不能隐式转换为 string 的其他类型作为参数，需要先把它们转换为 string。

同样，bytes. concat 函数可以连接任意数量的 bytes 或 bytes1 ~ bytes32 值。该函数返回一个 bytesmemory，包含所有参数的内容，无填充方式拼接在一起。如果想使用字符串参数或其他不能隐式转换为 bytes 的类型，需要先将它们转换为 bytes 或 bytes1/…/bytes32。

```
pragma solidity ^0. 8. 12;
contract C {
    string s="Storage";
    function f(bytes calldata bc, string memory sm, bytes16 b) public view {
        string memory concatString=string. concat(s, string(bc), "Literal", sm);
        assert((bytes(s). length + bc. length + 7 + bytes(sm). length)= =bytes(concatString). length);
        bytes memory concatBytes=bytes. concat(bytes(s), bc, bc[:2], "Literal", bytes(sm), b);
        assert((bytes(s). length + bc. length + 2 + 7 + bytes(sm). length + b. length)= =concatBytes. length);
    }
}
```

如果不使用参数调用 string. concat 或 bytes. concat，将返回空数组。

3）创建内存数组

可使用 new 关键字在 memory 中基于运行时创建动态长度数组。与 storage 数组相反的是，不能通过修改成员变量 . push 来改变 memory 数组的大小。必须提前计算所需的大小或者创建一个新的内存数组并复制每个元素。对于 Solidity 中的所有变量，新分配的数组元素总是以默认值初始化。

```
pragma solidity >=0. 4. 16 <0. 9. 0;
contract TX {
    function f(uint len) public pure {
        uint[] memory a=new uint[](7);
        bytes memory b=new bytes(len);
        assert(a. length= =7);
        assert(b. length= =len);
        a[6]=8;
    }
}
```

4）数组常量

数组常量（字面量）是在方括号中（[…]）包含一个或多个以逗号分隔的表达式。例如［1,a,f(3)］。数组常量的类型通过以下的方式确定：它是一个静态大小的内存数组，其长度为表达式的数量。数组的基本类型是列表上的第一个表达式的类型，以便所有其他表达式可以隐式地转换为它。如果不可以转换，将出现类型错误。即使所有元素都可以转换为基本类型，也是不够的，其中一个元素必须是这种类型的。

在下面的例子中，［1,2,3］的类型是 uint8［3］ memory。因为每个常量的类型都是 uint8，如果希望结果是 uint［3］ memory 类型，需要将第一个元素转换为 uint。

```
pragma solidity >=0. 4. 16 <0. 9. 0;
contract LBC {
    function f() public pure {
```

```
        g([uint(1), 2, 3]);
    }
    function g(uint[3] memory) public pure {
        // . . .
    }
}
```

数组常量［1，-1］是无效的，因为第一个表达式类型是 uint8，而第二个类型是 int8，它们不可以隐式地相互转换。为了确保能够运行，可以使用［int8(1),-1］等。由于不同类型的固定大小的内存数组不能相互转换（尽管基础类型可以），如果想使用二维数组常量，必须显式地指定一个基础类型。

```
//SPDX-License-Identifier: GPL-3.0
pragma solidity >=0.4.16 <0.9.0;
contract C {
    function f() public pure returns (uint24[2][4] memory) {
        uint24[2][4] memory x=[[uint24(0x1), 1], [0xffffff, 2], [uint24(0xff), 3], [uint24(0xffff), 4]];
        //下面代码无法工作,因为没有匹配内部类型
        //uint[2][4] memory x=[[0x1, 1], [0xffffff, 2], [0xff, 3], [0xffff, 4]];
        return x;
    }
}
```

需要注意的是，定长的 memory 数组并不能赋值给变长的 memory 数组，下面的例子是无法运行的：

```
pragma solidity  >=0.4.0 <0.9.0;
//这段代码并不能编译
contract LBC {
    function f() public {
        //这一行引发了一个类型错误,因为 unint[3] memory 不能转换成 uint[] memory
        uint[] x=[uint(1), 3, 4];
    }
}
```

计划在将来取消这一限制，但由于 ABI 中数组的传递方式，它产生了一些复杂的问题。

如果想初始化动态大小的数组，必须分配各个元素：

```
pragma solidity >=0.4.0 <0.9.0;
contract C {
    function f() public pure {
        uint[] memory x=new uint[](3);
        x[0]=1;
        x[1]=3;
        x[2]=4;
    }
}
```

5）数组成员

length：数组有 length 成员变量，表示当前数组的长度。一经创建，memory 数组的大小就是固定的（但却是动态的，也就是说，它可以根据运行时的参数创建）。

push( )：动态存储数组和 bytes（不是 string）中有一个叫 push( ) 的成员函数，可以用它在数组的末尾追加一个零初始化的元素。它返回一个元素的引用，因此可以像 x.push( ).t = 2 或 x.push( ) = b 那样使用。

push(x)：动态地存储 storage 数组以及 bytes 类型（string 类型不可以）都有一个 push(x) 的成员函数。它用来在数组末尾添加一个给定的元素。这个函数没有返回值。

pop( )：变长地存储 storage 数组以及 bytes 类型（string 类型不可以）都有一个 pop( ) 的成员函数。它用来从数组末尾删除元素。同样地，会在移除的元素上隐含调用 delete，这个函数没有返回值。

通过调用 push( ) 来增加存储数组的长度有恒定的气体成本，因为存储是零初始化的，而通过调用 pop( ) 来减少长度的成本取决于被移除元素的"大小"。如果该元素是一个数组，它的成本可能非常高，因为它包括明确地清除被移除的元素，类似于对它们调用 delete。要在外部（而不是公开）函数中使用数组的数组，需要激活 ABIcoderv2。在 Byzantium 之前的 EVM 版本中，不可能访问从函数调用返回的动态数组。如果调用返回动态数组的函数，请确保使用设置为 Byzantium 模式的 EVM。

```
pragma solidity >=0.6.0 <0.9.0;
contractArrayContract {
    uint[2** 20] aLotOfIntegers;
    //注意,下面的代码并不是一对动态数组,
    /* 而是一个数组元素为一对变量的动态数组(也就是数组元素为长度为 2 的定长数组的动态数
       组)。*/
    // T[k]和 T[]总是 T 类型的数组,即使 T 是数组
    //因此,bool[2][]是元素 bool[2]的动态数组。
    //所有状态变量的数据位置都是 storage
    bool[2][] pairsOfFlags;
    //newPairs 存储在 memory 中(仅当它是公有的合约函数)
    functionsetAllFlagPairs(bool[2][] memory newPairs) public {
    /* 向一个 storage 数组赋值会对"newPairs"进行复制,并替代整个"pairsOfFlags"数组 */
        pairsOfFlags = newPairs;
    }
    structStructType {
        uint[] contents;
        uint moreInfo;
    }
    StructType s;
    function f(uint[] memory c) public {
        //保存引用
    StructType storage g = s;
        //同样改变了"s.moreInfo".
```

```
        g.moreInfo = 2;
        //进行了复制,因为"g.contents"不是本地变量,而是本地变量的成员
        g.contents = c;
    }
    function setFlagPair(uint index, bool flagA, bool flagB) public {
        //访问不存在的索引将引发异常
        pairsOfFlags[index][0] = flagA;
        pairsOfFlags[index][1] = flagB;
    }
    function changeFlagArraySize(uint newSize) public {
        //使用 push 和 pop 是更改数组长度的唯一方法
        if (newSize < pairsOfFlags.length) {
            while (pairsOfFlags.length > newSize)
                pairsOfFlags.pop();
        } else if (newSize > pairsOfFlags.length) {
            while (pairsOfFlags.length < newSize)
                pairsOfFlags.push();
        }
    }
    function clear() public {
        //这些完全清除了数组
        delete pairsOfFlags;
        delete aLotOfIntegers;
        //效果相同(和上面)
        pairsOfFlags.length = new bool[2][](0);
    }
    bytesbyteData;
    function byteArrays(bytes memory data) public {
        //字节数组(bytes)不一样,它们在没有填充的情况下存储。
        //可以被视为与 uint8[]相同
        byteData = data;
        for (uint i = 0; i < 7; i++)
            byteData.push();
        byteData[3] = 0x08;
        delete byteData[2];
    }
    function addFlag(bool[2] memory flag) public returns (uint) {
        pairsOfFlags.push(flag);
        return pairsOfFlags.length;
    }
    function createMemoryArray(uint size) public pure returns (bytes memory) {
        //使用 new 创建动态内存数组:
```

```
        uint[2][] memory arrayOfPairs = new uint[2][](size);
        /* 内联(Inline)数组始终是静态大小的,如果只使用字面常量,则必须至少提供一种类
          型。*/
        arrayOfPairs[0] = [uint(1), 2];
//创建一个动态字节数组:
        bytes memory b = new bytes(200);
        for (uint i = 0; i < b.length; i++)
            b[i] = bytes1(uint8(i));
        return b;
    }
}
```

6）对存储数组元素的悬空引用

当使用存储数组时，需要注意避免悬空的引用。悬空引用是指一个指向不再存在的对象的引用，或者是对象被移除而没有更新引用。例如，如果将一个数组元素的引用存储在一个局部的引用中，然后从包含数组中 . pop( ) 出来，就会发生悬空引用。

```
pragma solidity >=0. 8. 0 <0. 9. 0;
contract C {
    uint[][] s;
    function f() public {
        //保存 s 最后一个元素的指向
        uint[] storage ptr=s[s. length-1];
        //移除 s 最后一个元素
        s. pop();
        //向不再属于数组的元素写入数据
        ptr. push(0x42);
        //现在添加元素到 s 时,不会添加一个空元素,而是数组长度为 1,0x42 作为其元素
        s. push();
        assert(s[s. length-1][0]==0x42);
    }
}
```

ptr. push(0x42) 写入不会回退，尽管 ptr 不再指向有效的 s 元素，由于编译器假定未使用的存储空间总是被清零的，所以，随后的 s. push( ) 不会明确地将零写入存储空间。因此，在 push( ) 之后，s 的最后一个元素的长度是 1，并且包含 0x42 作为第一个元素。'0x42' 作为其第一个元素。

注意，Solidity 不允许在存储中声明对值类型的引用。这些明确的悬空引用被限制在嵌套引用类型中。然而，悬空引用也可能在元组赋值中使用复杂表达式时临时发生。

```
pragma solidity >=0. 8. 0 <0. 9. 0;
contract C {
    uint[] s;
    uint[] t;
    constructor() {
```

```
        //Push some initial values to the storage arrays.
        s. push(0x07);
        t. push(0x03);
    }
    function g() internal returns(uint[] storage) {
        s. pop();
        return t;
    }
    function f() public returns(uint[] memory) {
        //下面会先执行 s. push(),获得到元素 1 的引用。
        //之后, 调用 g 这个新元素。
        //赋值仍然会发生,会被写入 s 之外的数据区域。
        (s. push(), g()[0])=(0x42, 0x17);
        //下面向 s. push() 使用上一个语句的值, s 的最后一个元素将是 0x42。
        s. push();
        return s;
    }
}
```

每条语句只对存储空间进行一次赋值是比较安全的，并且要避免在赋值的左边出现复杂的表达式。

需要特别小心地处理对 bytes 数组元素的引用，因为 bytes 数组的.push( ) 操作可能会在存储中从短布局切换到长布局。

```
//SPDX- License- Identifier: GPL- 3.0
pragma solidity >=0.8.0 <0.9.0;
contract C {
    uint[] s;
    uint[] t;
    constructor() {
        //向存储数组推送一些初始值。
        s.push(0x07);
        t.push(0x03);
    }
    function g() internal returns (uint[] storage) {
        s.pop();
        return t;
    }
    function f() public returns (uint[] memory) {
        //下面将首先评估 s.push()到一个索引为 1 的新元素的引用。
        //之后,调用 g 弹出这个新元素,
        //导致最左边的元组元素成为一个悬空的引用。
        //赋值仍然发生,并将写入 s 的数据区域之外
```

```
            (s.push(), g()[0]) = (0x42, 0x17);
            //随后对 s 的推送将显示前一个语句写入的值，
            //即在这个函数结束时 s 的最后一个元素将有 0x42 的值。
            s.push();
            return s;
        }
    }
```

这里，当第一个 x.push( ) 被运算时，x 仍然被存储在短布局中，因此，x.push( ) 返回对 x 的第一个存储槽中元素的引用。然而，第二个 x.push( ) 将字节数组切换为长布局。现在 x.push( ) 所指的元素在数组的数据区，而引用仍然指向它原来的位置，现在它是长度字段的一部分，赋值将有效地扰乱 x 的长度。为安全起见，在一次赋值中最多只放大字节数组中的一个元素，不要在同一语句中同时对数组进行索引存取。

三、映射

1. 常规映射

映射类型在声明时的形式为 mapping(KeyType=>ValueType)。其中，KeyType 可以是任何的内建类型，如 bytes 和 string 或合约类型、枚举类型。其他用户定义的类型或复杂的类型，如映射、结构体，是不可以作为 KeyType 的类型的。ValueType 可以是包括映射类型在内的任何类型。

映射可以视作哈希表，它们在实际的初始化过程中创建每个可能的 key，并将其映射到字节形式全是零的值：一个类型的默认值。映射与哈希表不同之处在于：在映射中，实际上并不存储 key，而是存储它的 Keccak256 哈希值，从而便于查询实际的值。

正因如此，映射是没有长度的，也没有 key 的集合或 value 的集合的概念，因此，如果没有其他信息，key 的信息是无法被删除的。映射只能是 storage 的数据位置，因此，只允许作为状态变量或作为函数内的 storage 引用或作为库函数的参数。它们不能用作合约公有函数的参数或返回值。这些限制同样适用于包含映射的数组和结构体。

可以将映射声明为 public，然后让 Solidity 创建一个 getter 函数。KeyType 将成为 getter 的必需参数，并且 getter 会返回 ValueType。如果 ValueType 是一个映射，在使用 getter 时，将需要递归地传入每个 KeyType 参数。在下面的示例中，MappingExample 合约定义了一个公共 balances 映射，键类型为 address，值类型为 uint，将以太坊地址映射为无符号整数值。由于 uint 是值类型，因此，getter 返回与该类型匹配的值，可以在 MappingLBC 合约中看到合约在指定地址返回该值。

```
pragma solidity >=0. 4. 0 <0. 9. 0;
contract MappingExample {
    mapping(address=> uint) public balances;
    function update(uint newBalance) public {
        balances[msg. sender]=newBalance;
    }
}
contract MappingLBC {
    function f() public returns(uint) {
```

```
        MappingExample m=new MappingExample();
        m. update(100);
        return m. balances(this);
    }
}
```

下面的例子是 ERC20token 的简单版本。_allowances 是一个嵌套 mapping 的例子。_allowances 用来记录其他的账号，可以允许从其账号使用多少数量的币。

```
pragma solidity >=0. 4. 22 <0. 9. 0;
contract MappingExample {
    mapping (address=> uint256) private _balances;
    mapping (address=> mapping(address=> uint256)) private _allowances;

    event Transfer(address indexed from, address indexed to, uint256 value);
    event Approval(address indexed owner, address indexed spender, uint256 value);
    function allowance(address owner, address spender) public view returns(uint256) {
        return _allowances[owner][spender];
    }
    function transferFrom(address sender, address recipient, uint256 amount) public returns(bool) {
        require(_allowances[sender][msg. sender] >=amount, "ERC20: Allowance not high enough. ");
        _allowances[sender][msg. sender] -=amount;
        _transfer(sender, recipient, amount);
        return true;
    }
    function approve(address spender, uint256 amount) public returns(bool) {
        require(spender !=address(0), "ERC20: approve to the zero address");
        _allowances[msg. sender][spender]=amount;
        emit Approval(msg. sender, spender, amount);
        return true;
    }
    function _transfer(address sender, address recipient, uint256 amount) internal {
        require(sender !=address(0), "ERC20: transfer from the zero address");
        require(recipient !=address(0), "ERC20: transfer to the zero address");
        require(_balances[sender] >=amount, "ERC20: Not enough funds. ");
        _balances[sender] -=amount;
        _balances[recipient] +=amount;
        emit Transfer(sender, recipient, amount);
    }
}
```

2. 可迭代映射

映射本身是无法遍历的，即无法枚举所有的键。不过，可以在它们之上实现一个数据结构来进行迭代。例如，以下代码实现了 IterableMapping 库，User 合约可以添加数据，sum 函数迭代求和所有值。

```
pragma solidity ^0. 8. 8;
struct IndexValue { uint keyIndex; uint value; }
struct KeyFlag { uint key; bool deleted; }

struct itmap {
    mapping(uint=> IndexValue) data;
    KeyFlag[] keys;
    uint size;
}
type Iterator is uint;
library IterableMapping {
    function insert(itmap storage self, uint key, uint value) internal returns(bool replaced) {
        uint keyIndex=self. data[key]. keyIndex;
        self. data[key]. value=value;
        if (keyIndex > 0)
            return true;
        else {
            keyIndex=self. keys. length;
            self. keys. push();
            self. data[key]. keyIndex=keyIndex + 1;
            self. keys[keyIndex]. key=key;
            self. size++;
            return false;
        }
    }
    function remove(itmap storage self, uint key) internal returns(bool success) {
        uint keyIndex=self. data[key]. keyIndex;
        if (keyIndex==0)
            return false;
        delete self. data[key];
        self. keys[keyIndex-1]. deleted=true;
        self. size --;
    }
    function contains(itmap storage self, uint key) internal view returns(bool) {
        return self. data[key]. keyIndex > 0;
    }
    function iterateStart(itmap storage self) internal view returns(Iterator) {
        return iteratorSkipDeleted(self, 0);
    }
    function iterateValid(itmap storage self, Iterator iterator) internal view returns (bool) {
        return Iterator. unwrap(iterator)< self. keys. length;
    }
    function iterateNext(itmap storage self, Iterator iterator) internal view returns (Iterator) {
```

```
        return iteratorSkipDeleted(self, Iterator. unwrap(iterator)+ 1);
    }
    function iterateGet(itmap storage self, Iterator iterator) internal view returns(uint key, uint value) {
        uint keyIndex=Iterator. unwrap(iterator);
        key=self. keys[keyIndex]. key;
        value=self. data[key]. value;
    }
    function iteratorSkipDeleted(itmap storage self, uint keyIndex) private view returns(Iterator) {
        while (keyIndex < self. keys. length && self. keys[keyIndex]. deleted)
            keyIndex++;
        return Iterator. wrap(keyIndex);
    }
}
//如何使用
contract User {
    //Just a struct holding our data.
    itmap data;
    //Apply library functions to the data type.
    using IterableMapping for itmap;

    //Insert something
    function insert(uint k, uint v)public returns (uint size) {
        //This calls IterableMapping. insert(data, k, v)
        data. insert(k, v);
        //We can still access members of the struct,
        //but we should take care not to mess with them.
        return data. size;
    }
    // Computes the sum of all stored data.
    function sum() public view returns (uint s) {
        for(
            Iterator i=data. iterateStart();
            data. iterateValid(i);
            i=data. iterateNext(i)
        ) {
            (, uint value)=data. iterateGet(i);
            s +=value;
        }
    }
}
```

4.2.3 全局变量与函数

数据类型在编程中主要分为值类型和引用类型。值类型直接存储其数据值，而引用类型则存储数据的引用（即数据的内存地址），如结构体和数组等复杂数据结构即属于引用类型，它们明确关联着内存中的特定位置和存储。变量作为存储数据的容器，可以是跨多个函数或作用域持久存在的状态变量，也可以是仅在函数内部定义、作用域有限的局部变量。

本节将讨论以下主题：

- var 数据类型
- 变量作用域
- 变量转换
- 变量提升
- 块相关的全局变量
- 事务相关的全局变量
- 数学和密码的全局函数
- 处理相关的全局变量和函数
- 与合约相关的全局变量和函数

一、var 类型变量

var 是一种特殊类型，只能在函数中声明。在 var 类型的合约中不能有状态变量。

用 var 类型声明的变量称为隐式类型变量，因为 var 不显式地表示任何类型。在编译器中，它的类型是依赖的，并且由第一次赋给它的值决定。一旦确定了类型，就不能更改。

编译器为 var 变量提供了最终数据类型，而不是开发人员提供该类型。var 不能与内存位置的显式使用一起使用。一个显式内存位置需要一个显式变量类型。

下面的代码显示了 var 的一个示例。变量 uintVar8 的类型是 uint8，变量 uintVar16 的类型是 uint16，变量 intVar8 的类型是 int8（有符号整数），变量 intVar16 的类型是 int16（有符号整数），变量 boolVar 的类型是 bool，变量 stringVar 的类型是 string，变量 bytesVar 的类型是 bytes，变量 arrayInteger 的类型是 uint8 数组，变量 arrayByte 的类型是 bytes10 数组。

```
Pragma solidity ^0.4.19;
contractVarExamples{
    functionVarType()
    {
        var uintVar8 = 10;                      //uint8
        uintVar8 = 255;                         //256 is error
        var uintVar16 = 256;                    //uint16
        uintVar16 = 65535;                      //aaa = 65536;is error
        var intVar8 = - 1;                      //int8 values - 128 to 127
        var intVar16 = - 129;                   //int16 values - 32768 to 32767
        var boolVar = true;
        boolVar = false;                        //10 is error,0 is error,1 is error,- 1 is error
        var stringVar = "0x10";                 //this is string memory
        stringVar = "10";                       //cc=123123123123123123121222222 is error
        var bytesVar = 0x100;                   //this is byte memory
        var Var = hex"001122FF";
        var arrayInteger = [uint8(1),2];
        arrayInteger[1] = 255;
        var arrayByte = bytes10(0x2222);
```

```
        arrayByte=0x1111111111111111111;          //0x111111111111111111111 is error
    }
}
```

二、变量提升

变量提升是指在使用变量之前不需要声明和初始化变量。变量声明可以发生在函数内的任何位置，甚至在使用它之后。这就是所谓的可变提升。Solidity 编译器会提取在函数中任何地方声明的所有变量，并将它们放在函数的顶部或开头。在 Solidity 中声明变量也会初始化它们的默认值，这确保了变量在整个函数中都可用。

在下面的示例中，firstVar、secondVar 和 result 在函数的末尾声明，但在函数开始时使用。但是，当编译器为合约生成字节码时，它将所有变量声明为函数中的第一组指令。

```
pragma solidity ^0. 4. 19;
contract variableHoisting{
    function hoistingDemo()returns(uint){
        firstVar=10;
        secondVar=20;
        result=firstVar+secondVar;
        uint firstVar;
        uint secondVar;
        uint result;
        return result;
    }
}
```

三、变量作用域

作用域指的是 Solidity 中函数和合约中变量的可用性。Solidity 提供了以下两个可以声明变量的位置：

- 合约级全局变量（也称为状态变量）
- 函数级局部变量

函数级局部变量很容易理解，它们只在函数内部使用，而不是在外部使用。

合约级全局变量是合约中所有函数都可以使用的变量，包括构造函数、回调函数和修改器。合约级全局变量可以附加一个可见性修改器。无论可见性修改器如何，都可以在整个网络中查看状态数据，这一点很重要。

以下状态变量只能用函数修改。

public：这些状态变量可以通过外部调用直接访问。getter 函数由编译器隐式生成，用于读取公共状态变量的值。

internal：这些状态变量不能从外部调用直接访问。它们可以从当前合约及其派生的子合约中的函数访问。

private：这些状态变量不能直接从外部调用中访问，也不能从子合约的函数中访问，只能从当前合约中的函数访问。

让我们看看以下代码中的上述状态变量：

```
pragma solidity ^0. 4. 19;
contract ScopingDatevariables{
//uint64 public myVar=0;
//uint64 private myVar=0;
//uint64 internal myVar=0;
}
```

四、类型转换

Solidity 是一种静态类型语言，其中变量在编译时用特定的数据类型来定义。在变量的生命周期内，不能更改数据类型，这意味着它只能存储对数据类型合法的值。例如，uint8 可以存储 0~255 的值，不能存储负值或大于 255 的值。通过下面的代码可以更好地理解这一点：

```
pragma solidity ^0. 4. 19;
contract ErrorDataType{
    function hoistingDemo() returns(uint){
        uint8 someVar=100;
        someVar=300;        //error
    }
}
```

有时需要将值从一种类型的变量复制到另一种类型的变量中，这种转换称为类型转换。Solidity 为类型转换提供了规则。

在 Solidity 中，可以执行各种类型的转换，接下来介绍这些转换。

1. 基本类型之间的转换

1）隐式转换

隐式转换意味着不需要操作符，或者转换不需要外部帮助。这些类型的转换是完全合法的，没有数据丢失或值不匹配风险，它们是完全安全的。Solidity 允许从较小的整型到较大的整型的隐式转换。隐式转换时，必须符合一定条件，不能导致信息丢失。例如，uint8 可以转换为 uint16，但是 int8 不可以转换为 uint256，因为 int8 可以包含 uint256 中不允许的负值。

在某些情况下，编译器会自动进行隐式类型转换，这些情况包括：在赋值、参数传递给函数以及应用运算符时。

例如，uint8 可以转换成 uint16，int128 转换成 int256，但 int8 不能转换成 uint256（因为 uint256 不能涵盖某些值，例如，−1）。

如果将运算符应用于不同的类型，则编译器会尝试将其中一个操作数类型隐式转换为另一个操作数类型（赋值也是如此）。这意味着操作始终以操作数之一的类型执行。

在下面的示例中，加法的操作数 y 和 z 没有相同的类型，但是 uint8 可以被隐式转换为 uint16，反之，却不可以。因此，在执行加法之前，将 y 的类型转换为 z 的类型。表达式 y+z 的类型是 uint16。在执行加法之后，由于它被赋值给 uint32 类型的变量，因此又进行了另一个隐式转换。

```
uint8 y;
uint16 z;
uint32 x=y+z;
```

2）显式转换

当编译器由于数据丢失或包含不在目标数据类型范围内的数据的值而不执行隐式转换时，需要进行显式转换。Solidity 为每种值类型提供了一个函数，用于显式转换。

显式转换的例子有 uint16 到 uint8 的转换。在这种情况下，数据可能会丢失。

可以使用构造函数语法显式地将数据类型转换为另一种类型。

```
int8 y=-3;
uint x=uint(y);
```

转换成更小的类型时，会丢失高位。

```
uint32 a=0x12345678;
uint16 b=uint16(a);      //b=0x5678
```

转换成更大的类型时，将向左侧添加填充位。

```
uint16 a=0x1234;
uint32 b=uint32(a);      //b=0x00001234
```

转换到更小的字节类型时，会丢失后面数据。

```
bytes2 a=0x1234;
bytes1 b=bytes1(a);      //b=0x12
```

转换为更大的字节类型时，向右添加填充位。

```
bytes2 a=0x1234;
bytes4 b=bytes4(a);      //b=0x12340000
```

只有当字节类型和 int 类型大小相同时，才可以进行转换。

```
bytes2 a=0x1234;
uint32 b=uint16(a);            //b=0x00001234
uint32 c=uint32(bytes4(a));    //c=0x12340000
uint8 d=uint8(uint16(a));      //d=0x34
uint8 e=uint8(bytes1(a));      //e=0x12
```

把整数赋值给整型时，不能超出范围而发生截断，否则，会报错。

```
uint8 a=12;                    //noerror
uint32 b=1234;                 //noerror
uint16 c=0x123456;             //error，有截断，变为 0x3456
```

下面的代码清单同时展示了隐式转换和显式转换的示例：

ConvertionExplicitUINT8toUINT256：这个函数执行从 uint8 到 uint256 的显式转换。应当指出，这种转换也可以隐式地实现。

ConvertionExplicitUINT256toUINT8：这个函数执行从 uint256 到 uint8 的显式转换。如果转换隐式发生，此转换将引发编译时错误。

ConvertionExplicitUINT256toUINT81：在这个函数中，尝试将一个大值存储在一个较小数据类型的变量中，这将导致数据丢失和不可预测性。编译器不会生成错误，但是它会尝试将该值装入更小的值中，并循环查找有效值。

Conversions：这个函数显示了一个隐式转换和显式转换。有些失败，有些是合法的。可通过阅读代码下面的注释来理解它们。

```
pragma solidity ^0.4.19;
contract ConversionDemo{
    function ConvertionExplicitUINT8toUIMT256() returns (uint){
        uint8 myVariable=10;
        uint256 someVariable=myvariable;
        return someVariable;
    }
    function ConvertionExplicitUINT256toUIMT8() returns (uint8){
        uint256 myVariable=10;
        uint8 someVariable=uint8(myvariable);
        return someVariable;
    }
    function ConvertionExplicitUINT256toUINT8() returns (uint8){
        uint256 myVariable=18808134;
        uint8 someVariable=uint8(myvariable);
        return someVariable;                        //returns 6 as return value
    }
    functionConvertions(){
        uint256 myVariable=10000134;
        uint8 someVariable=100;
        bytes4 byte4=0x65666768;
        //bytes1 byte1 = 0x656667668;               //error
        bytes1 byte1=0x65;
        //byte1 = byte4;                            //error,explicit conversion needed here
        byte1 = byte1(byte4);                       //explicit conversion
        byte4 = byte1;                              //Implicit conversian
        //uint8 someVariable = myvariable;          //error,explicit conversion needed here
        myVariable = somevariable;                  //Implicit conversion
        string memory name = "Ritesh";
        bytes memory nameInBytes = bytes(name); //explicit string to bytes conversion
        name = string(nameInBytes);                 //explicit bytes to string conversion
    }
}
```

2. 常量与基本类型的转换

1）整型与常量转换

十进制常量和十六进制常量可以隐式转换为任何足以表示它而不会截断的整数类型。

```
uint8 a=12;            //可行
uint32 b=1234;         //可行
uint16 c=0x123456;     //失败,会截断为 0x3456
```

2）定长字节数组与十进制常量转换

十进制常量不能隐式转换为定长字节数组。当十六进制数大小完全符合定长字节数组长度要求时，可以隐式转换为定长字节数组。不过零值例外，零的十进制和十六进制常量可以转换为任何定长字节数组类型。

```
bytes2 a=54321;  //不可行
bytes2 b=0x12;   //不可行
bytes2 c=0x123;  //不可行
bytes2 d=0x1234; //可行
bytes2 e=0x0012; //可行
bytes4 f=0;      //可行
bytes4 g=0x0;    //可行
```

字符串常量和十六进制字符串常量可以隐式转换为定长字节数组，只要它们的字符数与字节类型的大小匹配即可。

```
bytes2 a=hex"1234";  //可行
bytes2 b="xy";       //可行
bytes2 c=hex"12";    //不可行
bytes2 d=hex"123";   //不可行
bytes2 e="x";        //不可行
bytes2 f="xyz";      //不可行
```

3）地址类型

通过校验和测试的正确大小的十六进制常量会作为 address 类型。只有 bytes20 和 uint160 允许显式转换为 address 类型。从 bytes20 或其他整型显式转换为 address 类型时，都会作为 address payable 类型。一个地址 address a 可以通过 payable(a) 转换为 address payable 类型。

五、块和事务全局变量

Solidity 提供了对一些全局变量的访问，这些全局变量没有在合约中声明，但可以从合约的代码中访问。合约不能直接访问分类账，分类账仅由矿工维护。然而，Solidity 为合约提供了一些关于当前交易和区块的信息，以便可以利用它们。Solidity 提供了与块和事务相关的变量。

下面的代码演示了使用全局事务、块和消息变量的示例：

```
pragma solidity ^0.4.19;
cantract TransactianAndMessageVariables{
    event logstring(string);
    event loguint(uint);
    event logbytes(bytes);
    event logaddress(address);
```

```
    event logbyte4(bytes4);
    event logblock(bytes32);
        function globalVariable() payable {
    logaddress(block.coinbase);             //0x94d76e24f818426ae84aa404140e8d5f60e10e7e
    loguint(block.difficulty);              //71762765929080
    loguint(block.gaslimit);                // 6008000
    loguint(msg.gas);                       //2975428
    loguint(tx.gasprice);                   // 1
    loguint(block.number);                  //123
    loguint(block.timestamp );              //1513061946
    loguint(now);                           //1513061946
    logbytes(msg.data);                     // 0x4048d797
    logbyte4(msg.sig);                      ////0x4048d797
    loguint(msg.value);                     // 0 or in Wei if ether are send
    logaddress(msg.Sender );                //0xca35b7d915458ef540ade6068dfe2f44e8fa733c
    logaddress(tx.origin);                  // Oxca35b7d915458ef540ade6068dfe2f44e8fa733c
    logblock(block.blockhash( block.number));   //0x0080880808008008008000}
}
```

六、事务和消息全局变量

表 4-4 所列是一个全局变量列表，以及它们的数据类型和描述。

表 4-4　事务和消息全局变量

变量名	描述
block. coinbase(address)	和 etherbase 一样,指矿工的地址
block. difficulty(uint)	当前块的难度等级
block. difficulty(uint)	当前区块的气体限制
block. timestamp(uint)	按顺序排列的块号
block. timestamp(uint)	创建块的时间
block. timestamp(uint)	函数及其相关信息,创建事务的参数
block. timestamp(uint)	交易执行后未使用的气体
msg. sender(address)	调用函数的调用者的地址
msg. sig(bytes4)	函数标识符使用哈希函数签名后的前四个字节
msg. value(uint)	随交易发送的金额
tx. gasprice(uint)	打电话的人准备为每一单位的燃气付费
tx. origin(address)	事务的第一个调用者
block. blockhash(uintblockNumber) returns(bytes32)	包含交易的块的哈希值

七、txt. origin 和 msg. sender 的区别

在前面的代码演示中，txt. origin 和 msg. origin 都是发送端显示相同的结果和输出。origin 全局变量指向启动事务的原始外部账户；sender 指调用该函数的直接账户（可以

是外部账户，也可以是另一个合约账户）。origin 变量将始终引用外部账户，而 msg. sender 可以是合约账户或外部账户。如果在多个合约上有多个函数调用，则无论调用的合约堆栈如何，txt. origin 将始终引用启动事务的账户。然而，msg. sender 将引用调用下一个合约的上一个账户（合约/外部）。

八、密码学全局变量

Solidity 为合约函数中的哈希值提供了加密功能。有两个哈希函数：SHA2 和 SHA3。

SHA3 函数将输入转换为基于 SHA3 算法的哈希值，SHA256 函数将输入转换为基于 SHA2 算法的哈希值。还有一个 Keccak256 函数，它是 SHA3 算法的别名。建议使用 Keccak256 或 SHA3 函数来满足散列需求。

下面的代码段说明了这一点：

```
pragma solidity ^0. 4. 19;
cantract CryptoFunctions(
    function cryptoDemo() returns (bytes32,bytes32,bytes32){
        return(sha256("r"),keccak5("r"),sha3("r"));
    }
}
```

执行该函数的结果如下面的代码所示。Keccak256 和 SHA3 函数的结果是一样的。

```
{
    "0":"bytes32:0x454349e422f05297191ead13e21d3db520e5abef52055e4964b82fb213f593a1",
    "1":"bytes32:0x414f72a4d550cad29f17d9d99a4af64b3776ec5538cd440cef0f03fef2e9e010",
    "2":"bytes32:0x414f72a4d550cad29f17d9d99a4af64b3776ec5538cd440cef0f03fef2e9e010",
}
```

这三个函数都在紧压缩的参数上工作，这意味着可以将多个参数连接在一起，以找到散列，如下面的代码片段所示。

```
keccak256(97,98,99)
```

九、处理全局变量

每个地址（外部拥有的或基于合约的）都有五个全局函数和一个全局变量。这些函数和变量将在关于函数的后续任务中深入探讨。与该地址相关的全局变量称为 balance，它提供了该地址当前可用的以太币余额。

其功能如下：

- <address>. transfer(uint256amount)：此函数发送给定数量的地址，抛出失败。
- <address>. send(uint256amount)returns(bool)：这个函数发送给定数量的 wei 到 address，失败时返回 false。
- <address>. callcode(…)returns(bool)：此函数发出低级调用，失败时返回 false。
- <address>. callcode(…)returns(bool)：这个函数发出一个低级 callcode，失败时返回 false。
- <address>. delegatecall(…)returns(bool)：这个函数发出一个低级的委派调用，失败

时返回 false。

十、合约全局变量

每个合约都有以下三个全局功能。

- this：当前合约的类型，显式转换为地址。
- selfdestruct：这是一个地址接收器，它破坏了当前合约，将其资金发送到给定的地址。
- suicide：这是一个地址收件人，别名 selfdestruct。

4.2.4 运算符

Solidity 支持以下类型的运算符：

- 算术运算符
- 比较运算符
- 逻辑（或关系）运算符
- 赋值运算符
- 条件（或三元）运算符

让我们看一个简单的表达式：

```
4+5=9
```

这里 4 和 5 称为操作数，+称为运算符。

一、Solidity 支持的算术运算符

Solidity 支持的算术运算符见表 4-5。

表 4-5 算术运算符

序号	运算符与描述	序号	运算符与描述
1	+(加) 求和 例：A+B=30	5	%(取模) 取模运算 例：B%A=0
2	-(减) 相减 例：A-B=-10	6	++(递增) 递增 例：A++=11
3	*(乘) 相乘 例：A * B=200	7	--(递减) 递减 例：A--=9
4	/(除) 相除 例：B/A=2		

下面的代码展示了如何使用算术运算符。

```
pragma solidity ^0.8.0;
contract SolidityTest {
    constructor() {
```

```
    }
    function getResult() public pure returns(uint){
        uint a=1;
        uint b=2;
      //算术运算
        uint result=a + b;
        return result;
    }
}
```

运行上述程序，输出结果：

```
0:uint256:3
```

二、Solidity 比较运算符

Solidity 支持的比较运算符见表 4-6。

表 4-6　比较运算符

序号	运算符与描述	序号	运算符与描述
1	==（等于）	4	<（小于）
2	!=（不等于）	5	>=（大于等于）
3	>（大于）	6	<=（小于等于）

下面的代码展示了如何使用比较运算符。

```
pragma solidity ^0. 8. 0;
contract SolidityTest {
    uint storedData;
    constructor() {
        storedData=10;
    }
    function getResult() public pure returns(string memory){
        uint a=1;          //局部变量
        uint b=2;
        uint result=a + b;
        return integerToString(result);
    }
    function integerToString(uint_i) internal pure returns (string memory_uintAsString) {
        if(_i==0) {        //比较运算符
            return "0";
        }
        uint j=_i;
        uint len;
        while(j !=0) {    //比较运算符
            len++;
```

```
            j /=10;
        }
        bytes memory bstr=new bytes(len);
        uint k=len-1;
        while (_i ! =0) {
            bstr[k--]=bytes1(uint8(48 + _i % 10));
            _i /=10;
        }
        return string(bstr);      //访问局部变量
    }
}
```

运行上述程序，输出结果：

```
0:string:3
```

三、Solidity 逻辑运算符

Solidity 支持的逻辑运算符见表 4-7。

表 4-7　逻辑运算符

序号	运算符与描述
1	&&（逻辑与） 如果两个操作数都非零，则条件为真。 例：（A&&B）为真
2	‖（逻辑或） 如果这两个操作数中有一个非零，则条件为真。 例：（A ‖ B）为真
3	!（逻辑非） 反转操作数的逻辑状态。如果条件为真，则逻辑非操作将使其为假。 例：!（A&&B）为假

下面的代码展示了如何使用逻辑运算符。

```
pragma solidity ^0. 8. 0;
contract SolidityTest {
    uint storedData;
    constructor() {
        storedData=10;
    }
    function getResult() public pure returns(string memory){
        uint a=2;              //局部变量
        uint b=2;
        uint result=a & b;     //位与
```

```
        return integerToString(result);
    }
    function integerToString(uint _i) internal pure
        returns (string memory) {
        if (_i==0) {
        return "0";
        }
        uint j=_i;
        uint len;

        while (j != 0) {
        len++;
        j /=10;
        }
        bytes memory bstr=new bytes(len);
        uint k=len-1;

        while (_i !=0) {
            bstr[k--]=byte(uint8(48 + _i % 10));
            _i /=10;
        }
        return string(bstr);      //访问局部变量
    }
}
```

运行上述程序，输出结果：

```
0:string:3
```

四、Solidity 位运算符

Solidity 支持的位运算符见表 4-8。

表 4-8　位运算符

序号	运算符与描述
1	&(位与) 对其整数参数的每个位执行位与操作。 例：（A&B）为 2
2	|（位或） 对其整数参数的每个位执行位或操作。 例：（A|B）为 3

续表

序号	运算符与描述
3	^(位异或) 对其整数参数的每个位执行位异或操作。 例：(A^B) 为 1
4	~(位非) 一元操作符，反转操作数中的所有位。 例：(~B) 为-4
5	≪(左移位) 将第一个操作数中的所有位向左移动，移动的位置数由第二个操作数指定，新的位由 0 填充。将一个值向左移动一个位置相当于乘以 2，移动两个位置相当于乘以 4，依此类推 例：(A≪1) 为 4
6	≫(右移位) 左操作数的值向右移动，移动位置数量由右操作数指定 例：(A≫1) 为 1

下面的代码展示了如何使用位运算符。

```
pragma solidity ^0. 8. 0;
contract SolidityTest {
    uint storedData;
    constructor(){
        storedData=10;
    }
    function getResult() public pure returns(string memory){
        uint a=2;                //局部变量
        uint b=2;
        uint result=a & b;     //位与
        return integerToString(result);
    }
    function integerToString(uint _i) internal pure
        returns (string memory) {
        if(_i==0) {
            return "0";
        }
        uint j=_i;
        uint len;
        while(j !=0) {
            len++;
            j /=10;
        }
        bytes memory bstr=new bytes(len);
```

```
        uint k=len-1;
        while(_i !=0) {
            bstr[k--]=byte(uint8(48 + _i % 10));
            _i /=10;
        }
        return string(bstr);        //访问局部变量
    }
}
```

运行上述程序，输出结果：

```
0:string:2
```

五、Solidity 赋值运算符

Solidity 支持的赋值运算符见表 4-9。

表 4-9 赋值运算符

序号	运算符与描述
1	=(简单赋值) 将右操作数的值赋给左操作数。 例：C=A+B 表示 A+B 赋给 C
2	+=(相加赋值) 将右操作数添加到左操作数，并将结果赋给左操作数。 例：C+=A 等价于 C=C+A
3	-=(相减赋值) 从左操作数减去右操作数，并将结果赋给左操作数。 例：C-=A 等价于 C=C-A
4	*=(相乘赋值) 将右操作数与左操作数相乘，并将结果赋给左操作数。 例：C*=A 等价于 C=C*A
5	/=(相除赋值) 将左操作数与右操作数分开，并将结果分配给左操作数。 例：C/=A 等价于 C=C/A
6	%=(取模赋值) 使用两个操作数取模，并将结果赋给左操作数。 例：C%=A 等价于 C=C%A

➢注意：同样的逻辑也适用于位运算符，因此，它们将变成≪=、≫=、≫=、&=、|=和^=。

下面的代码展示了如何使用赋值运算符。

```
pragma solidity ^0. 8. 0;
contract SolidityTest {
    uint storedData;
    constructor() {
        storedData=10;
    }
    function getResult() public pure returns(string memory){
        uint a=1;
        uint b=2;
        uint result=a + b;
        return integerToString(result);
    }
    function integerToString(uint_i) internal pure
        returns(string memory) {
        if (_i==0) {
            return "0";
        }
        uint j=_i;
        uint len;
        while (j !=0) {
            len++;
            j /=10;             //赋值运算
        }
        bytes memory bstr=new bytes(len);
        uint k=len-1;
        while (_i !=0) {
            bstr[k--]=byte(uint8(48 + _i % 10));
            _i /=10;            //赋值运算
        }
        return string(bstr);    //访问局部变量
    }
}
```

运行上述程序，输出结果：

```
0:string:10
```

六、Solidity 条件运算符

Solidity 支持的条件运算符见表 4-10。

表 4-10　条件运算符

运算符与描述
?：（条件运算符） 如果条件为真，则取值 X；否则，取值 Y

下面的代码展示了如何使用这个运算符。

```
pragma solidity ^0. 8. 0;
contract SolidityTest {
    uint storedData;
    constructor() {
        storedData=10;
    }
    function getResult() public pure returns(string memory){
        uint a=1;                    //局部变量
        uint b=2;
        uint result=(a > b? a: b);   //条件运算
        return integerToString(result);
    }
    function integerToString(uint _i) internal pure
        returns(string memory) {
        if(_i==0) {
            return "0";
        }
        uint j=_i;
        uint len;
        while(j ! =0) {
            len++;
            j /=10;
        }
        bytes memory bstr=new bytes(len);
        uint k=len-1;
        while(_i ! =0) {
            bstr[k--]=byte(uint8(48 + _i % 10));
            _i /=10;
        }
        return string(bstr);
    }
}
```

运行上述程序，输出结果：

```
0:string:2
```

4.3 常用语句

4.3.1 表达式语句

表达式是指产生单个值、对象或函数的语句（包括多个操作数和可选的 0 个或多个函数）。操作数可以是字面符、变量、函数调用或另一个表达式本身。

一个表达式的示例如下：

```
Age>10
```

在前面的代码中，年龄是一个变量，10 是一个整数。年龄和 10 是操作数，大于符号（>）是运算符。此表达式返回一个布尔值。

表达式可以更复杂，由多个操作数和运算符组成，如下所示。

```
((Age>10)&&(Age<20)) || ((Age>40)&&(Age<50))
```

在前面的代码中，有多个操作符一起作用。&& 运算符在两个表达式之间充当与运算符，这两个表达式又包括操作数和运算符。在两个复表达式之间还有一个由 ‖ 算子表示的 OR 算子。

与其他语言一样，以下运算符在可靠性中具有优先级，见表 4-11。

表 4-11　运算优先级

级别	说明	示例
1	后缀增量或减量（自增，自减）	i++、i--
2	前缀增量和减量	++i、--i
3	求幂	**
4	乘法、除法和取模	*、/、%
5	加法、减法	+、-
6	位移运算符	≪、≫
7	按位与	&
8	按位异或	^
9	按位或	|
10	不平等运算符	<、>、<=、>=
11	等于运算符	==、!=
12	逻辑与	&&
13	逻辑或	‖
14	三元运算符	<conditional>? <if-true>: <if-false>
15	赋值运算符	=、|=、^=、&=、≪=、≫=、+=、-=、*=、/=、%=
16	逗号运算符	,

4.3.2 赋值语句

表达式指的是一个语句（包含多个操作数和零个或多个操作符），它产生单个值、对象或函数。操作数可以是文字、变量、函数调用或另一个表达式本身。表达式的计算顺序不是特定的（更准确地说，表达式中某节点的字节点间的计算顺序不是特定的，但它们的结算肯定会在节点自己的结算之前）。该规则只能保证语句按顺序执行，并对布尔表达式进行短路处理。

赋值运算符是 Solidity 中最常用的运算符类型。通过使用赋值语句可以完成为变量赋予初值的功能。简单的赋值语句的示例如下：

```
a=5;
b=a-1;
```

接下来对智能合约中实现的赋值语句案例进行分析。

```
pragma solidity ^0. 8. 0;
contract demo{
    function set (uint_a,uint_b,uint_c) public pure returns(uint){
            uint result=14;
            result +=_a* _b-_c;
            return result;
    }
}
```

程序在 set( ) 函数中定义了一个局部变量 result，使用赋值语句为其赋初值 14，之后使用+=赋值运算将参数_a 与_b 相乘的结果减去参数_c 的结果追加至局部变量 result，最后返回 result 的值。

4.3.3 条件分支语句

Solidity 提供了条件代码的执行指令 if…else。其一般结构如下：

```
if(this condition/expression is true){
    Execute the instructions here
else if (this condition/expression is true){
    Execute the instructions here
else{
    Execute the instructions here
}
```

if 和 if…else 是可靠性中的关键字，它们通知编译器自身所包含的决策控制条件。例如，if(a>10)，在这里，if 包含一个条件，可以计算为真或假。如果计算结果为 true，则执行 {} 后面的代码指令。

else 也是一个关键字，如果前面的条件都不为真，则提供一个替代路径。它还包含一个决策控制指令，并在>10 趋于为真时执行该代码指令。

下面的示例显示了 if…elseif…else 条件的使用情况，声明一个具有多个常数的枚举。状态管理函数接受一个 uint8 参数，该参数被转换为一个枚举常数，并在 if…else 中进行比较，否则，决策控制结构。如果值为 1，则返回的结果为 1；如果参数包含 2 或 3 作为值，则 if…else 执行一部分代码；如果该值不是 1、2 或 3，则执行另一部分代码。

```
pragma solidity ^0. 4. 19;
contract IfElseExample{
    enum requestState { created, approved, provisioned, rejected, deleted, none }
    function StateManagement(uint8_state) returns (intresult){
        requestState currentState=requestState(_state);
        if(currentState= =requestState(1)){
        result=1;
        }else
    if((currentState--requestState. approved)||(currentstate--requestState. provisioned)){
        result=2
        }else{
        currentState= =requestState. none;
        result=3;
        }
    }
}
```

4.3.4 循环语句

一、for 语句

for 循环的一般结构如下：

```
for(initialize loop counter ; check and test the counter ; increase the value of counter;){
    Execute multiple instructions here
}
```

for 是 Solidity 中的一个关键字，它告诉编译器它包含有关循环一组指令的信息。它与 while 循环非常相似，但是它更简洁和更具可读性，因为所有的信息都可以在一行中查看。

下面的代码示例通过映射进行循环，但是它使用 for 循环而不是 while 循环。i 变量被初始化，在每个迭代器中增加 1，同时检查 i 是否小于计数器的值。一旦条件变为假，循环将停止，也就是说，i 的值等于或大于计数器。

```
pragma solidity ^0. 4. 19;
contract ForLoopExample{
    mapping(uint=>uint) blockNumber;
    uint counter;
    event uintNumber(uint);
    function SetNumber(){
        blockNumber[counter++]=block. number;
    function getNumbers(){
        for(uint i=0;i<counter;i++){
            uintNumber(blockNumber[i]);
        }
    }
}
```

二、while 语句

有时需要根据一个条件重复执行一个代码段。可靠性为同时循环提供了精确的目的。显示器循环的一般形式如下：

```
Declare and initialize a counter
while(check the value of counter using an expression or condition){
    Execute the instructions here Increment the value of counter
}
```

while 是可靠性中的一个关键字，它通知编译器自身包含一个决策控制指令。如果此表达式的计算结果为 true，则应该执行 {} 后面的代码指令。while 循环继续执行，直到条件变为 false。

在以下示例中，映射与计数器一起声明。counter 有助于循环映射，因为 Solidity 中不支持直接使用循环映射。

事件用于获取有关事务信息的详细信息。SetNumber 函数将数据添加到映射中，get 数字函数运行一次长时间循环，以检索映射中的所有条目并使用事件记录它们。

临时变量用作计数器，在每次执行 while 循环时增加 1。

while 条件检查临时变量的值，并将其与全局计数器变量进行比较。根据它是真还是假，执行 while 循环中的代码。在这组指令中，修改计数器的值，以便它可以通过使 while 条件 false 来帮助退出循环，如下所示。

```
pragma solidity ^0.4.19;
contract whileLoop{
    mapping(uint=>uint) blockNumber;
    suint counter;
    event uintNumber(uint);
    bytes aa;
    function SetNumber(){
        blockNumber[counter++]=block. number;
    }
    function getNumbers(){
        uint i=0;
        while(i<counter){
            uintNumber(blockNumber[i]);
            i=i+1;
        }
    }
}
```

三、do…while 语句

do…while 循环与 while 循环非常相似。do…while 的一般形式如下：

```
Declare and Initialize a counter
do{
Execute the instructions here Increment the value of counter
}while(check the value of counter using an expression or condition)
```

while 和 do…while 有一个细微的区别：do…while 中的条件放在循环指令的末尾。如果条件为 false，则不执行 while 循环的指令；但是，do…while 中的指令执行循环时，在计算条件之前执行一次。所以，如果想至少执行一次指令，那么首选 while 循环。

```
pragma solidity ^0.4.19;
contract DowhileLoop{
    mapping(uint=>uint) blockNumber;
    uint counter;
    event uintNumber(uint);
    bytes aa;
    function SetNumber(){
        blockNumber[counter++]-block. number;
    }
    function getNumbers(){
        uint i=0;
        do{
            uintNumber(blockNumber[i]);
            i=i+1;
        }while(i<counter);
    }
}
```

4.3.5 break 语句

break 语句通过将控件传递给循环之后的第一个指令来帮助终止循环。在下面的代码示例中，由于使用了 break 语句，当 i 的值为 1 时，for 循环被终止，控件移出 for 循环。

```
pragma solidity ^0.4.19;
contract ForLoopExampleBreak{
    mapping(uint=>uint) blockNumbers;
    uint counter;
    event uintNumber(uint);
    function SetNumber(){
        blockNumber[counter++]=block. number;
    }
    function getNumbers(){
        for(uint i=0;i<counter;i++){
```

```
                if(i==1)
                break;
                uintNumber(blockNumber[i]);
            }
        }
    }
```

4.3.6 continue 语句

循环基于表达式，表达式的逻辑决定了循环的连续性。但是，有时处于循环执行之间，并且希望回到代码的第一行，而不执行下一次迭代的其余代码，使用 continue 语句可以实现这一操作。在下面的代码中，for 循环一直执行到结束，但是 5 之后的值根本没有记录。

```
pragma solidity ^0.4.19;
contract ForLoopExampleContinue{
    mapping(uint=>uint) blockNumber;
    uint counter;
    event uintNumber(uint);
    function SetNumber(){
        blockNumber[counter++]=block. number;
    }
    function getNumbers(){
        for(uint i=0;i<counter;i++){
            if((i>5))
                {continue;}
            uintNumber(blockNumber[i]);
        }
    }
}
```

4.3.7 return 语句

return 是 Solidity 函数的一个组成部分，共提供了两种不同的语法。在以下代码示例中，共有 getBlockNumber 和 getBlockNumber1 两个函数被定义。getBlockNumber 函数返回一个 uint 而不命名返回变量。在这种情况下，开发人员可以求助于显式使用 return 关键字从函数返回。getBlockNumber1 函数返回 uint 并为变量提供名称。在这种情况下，开发人员可以直接使用函数并返回此变量，而无须使用 return 关键字，如下所示：

```
pragma solidity ^0. 4. 19;
contract ReturnValues{
    uint counter;
    function SetNumber(){
```

```
        counter=block.number;
    }
    function getBlockNumber() returns(uint) {
        return counter;
    function getBlockNumber1() returns(uint result){
        result=counter;
    }
}
```

4.4 合　约

Solidity 合约类似于面向对象语言中的类。合约中有用于数据持久化的状态变量和可以修改状态变量的函数。调用另一个合约实例的函数时，会执行一个 EVM 函数调用，这个操作会切换执行时的上下文，这样，前一个合约的状态变量就不能访问了。

4.4.1 创建合约

可以通过以太坊交易“从外部”或从 Solidity 合约内部创建合约。

一些集成开发环境，例如 Remix，通过使用一些 UI 用户界面使创建合约的过程更加顺畅。在以太坊上，通过编程创建合约最好使用 JavaScript API web3. js。

创建合约时，合约的构造函数（一个用关键字 constructor 声明的函数）会执行一次。构造函数是可选的。只允许有一个构造函数，这意味着不支持重载。

构造函数执行完毕后，合约的最终代码将部署到区块链上。此代码包括所有公共和外部函数以及所有可以通过函数调用访问的函数。部署的代码没有包括构造函数代码或构造函数调用的内部函数。

在内部，构造函数参数在合约代码之后通过 ABI 编码传递，但是如果使用 web3. js，则不必关心这个问题。

如果一个合约想要创建另一个合约，那么创建者必须知晓被创建合约的源代码（和二进制代码）。这意味着不可能循环创建依赖项。

```
pragma solidity >=0.4.22 <0.9.0;
contract OwnedToken {
    //TokenCreator 是后面定义的合约类型，
    //不创建新合约的话，也可以引用它。
    TokenCreator creator;
    address owner;
    bytes32 name;
    //这是注册 creator 和设置名称的构造函数。
    constructor(bytes32 name_) {
        //状态变量通过其名称访问，而不是通过例如 this.owner 的方式访问。
        //这也适用于函数，特别是在构造函数中，只能像这样(“内部地”)调用它们，
```

```
        //因为合约本身还不存在。
        owner=msg. sender;
        //从 address 到 TokenCreator,是做显式的类型转换,
        //并且假定调用合约的类型是 TokenCreator,没有可用的方法来检查这一点。
        creator=TokenCreator(msg. sender);
        name=name_;
    }
    function changeName(bytes32 newName)public {
        //只有 creator (即创建当前合约的合约)能够更改名称 —— 因为合约是隐式转换为地址的,
        //所以这里的比较是可行的。
        if (msg. sender= =address(creator))
            name=newName;
    }
    function transfer(address newOwner) public {
        //只有当前所有者才能发送 token。
        if(msg. sender ! =owner)return;
        //我们也想询问 creator 是否可以发送。
        //请注意,这里调用了一个下面定义的合约中的函数。
        //如果调用失败(比如,由于 gas 不足),会立即停止执行。
        if (creator. isTokenTransferOK(owner, newOwner))
            owner=newOwner;
    }
}
contract TokenCreator {
    function createToken(bytes32 name)
    public
    returns (OwnedToken tokenAddress) {
        //创建一个新的 Token 合约并且返回它的地址。
        //从 JavaScript 方面来说,返回类型是简单的'address'类型,
        //因为这是在 ABI 中可用的最接近的类型。
        return new OwnedToken(name);
    }
    function changeName(OwnedToken tokenAddress, bytes32 name)   public {
        //同样,tokenAddress 的外部类型也是 address。
        tokenAddress. changeName(name);
    }
    function isTokenTransferOK(address currentOwner, address newOwner)
        public
        view
        returns(bool ok)
    {
        //检查一些任意的情况。
```

```
        address tokenAddress=msg. sender;
        return(keccak256(newOwner)& 0xff)==(bytes20(tokenAddress) & 0xff);
    }
}
```

4.4.2 可见性和 getter 函数

一、状态变量可见性

状态变量有以下三种可见性。

public：公开状态变量与内部变量的不同之处在于，编译器会自动为它们生成 getter 函数，从而允许其他合约读取它们的值。当在同一个合约中使用时，外部访问（例如 this. x）会调用 getter，而内部访问（例如 x）会直接从存储中获取变量值。setter 函数没有被生成，所以其他合约不能直接修改其值。

internal：内部可见性。状态变量只能在它们所定义的合约和派生合同中访问。它们不能被外部访问。这是状态变量的默认可见性。

private：私有状态变量就像内部变量一样，但它们在派生合约中是不可见的。

二、函数可见性

Solidity 的外部调用会产生一个 EVM 调用，而内部调用则不会。函数有以下四种可见性。

external：外部可见性。函数作为合约接口的一部分，意味着可以从其他合约和交易中调用。一个外部函数 f 不能从内部调用（即 f 不起作用，但 this. f( ) 可以）。

public：函数是合约接口的一部分，可以在内部或通过消息调用。

internal：内部可见性。函数可以在当前合约或派生的合约中访问，不可以从外部访问。由于它们没有通过合约的 ABI 向外部公开，它们可以接受内部可见性类型的参数，比如映射或存储引用。

private：函数和状态变量仅在当前定义它们的合约中使用，并且不能被派生合约使用。

设置为 private 或 internal，只能防止其他合约读取或修改信息，但它仍然可以在链外查看到。可见性标识符的定义位置，对于状态变量来说，是在类型后面；对于函数来说，是在参数列表和返回关键字中间。

```
pragma solidity >=0.4.16 <0.9.0;
contract C {
    function f(uint a) private pure returns(uint b) { return a + 1; }
    function setData(uint a) internal { data=a; }
    uint public data;
}
```

在下面的例子中，D 可以调用 c. getData( ) 来获取状态存储中 data 的值，但不能调用 f；合约 E 继承自 C，因此可以调用 compute。

```
pragma solidity >=0. 4. 16<0. 9. 0;
contract C {
    uint private data;
```

```
    function f(uint a) private returns(uint b) { return a + 1; }
    function setData(uint a) public { data=a; }
    function getData() public returns(uint) { return data; }
    function compute(uint a, uint b) internal returns(uint) { return a+b; }
}
//下面代码编译错误
contract D {
    function readData() public {
        C c=new C();
        uint local=c. f(7);          //错误:成员 f 不可见
        c.setData(3);
        local=c. getData();
        local=c. compute(3, 5);   //错误:成员 compute 不可见
    }
}
contract E is C {
    function g() public {
        C c=new C();
        uint val=compute(3, 5);  //访问内部成员(从继承合约访问父合约成员)
    }
}
```

三、getter 函数

编译器自动为所有 public 状态变量创建 getter 函数。对于下面给出的合约，编译器会生成一个名为 data 的函数，该函数没有参数，返回值是一个 uint 类型，即状态变量 data 的值。状态变量的初始化可以在声明时完成。

```
pragma solidity >=0.4.16 <0.9.0;
contract C {
    uint public data=42;
}
contract Caller {
    C c=new C();
    function f() public {
        uint local=c. data();
    }
}
```

getter 函数具有外部可见性。如果在内部访问 getter（即没有 this.），它被认为一个状态变量；如果使用外部访问（即使用 this.），它被认为一个函数。

```
pragma solidity >=0.4.16 <0.9.0;
contract C {
    uint public data;
```

```
    function x() public {
        data=3;                  //内部访问
        uint val=this. data();   //外部访问
    }
}
```

如果有一个数组类型的 public 状态变量，那么只能通过生成的 getter 函数访问数组的单个元素。这个机制可以避免返回整个数组时的高成本 gas。可以使用 myArray(0) 指定参数要返回的单个元素。如果要在一次调用中返回整个数组，则需要写一个函数。例如：

```
pragma solidity >=0. 4. 0 <0. 9. 0;
contract arrayExample {
  //public state variable
  uint[] public myArray;
  //指定生成的 getter 函数
  /*
  function myArray(uint i) public view returns (uint) {
      return myArray[i];
  }
  */
  //返回整个数组
  function getArray() public view returns(uint[] memory) {
      return myArray;
  }
}
```

可以使用 getArray() 获得整个数组，而 myArray(i) 是返回单个元素。

下一个例子稍微复杂一些：

```
pragma solidity ^0. 4. 0 <0. 9. 0;
contract Complex {
    struct Data {
        uint a;
        bytes3 b;
        mapping(uint=> uint) map;
uint[3] c;
        uint[] d;
        bytes e;
}
    mapping (uint=> mapping(bool=> Data[])) public data;
}
```

这将会生成以下形式的函数。结构体内的映射和数组（byte 数组除外）被省略了，因

为不能为单个结构成员或映射提供一个键。

```
function data(uint arg1, bool arg2, uint arg3)
    public
    returns (uint a, bytes3 b, bytes memory e)
{
    a=data[arg1][arg2][arg3]. a;
    b=data[arg1][arg2][arg3]. b;
    e=data[arg1][arg2][arg3]. e;
}
```

4.4.3 函数修改器

使用修改器（modifier）可以轻松地改变函数的行为。例如，它们可以在执行函数之前自动检查某个条件。修改器是合约的可继承属性，并可能被派生合约覆盖，但前提是它们被标记为 virtual。

```
pragma solidity >=0. 7. 1 <0. 9. 0;
contract owned {
    constructor() { owner=payable(msg. sender); }
    address owner;
    //这个合约只定义一个修改器,但并未使用,它将会在派生合约中用到。
    //修改器所修饰的函数体会被插入特殊符号 _; 的位置。
    //这意味着如果是 owner 调用这个函数,则函数会被执行,否则,会抛出异常。
    modifier onlyOwner {
        require(
            msg. sender==owner,
            "Only owner can call this function. "
        );
        _;
    }
}
contract destructible is owned {
    //这个合约从 owned 继承了 onlyOwner 修饰符,并将其应用于 destroy 函数,
    //只有在合约里保存的 owner 调用 destroy 函数,才会生效。
    function destroy() public onlyOwner {
        selfdestruct(owner);
    }
}
contract priced {
    //修改器可以接收参数:
    modifier costs(uint price) {
        if(msg. value >=price) {
            _;
        }
```

```
        }
    }
    contract Register is priced, destructible {
        mapping (address=> bool) registeredAddresses;
        uint price;
        constructor(uint initialPrice) { price=initialPrice; }
        //在这里也使用关键字 payable 非常重要,否则,函数会自动拒绝所有发送给它的以太币。
        function register() public payable costs(price) {
            registeredAddresses[msg. sender]=true;
        }
        function changePrice(uint price_) public onlyOwner {
            price=price_;
        }
    }
    contract Mutex {
        bool locked;
        modifier noReentrancy() {
            require(
                ! locked,
                "Reentrant call. "
            );
            locked=true;
            _;
            locked=false;
        }
        //这个函数受互斥量保护,这意味着 msg. sender. call 中的重入调用不能再次调用 f。
        //return 7 语句指定返回值为 7,但修改器中的语句 locked=false 仍会执行。
        function f() public noReentrancy returns(uint) {
            (bool success,)=msg. sender. call("");
            require(success);
            return 7;
        }
    }
```

如果想访问定义在合约 C 的修改器 m，可以使用 C. m 去引用它，而不需要使用虚拟表查找。只能使用在当前合约或在基类合约中定义的修改器。修改器也可以定义在库里面，但是它们被限定在库函数中使用。

如果同一个函数有多个修改器，它们之间以空格隔开，修改器会依次检查执行。修改器不能隐式地访问或改变它们所修饰的函数的参数和返回值。这些值只能在调用时明确地以参数传递。

在函数修改器中，指定何时运行被修改器应用的函数是有必要的。占位符语句（用单个下划线字符_表示）用于表示被修改的函数的主体应该插入的位置。注意，占位符运算符与在变量名称中使用下划线作为前导或尾随字符不同，后者是一种风格上的选择。

修改器或函数体中显式的 return 语句仅仅跳出当前的修改器和函数体。返回变量会被赋值，但整个执行逻辑会从前一个修改器中定义的_之后继续执行。

在早期的 Solidity 版本中，对于有修改器的函数，return 语句的行为表现不同。

用 return；从修改器中显式返回并不影响函数返回值。然而，修改器可以选择完全不执行函数体，在这种情况下，返回的变量被设置为 ref:默认值<default-value>，就像该函数是空函数体一样。

_符号可以在修改器中出现多次，每处都会替换为函数体。

修改器的参数可以是任意表达式，在此上下文中，所有在函数中可见的符号，在修改器中均可见。在修改器中引入的符号在函数中不可见（可能被重载改变）。

4.4.4 constant 和 immutable 状态变量

状态变量声明为 constant（常量）或者 immutable（不可变量），在这两种情况下，合约一旦部署，变量将不再修改。

对于 constant 常量，其值在编译器中确定，而 immutable 的值在部署时确定。

也可以在文件级别定义 constant 变量（注：这是 0.7.2 版本之后加入的特性）。

编译器不会为这些变量预留存储位，它们的每次出现都会被替换为相应的常量表达式（它们可能被优化器计算为实际的某个值）。

与常规状态变量相比，常量和不可变量的 gas 成本要低得多。对于常量，赋值给它的表达式将复制到所有访问该常量的位置，并且每次都会对其进行重新求值，这样可以进行本地优化。

不可变量在构造时进行一次求值，并将其值复制到代码中访问它们的所有位置。对于这些值，将保留 32 字节，即使它们适合较少的字节也是如此。因此，常量有时可能比不可变量更便宜。

不是所有类型的状态变量都支持用 constant 或 immutable 来修饰，当前仅支持字符串（仅常量）和值类型。

```
pragma solidity >0.7.4;
uint constant X=32** 22 + 8;
contract C {
    string constant TEXT="abc";
    bytes32 constant MY_HASH=keccak256("abc");
    uint immutable decimals;
    uint immutable maxBalance;
    address immutable owner=msg.sender;
    constructor(uint decimals_, address ref) {
        decimals=decimals_;
        //Assignments to immutables can even access the environment.
        maxBalance=ref.balance;
```

```
    }
    function isBalanceTooHigh(address _other) public view returns(bool) {
        return _other.balance > maxBalance;
    }
}
```

一、constant

如果状态变量声明为 constant（常量），只能使用那些在编译时有确定值的表达式来给它们赋值。任何通过访问 storage、区块链数据（例如 block. timestamp、address(this). balance 或者 block. number），或者执行数据（msg. value 或 gasleft()）或对外部合约的调用来给它们赋值都是不允许的。

允许可能对内存分配产生副作用（side-effect）的表达式，但那些可能对其他内存对象产生副作用的表达式则是不允许的。

内建（built-in）函数 keccak256、sha256、ripemd160、ecrecover、addmod 和 mulmod 是允许的。

允许在内存分配器上产生副作用的原因是，它可以构建复杂的对象，例如：查找表（lookup-table）。此功能尚不完全可用。

二、immutable

声明为 immutable 的变量比声明为 constant 的变量受到的限制要少一些。不可变的变量可以在合约的构造函数中或在声明时被分配一个任意的值。它们只能被分配一次，并且从那时起，即使在构造时间内也可以被读取。编译器生成的合约创建代码将在其返回之前修改合约的运行时代码，用分配给它们的值替换所有对不可变量的引用。当将编译器生成的运行时代码与实际存储在区块链中的代码进行比较时，这一点很重要。

4.4.5 函数

可以在合约内部和外部定义函数。

合约之外的函数（也称为“自由函数”）始终具有隐式的内部可见性。它们的代码包含在所有调用它们合约中，类似于内部库函数。

```
pragma solidity >=0.7.1 <0.9.0;
function sum(uint[] memory arr) pure returns (uint s) {
    for (uint i=0; i < arr.length; i++)
        s +=arr[i];
}
contract ArrayExample {
    bool found;
    function f(uint[] memory arr) public {
        //This calls the free function internally.
        //The compiler will add its code to the contract.
        uint s=sum(arr);
        require(s >=10);
```

```
            found=true;
        }
    }
```

在合约之外定义的函数仍然总是在合约的范围内执行。它们仍然可以调用其他合约，向它们发送以太，并销毁调用它们的合约，以及其他一些事情。与合约内定义的函数的主要区别是，自由函数不能直接访问变量 this、存储变量和不在其范围内的函数。

一、函数参数及返回值

与 JavaScript 一样，函数可能需要参数作为输入；而与 JavaScript 及 C 不同的是，它们可能返回任意数量的参数作为输出。

1. 函数参数（输入参数）

函数参数的声明方式与变量的相同，不过未使用的参数可以省略参数名。

例如，如果希望合约接受有两个整数形参的函数的外部调用，可以像下面这样写：

```
pragma solidity >=0. 4. 16 <0. 9. 0;
contract Simple {
    uint sum;
    function taker(uint a, uint b) public {
        sum=a + b;
    }
}
```

函数参数可以作为本地变量，也可用在等号左边被赋值。

2. 返回变量

函数返回变量的声明方式在关键词 returns 之后，与参数的声明方式相同。

例如，如果需要返回两个给定整数的和与积，应该写作：

```
pragma solidity >=0. 4. 16 <0. 9. 0;
contract Simple {
    function arithmetic(uint a, uint b)
        public
        pure
        returns (uint sum, uint product)
    {
        sum=a + b;
        product=a* b;
    }
}
```

返回变量名可以省略。返回变量可以作为函数中的本地变量，如果没有进行显式设置，会使用 ref：'默认值<default-value>'返回变量，也可以使用 return 语句指定。

```
pragma solidity >=0. 4. 16 <0. 9. 0;
contract Simple {
    function arithmetic (uint a, uint b)
```

```
        public
        pure
        returns (uint sum, uint product)
    {
        return (a + b, a* b);
    }
}
```

这个形式等同于赋值给返回参数，然后用“return;”退出。

如果使用 return 提前退出有返回值的函数，必须在用 return 时提供返回值。

非内部函数有些类型没法返回，这些类型及它们的组合如下：

- mappings（映射）。
- 内部函数类型。
- 指向 storage 的引用类型。
- 多维数组（仅适用于 ABIcoderv1）。
- 机构体（仅适用于 ABIcoderv1）。
- 这个限制不适用于库函数，因为它们是不同的内部 ABI。

3. 返回多个值

当函数需要使用多个值时，可以用语句 return(v0,v1,…,vn)。参数的数量需要和声明时一致。

二、状态可变性

1. View（视图）函数

可以将函数声明为 view 类型，这种情况下要保证不修改状态。

如果编译器的 EVM 目标是拜占庭硬分叉或更新的（默认），则操作码 STATICCALL 将用于视图函数，这些函数强制在 EVM 执行过程中保持不修改状态。对于库视图函数，使用 DELLEGATECALL。因为没有组合的 DELEGATECALL 和 STATICALL，这意味着库视图函数不会在运行时检查进而阻止状态修改。这不会对安全性产生负面影响，因为库代码通常在编译时知道，并且静态检查器会在编译时检查。

下面的语句被认为是修改状态：

- 修改状态变量。
- 产生事件。
- 创建其他合约。
- 使用 selfdestruct。
- 通过调用发送以太币。
- 调用任何没有标记为 view 或者 pure 的函数。
- 使用低级调用。
- 使用包含特定操作码的内联汇编。

```
pragma solidity >=0.5.0 <0.9.0;
contract C {
    function f(uint a, uint b) public view returns(uint) {
        return a * (b + 42)+ block.timestamp;
    }
}
```

2. pure（纯）函数

函数可以被声明为 pure，在这种情况下，它们承诺不读取或修改状态。特别是，应该可以在编译时评估一个 pure 函数，只给出它的输入值和 msg. data，但不知道当前区块链状态。这意味着读取 immutable 的变量可以是一个非标准 pure 的操作。

除了上面解释的状态修改语句列表外，以下内容被认为是从状态中读取的：

- 读取状态变量。
- 访问 address(this). balance 或者<address>. balance。
- 访问 block、tx、msg 中任意成员（除 msg. sig 和 msg. data 之外）。
- 调用任何未标记为 pure 的函数。
- 使用包含某些操作码的内联汇编。

```
pragma solidity >=0.5.0 <0.9.0;
contract C {
    function f(uint a, uint b) public pure returns(uint) {
        return a * (b + 42);
    }
}
```

当一个错误发生时，pure 函数能够使用 revert( ) 和 require( ) 函数来恢复潜在的状态变化。

恢复一个状态变化不被认为是“状态修改”，因为只有之前在没有 view 或 pure 限制的代码中对状态的改变才会被恢复，并且该代码可以选择捕捉 revert 而不传递给它。

这种行为也与 STATICCALL 操作码一致。

三、特别的函数

1. receive（接收）函数

一个合约最多有一个 receive 函数，声明函数为：

```
receive() external payable{...}
```

不需要 function 关键字，这个函数不能有参数，不能返回任何东西，必须具有 external 的可见性和 payable 的状态可变性。它可以是虚拟的，可以重载，也可以有修饰器。

receive 函数是在调用合约时执行的，并带有空的 calldata。这是在纯以太传输（例如通过 . send( ) 或.transfer( )）时执行的函数。如果不存在这样的函数，但存在一个 payable 类型的 fallback 函数，这个 fallback 函数将在纯以太传输时被调用。如果既没有直接接收以太（receive 函数），也没有可接收以太的 fallback 函数，合约就不能通过常规交易接收以太，并抛出一个异常。

在最坏的情况下，receive 函数只有 2 300 个气体可用（例如当使用 send 或 transfer 时），除了基本的记录外，几乎没有空间来执行其他操作。以下操作将消耗超过 2 300 气体：

- 写入存储。
- 创建合约。
- 调用消耗大量 gas 的外部函数。
- 发送以太币。

一个没有定义 fallback 函数或 receive 函数的合约，直接接收以太币（没有函数调用，即使用 send 或 transfer）时会抛出一个异常，并返还以太币（在 Solidity 0. 4. 0 版本之前会有所不同）。所以，如果想让合约接收以太币，必须定义 receive 函数。

一个没有 receive 函数的合约，可以作为 coinbase 交易（又名矿工区块回报）的接收者或者作为 selfdestruct 的目标来接收以太币。

一个合约不能对这种以太币转移做出反应，因此也不能拒绝它们。这是 EVM 在设计时就决定好的，而且 Solidity 无法绕过这个问题。

这也意味着 address(this). balance 可以高于合约中实现的一些手工记账的总和（例如，在 receive 函数中更新的累加器记账）。

下面是一个例子：

```
pragma solidity ^0. 6. 0;
//这个合约会保留所有发送给它的以太币,没有办法取回。
contract Sink {
    event Received(address, uint);
    receive() external payable {
        emit Received(msg. sender, msg. value);
    }
}
```

2. fallback（回退）函数

一个合约最多可以有一个 fallback 函数，使用 fallback ( ) external [payable] 或 fallback (bytes calldata input) external[payable] returns(bytes memory output) 来声明（都没有 function 关键字）。这个函数必须具有 external 的函数可见性。一个 fallback 函数可以被标记为 virtual，也可以被标记为 override，还可以有修饰器。

如果其他函数都不符合给定的函数签名，或者根本没有提供数据，也没有接收以太的函数，那么 fallback 函数将在调用合约时执行。fallback 函数总是接收数据，但为了同时接收以太，它必须被标记为 payable。

如果使用带参数的版本，input 将包含发送给合约的全部数据（等于 msg. data），并可以在 output 中返回数据。返回的数据将不会被 ABI 编码。相反，它将在没有修改的情况下返回（甚至没有填充）。

在最坏的情况下，如果一个可接收以太的 fallback 函数也被用来代替接收功能，那么它只有 2 300 气体是可用的。

像任何函数一样，只要有足够的气体传递给它，fallback 函数就可以执行复杂的操作。

```
(c,d)=abi. decode(_input[4:],(uint256,uint256));
```

注意，这应作为最后的手段。

```
pragma solidity >=0. 6. 2 <0. 9. 0;
contract Test {
    //发送到这个合约的所有消息都会调用此函数(因为该合约没有其他函数)。
    //向这个合约发送以太币会导致异常,因为 fallback 函数没有 payable 修饰符
    fallback() external { x=1; }
    uint x;
}
//这个合约会保留所有发送给它的以太币,没有办法返还。
contract TestPayable {
    uint x;
    uint y;
    //除了纯转账外,所有的调用都会调用这个函数。
    //(因为除了 receive 函数外,没有其他的函数。)
    //任何对合约的非空 calldata 调用都会执行回退函数(即使是调用函数附加以太)。
    fallback() external payable { x=1; y=msg. value; }
    //纯转账调用这个函数,例如对每个空 empty calldata 的调用
    receive() external payable { x=2; y=msg. value; }
}
contract Caller {
    function callTest(Test test) public returns(bool) {
        (bool success,)=address(test). call(abi. encodeWithSignature("nonExistingFunction()"));
        require(success);
        //test. x 结果变成==1。
        //address(test)不允许直接调用 send,因为 test 没有 payable 回退函数
        //转化为 address payable 类型,然后才可以调用 send
        address payable testPayable=payable(address(test));
        //以下将不会编译,但如果有人向该合约发送以太币,交易将失败,并拒绝以太币。
        //test. send(2 ether);
    }
    function callTestPayable(TestPayable test) public returns(bool) {
        (bool success,)=address(test). call(abi. encodeWithSignature("nonExistingFunction()"));
        require(success);
        //结果是:test. x 为 1,test. y 为 0。
        (success,)=address(test). call{value: 1}(abi. encodeWithSignature("nonExistingFunction()"));
        require(success);
        //结果是:test. x 为 1,test. y 为 1。
        //发送以太币, TestPayable 的 receive 函数被调用。
        //因为函数有存储写入, 会比简单地使用 send 或 transfer 消耗更多的 gas。
        //因此使用底层的 call 调用。
```

```
        (success,)=address(test). call{value: 2 ether}("");
        require(success);
        //结果是:test. x 为 2,test. y 为 2。
        return true;
    }
}
```

四、函数重载

合约可以具有多个不同参数的同名函数，称为“重载”（overloading），这也适用于继承函数。以下示例展示了合约 A 中的重载函数 f。

```
pragma solidity >=0. 4. 16 <0. 9. 0;
contract A {
    function f(uint value) public pure returns(uint out) {
        out=value;
    }
    function f(uint value, bool really) public pure returns(uint out) {
        if(really)
            out=value;
    }
}
```

重载函数也存在于外部接口中。如果两个外部可见函数仅区别于 Solidity 内的类型而不是它们的外部类型，则会导致错误。

```
pragma solidity >=0. 4. 16 <0. 9. 0;
contract A {
    function f(B value) public pure returns(B out) {
        out=value;
    }
    function f(address value) public pure returns (address out) {
        out=value;
    }
}
contract B {
}
```

以上两个 f 函数重载都接受了 ABI 的地址类型，虽然它们在 Solidity 中被认为是不同的。

通过将当前范围内的函数声明与函数调用中提供的参数相匹配，可以选择重载函数。如果所有参数都可以隐式地转换为预期类型，则选择函数作为重载候选项。如果一个候选项都没有，则解析失败。

返回参数不作为重载解析的依据。

```
pragma solidity >=0.4.16 <0.9.0;
contract A {
    function f(uint8 val) public pure returns (uint8 out) {
        out=val;
    }
    function f(uint256 val) public pure returns (uint256 out) {
        out=val;
    }
}
```

调用 f(50) 会导致类型错误，因为 50 既可以被隐式转换为 uint8，也可以被隐式转换为 uint256。另外，调用 f(256) 则会解析为 f(uint256) 重载，因为 256 不能隐式转换为 uint8。

4.4.6 事件

event. selector：对于非匿名事件，这是一个 bytes32 值，包含事件签名的 Keccak256 哈希值，在默认主题中使用。

示例：

```
pragma solidity >=0.4.21 <0.9.0;
contract ClientReceipt {
    event Deposit(
        address indexed from,
        bytes32 indexed id,
        uint value
    );
    function deposit(bytes32 id) public payable {
        //事件使用 emit 触发事件。
        /* 可以过滤对'Deposit'的调用,从而用 JavaScript API 来查明对这个函数的任何调用(甚至是深度嵌套调用)。*/
        emit Deposit(msg.sender, id, msg.value);
    }
}
```

使用 JavaScript API 调用事件的用法如下：

```
var abi=/* abi 由编译器产生 */;
var ClientReceipt=web3.eth.contract(abi);
var clientReceipt=ClientReceipt.at("0x1234…xlb67" /* 地址 */);
var depositEvent=clientReceipt.Deposit();
//监听变化
depositEvent.watch(function(error, result)) {
    //结果包含非索引参数以及主题 topic
```

```
    if(!error)
        console. log(result);
});
//或者通过传入回调函数,立即开始监听
var depositEvent=clientReceipt. Deposit(function(error, result)) {
    if(!error)
        console. log(result);
});
```

输出结果如下所示（有删减）：

```
{
  "returnValues": {
      "from": "0x1111…FFFFCCCC",
      "id": "0x50…sd5adb20",
      "value": "0x420042"
  },
  "raw": {
      "data": "0x7f…91385",
      "topics": ["0xfd4…b4ead7", "0x7f…1a91385"]
  }
}
```

4.4.7 错误和回退语句

Solidity 中的错误（关键字 error）提供了一种方便且省 gas 的方式来向用户解释为什么一个操作会失败。它们可以被定义在合约（包括接口和库）内部和外部。

错误必须与 revert 语句一起使用。它会还原当前调用中发生的所有变化，并将错误数据传回调用者。

```
pragma solidity ^0. 8. 4;
///转账时,没有足够的余额。
/// @param available balance available.
/// @param required requested amount to transfer.
error InsufficientBalance(uint256 available, uint256 required);
contract TestToken {
    mapping(address=> uint) balance;
    function transfer(address to, uint256 amount) public {
        if(amount > balance[msg. sender])
            revert InsufficientBalance({
                available: balance[msg. sender],
                required: amount
            });
```

```
            balance[msg. sender] -=amount;
            balance[to] +=amount;
        }
        //...
}
```

错误（error）不能被重载或覆盖，但是可以被继承。只要作用域不同，同一个错误就可以在多个地方定义。错误的实例只能使用 revert 语句创建。

错误会创建数据，然后通过还原操作传递给调用者，使其返回到链下组件或在 try/catch 语句中捕获它。需要注意的是，一个错误只能在来自外部调用时被捕获，发生在内部调用或同一函数内的还原不能被捕获。

如果不提供任何参数，错误只需要 4 字节的数据，可以像上面一样使用 NatSpec 语法来进一步解释错误背后的原因，这并不存储在链上。这使得它同时也是一个非常便宜和方便的错误报告功能。

更具体地说，一个错误实例在被 ABI 编码时，其方式与对相同名称和类型的函数的调用相同，然后作为 revert 操作码的返回数据。这意味着数据由一个 4 字节的选择器和 ABI 编码 数据组成。选择器由错误类型的签名的 Keccak256-hash 的前 4 字节组成。

一个合约有可能因为同名的不同错误而恢复，甚至因为在不同地方定义的错误而使调用者无法区分。对于外部来说，即 ABI，只有错误的名称是相关的，而不是定义它的合约或文件。

如果能定义 error Error(string)，那么语句 require(condition, "description")；将等同于 if (! condition) revert Error("description")。但是需要注意，Error 是一个内置类型，不能在用户提供的代码中定义。

同样，一个失败的 assert 或类似的条件将以一个内置的 Panic(uint256) 类型的错误来恢复。

错误数据应该只被用来指示失败，而不是作为控制流的手段。原因是内部调用的恢复数据默认是通过外部调用链传播回来的。这意味着内部调用可以“伪造”恢复数据，使它看起来像是来自调用它的合约。

4.4.8　继承

一、函数重写

如果基函数被标记为 virtual，则可以通过继承合约来改变其行为。被重载的函数必须在函数头中使用 override 关键字。重载函数只能将被重载函数的可见性从 external 改为 public。可变性可以按照以下顺序改变为更严格的可变性。nonpayable 可以被 view 和 pure 重载。view 可以被 pure 重写。payable 是一个例外，不能被改变为任何其他可变性。

以下示例演示了可变性和可见性的变化：

```
pragma solidity >=0. 7. 0 <0. 9. 0;
contract Base
{
    function foo() virtual external view {}
```

```
}
contract Middle is Base {}
contract Inherited is Middle
{
    function foo() override public pure {}
}
```

对于多重继承，必须在 override 关键字后明确指定定义同一函数的最多派生基类合约。换句话说，必须指定所有定义同一函数的基类合约，并且还没有被另一个基类合约重载（在继承图的某个路径上）。此外，如果一个合约从多个（不相关的）基类合约上继承了同一个函数，必须明确地重载它。

例如：

```
pragma solidity >=0. 7. 0 <0. 9. 0;
contract Base1
{
    function foo() virtual public {}
}
contract Base2
{
    function foo() virtual public {}
}
contract Inherited is Base1, Base2
{
    //继承自两个基类合约定义的 foo(), 必须显示指定的 override
    function foo() public override(Base1, Base2) {}
}
```

如果函数被定义在一个共同的基类合约中，或者在一个共同的基类合约中有一个独特的函数已经重载了所有其他的函数，则不需要明确的函数重载指定符。

```
pragma solidity >=0. 7. 0 <0. 9. 0;
contract A { function f() public pure{} }
contract B is A {}
contract C is A {}
//不用显示 override
contract D is B, C {}
```

更正式地说，如果父合约是签名函数的所有重写路径的一部分，则不需要重写（直接或间接）从多个基础继承的函数，当父合约实现了该函数时，从当前合约到父合约的路径都没有提到具有该签名的函数；当父合约没有实现该函数时，则从当前合约到该父合约的所有路径中，最多只能提及该函数。

在这个意义上，一个签名的重载路径是一条继承图的路径，它从所考虑的合约开始，到提到具有该签名的函数的合约结束，而该签名没有重载。

如果函数没有标记为 virtual，那么派生合约将不能更改函数的行为（即不能重写）。

private 的函数是不可以标记为 virtual 的。

除接口之外（因为接口会自动作为 virtual），没有实现的函数必须标记为 virtual。

从 Solidity 0.8.8 开始，在重写接口函数时，不再要求 override 关键字，除非函数在多个父合约中定义。

如果 getter 函数的参数和返回值都与外部函数一致，则外部函数是可以被 public 的状态变量重写的，例如：

```
pragma solidity >=0.7.0 <0.9.0;
contract A
{
    function f() external view virtual returns(uint) { return 5; }
}

contract B is A
{
    uint public override f;
}
```

尽管 public 的状态变量可以重写外部函数，但是 public 的状态变量不能被重写。

二、修改器重写

修改器也可以被重写，工作方式和函数重写的类似。需要被重写的修改器也要使用 virtual 修饰，override 则同样修饰重载，例如：

```
pragma solidity >=0.7.0 <0.9.0;
contract Base
{
    modifier foo() virtual {_;}
}
contract Inherited is Base
{
    modifier foo() override {_;}
}
```

如果是多重继承，则所有直接父合约必须显示指定的 override，例如：

```
pragma solidity >=0.7.0 <0.9.0;
contract Base1
{
    modifier foo() virtual {_;}
}
contract Base2
{
```

```
    modifier foo() virtual {_;}
}
contract Inherited is Base1, Base2
{
    modifier foo() override(Base1, Base2) {_;}
}
```

三、构造函数

构造函数是使用 constructor 关键字声明的一个可选函数，它在创建合约时执行，可以在其中运行合约初始化代码。在执行构造函数代码之前，状态变量可以初始化为指定值；如果不初始化，则为默认值。

构造函数运行后，合约的最终代码被部署到区块链上。部署代码的 gas 花费与代码长度成线性关系。这段代码包括属于公共接口的所有函数，以及所有通过函数调用可以到达的函数。但不包括构造函数代码或只从构造函数中调用的内部函数。

如果没有构造函数，合约将假定采用默认构造函数，它等效于 constructor( ){}。

举例：

```
pragma solidity >0. 6. 99 <0. 8. 0;
abstract contract A {
    uint public a;
    constructor(uint a) {
        a=a;
    }
}
contract B is A(1) {
    constructor() {}
}
```

构造函数可以使用内部参数（例如指向存储的指针），在本例中，合约必须标记为抽象合约，因为参数不能被外部赋值，而仅能通过派生的合约赋值。

四、基类构造函数的参数

所有基类合约的构造函数将在下面解释的线性化规则中被调用。如果基类构造函数有参数，则派生合约需要指定所有参数。这可以通过两种方式来实现：

```
pragma solidity >0.6.99 <0.8.0;
contract Base {
    uint x;
    constructor(uint x) { x = x; }
}
//直接在继承列表中指定参数
contract Derived1 is Base(7) {
    constructor() {}
}
//或者通过派生构造函数的一个修改器
```

```
contract Derived2 is Base {
    constructor(uint y) Base(y *  y) {}
}
// or declare abstract…
abstract contract Derived3 is Base {
}
// and have the next concrete derived contract initialize it.
contract DerivedFromDerived is Derived3 {
    constructor() Base(10 + 10) {}
}
```

一种方法是直接在继承列表中调用基类构造函数（isBase(7)）；另一种方法是像修改器的使用方法一样，作为派生合约构造函数来定义头的一部分（Base(y * y)）。如果构造函数参数是常量，并且定义或描述了合约的行为，则使用第一种方法比较方便。如果基类构造函数的参数依赖于派生合约，那么必须使用第二种方法。

参数必须在继承列表或派生构造函数修饰符样式两种方式中选择一种。在这两个位置都指定参数则会发生错误。

如果派生合约没有给所有基类合约都指定参数，则这个合约必须声明为抽象合约。在这种情况下，当另一个合约从它派生出来时，另一个合约的继承列表或构造函数必须为所有还没有指定参数的基类提供必要的参数，否则，其他合约也必须被声明为抽象的。例如，上面代码片段中的 Derived3 和 DerivedFromDerived。

五、多重继承与线性比

编程语言实现多重继承需要解决的一个问题是钻石问题。Solidity 借鉴了 Python 的方式并且使用“C3 线性化”强制由基类构成的 DAG（有向无环图）保持特定的顺序。这最终反映为我们所希望的唯一化的结果，但也使某些继承方式变为无效。尤其是，基类在 is 后面的顺序很重要：列出基类合约的顺序从“最基类”到“最派生类”。注意，此顺序与 Python 中使用的顺序相反。

另一种简化的解释方式是，当一个函数被调用时，它在不同的合约中被多次定义，给定的基类以深度优先的方式从右到左（Python 中从左到右）进行搜索，在第一个匹配处停止。如果一个基类合约已经被搜索过了，它就被跳过。

在下面的代码中，Solidity 会给出“Linearization of inheritance graph impossible”这样的错误。

```
pragma solidity >=0. 4. 0 <0. 8. 0;
contract X {}
contract A is X {}
//编译出错
contract C is A, X {}
```

代码编译出错的原因是 C 要求 X 重写 A（因为定义的顺序是 A、X），但是 A 本身要求重写 X，无法解决这种冲突。

可以通过一个简单的规则来记忆：以从“最接近的基类”（mostbase-like）到“最远的

继承”（mostderived）的顺序来指定所有的基类。

由于必须显式覆盖从多个基类继承的函数，因此，C3 线性化在实践中并不是太重要。

当继承层次结构中有多个构造函数时，继承线性化特别重要。构造函数将始终以线性化顺序执行，无论在继承合约的构造函数中提供其参数的顺序如何。例如：

```
pragma solidity >0.6.99 <0.8.0;
contract Base1 {
    constructor() {}
}
contract Base2 {
    constructor() {}
}
//构造函数以以下顺序执行:
//1-Base1
//2-Base2
//3-Derived1
contract Derived1 is Base1, Base2 {
    constructor() Base1() Base2() {}
}
//构造函数以以下顺序执行:
//1-Base2
//2-Base1
//3-Derived2
contract Derived2 is Base2, Base1 {
    constructor() Base2() Base1() {}
}
//构造函数仍然以以下顺序执行:
//1-Base2
//2-Base1
//3-Derived3
contract Derived3 is Base2, Base1 {
    constructor() Base1() Base2() {}
}
```

六、继承有相同名字的不同类型成员

当一个合约继承自多个合约时，如果继承来的成员（如函数、修饰符、事件）存在同名的情况，通常会导致编译错误。

明确的错误类型：函数不能与修饰符或事件同名，修饰符也不能与事件同名。

特殊的例外：只有在以下情况下，Solidity 允许同名：状态变量的 getter 函数可以覆盖一

个 external 函数。

4.4.9 抽象合约

如果未实现合约中的至少一个函数，则必须将合约标记为 abstract。即使实现了所有功能，合约也可能被标记为 abstract。

当合约中至少有一个函数没有被实现，或者合约没有为其所有的基类合约构造函数提供参数时，必须将合约标记为 abstract。即使不是这种情况，合约仍然可以被标记为抽象的，例如，当不打算直接创建合约时。抽象合约类似于接口，但是 interface 可以声明的内容更加有限。

可以使用关键字 abstract 定义抽象合约，utterance( ) 函数没有具体的实现，而是以;结尾。

```
pragma solidity >=0.6.0 <0.9.0;
abstract contract Feline {
    function utterance() public returns (bytes32);
}
```

这样的抽象合约不能直接实例化。如果抽象合约本身确实都有实现所有定义的函数，则也是正确的。下例显示了抽象合约作为基类的用法：

```
pragma solidity >=0.6.0 <0.9.0;


abstract contract Feline {
  function utterance() public pure returns (bytes32);
}
contract Cat is Feline {
  function utterance() public pure returns (bytes32) { return "miaow"; }
}
```

如果合约继承自抽象合约，并且没有通过重写来实现所有未实现的函数，那么它依然需要标记为抽象 abstract 合约。

注意，没有实现的函数与 FunctionType 不同，即使它们的语法看起来非常相似。

没有实现的函数示例（函数声明）：

```
function foo(address) external returns (address);
```

函数类型的示例（变量声明，其中变量的类型为“函数”）：

```
function(address) external returns (address) foo;
```

抽象合约将合约的定义与其实现脱钩，从而提供了更好的可扩展性和自文档性，简化了诸如 Template 方法的模式并消除了代码重复。抽象合约的使用方式与接口 interface 中定义的方法的使用方式相同。

抽象合约不能用一个无实现的函数重写一个实现了的虚函数。

4.4.10 接口

接口类似于抽象合约，但是它们不能实现任何函数。还有进一步的限制：

- 无法继承其他合约，不过可以继承其他接口。
- 接口中所有的函数都需要是 external，尽管在合约里可以是 public。
- 无法定义构造函数。
- 无法定义状态变量。
- 不可以声明修改器。

将来可能会解除这里的某些限制。接口基本上仅限于合约 ABI 可以表示的内容，并且 ABI 和接口之间的转换不应该丢失任何信息。接口由它们自己的关键字表示：

```
pragma solidity >=0.6.2 <0.9.0;
interface Token {

    enum TokenType { Fungible, NonFungible }
    struct Coin { string obverse; string reverse; }
    function transfer(address recipient, uint amount) external;
}
```

就像继承其他合约一样，合约可以继承接口。接口中的函数都会隐式地标记为 virtual，意味着它们会被重写，并不需要 override 关键字。但是不表示重写（overriding）函数可以再次重写，仅仅当重写的函数标记为 virtual 时才可以再次重写。

接口可以继承其他的接口，遵循同样的继承规则。

```
pragma solidity >=0.6.2 <0.9.0;
interface ParentA {
    function test() external returns (uint256);
}
interface ParentB {
    function test() external returns (uint256);
}
interface SubInterface is ParentA, ParentB {
    //必须重新定义 test 函数,以表示兼容父合约含义
    function test() external override(ParentA, ParentB) returns(uint256);
}
```

定义在接口或其他类合约（contract-like）结构体里的类型，可以在其他合约里用这样的方式访问：Token. TokenType 或 Token. Coin。

4.4.11 库

虽然对公共或外部库函数的外部调用是可能的，但这种调用的调用惯例被认为是 Solidity 内部的，与常规 合约 ABI 所指定的不一样。外部库函数比外部合约函数支持更多的参数类型，例如递归结构和存储指针。由于这个原因，用于计算 4 字节选择器的函数签名是按照内部命名模式计算的，合约 ABI 中不支持的类型的参数使用内部编码。

签名中的类型使用了以下标识符：值类型、非存储的 string 和非存储的 bytes 使用与合约 ABI 中相同的标识符。

非存储数组类型遵循与合约 ABI 中相同的惯例，即<type>[ ]用于动态数组，<type>[M]用

于 M 元素的固定大小数组。

非存储结构体用其等效名称来指代，即 C. S 代表 contract C { struct S { … } }；存储指针映射使用 mapping(<keyType> => <valueType>) storage，其中，<keyType>和<valueType>分别是映射的键和值类型的标识。

其他存储指针类型使用其对应的非存储类型的类型标识符，但在其后面附加一个空格，即 storage。

参数的编码与普通合约 ABI 相同，除了存储指针外，它被编码为一个 uint256 值，指的是它们所指向的存储槽。

与合约 ABI 类似，选择器由签名的 Keccak256-hash 的前 4 字节组成。它的值可以通过使用 . selector 成员从 Solidity 获得，如下：

```
pragma solidity >=0. 6. 0 <0. 9. 0;
  //我们定义了一个新的结构体数据类型,用于在调用合约中保存数据。
  struct Data {
    mapping(uint=> bool) flags;
  }
library Set {
  //注意,第一个参数是“storage reference”类型,
  //因此,在调用中,参数传递的只是它的存储地址,而不是内容。
  //这是库函数的一个特性。如果该函数可以被视为对象的方法,则习惯称第一个参数为 self。
  function insert(Data storage self, uint value)
      public
      returns (bool)
  {
      if (self. flags[value])
          return false;              //已经存在
      self. flags[value]=true;
      return true;
  }
  function remove(Data storage self, uint value)
      public
      returns (bool)
  {
      if(!self. flags[value])
          return false;             //不存在
      self. flags[value]=false;
      return true;
  }
  function contains(Data storage self, uint value)
      public
      view
      returns (bool)
  {
```

```
            return self. flags[value];
        }
    }
    contract C {
        Data knownValues;
        function register(uint value) public {
            //不需要库的特定实例就可以调用库函数,

            //因为当前合约就是“instance”。
            require(Set. insert(knownValues, value));
        }
        //如果我们愿意,我们也可以在这个合约中直接访问 knownValues. flags。
    }
```

如果库的代码是通过 CALL，而不是通过 DELEGATECALL 或者 CALLCODE 来执行的，那么执行的结果会被回退，除非是对 view 或者 pure 函数的调用。

EVM 没有为合约提供检测是否使用 CALL 的直接方式，但是合约可以使用 ADDRESS 操作码找出正在运行的“位置”。生成的代码通过比较这个地址和构造时的地址来确定调用模式。

更具体地说，库运行时的代码总是从一个 push 指令开始，它在编译时是 20 字节的 0。当运行部署代码时，这个常数被内存中的当前地址替换，修改后的代码存储在合约中。在运行时，部署的地址就成为第一个被 push 到堆栈上的常数，对于任何 non-view 和 non-pure 函数，调度器代码都将对比当前地址与这个常数是否一致。

这意味着库在链上存储的实际代码与编译器输出的 deployedBytecode 的编码不同。

4.4.12 UsingFor

指令 use A for B；可以用来将函数（A）作为成员函数附加到任何类型（B）。这些函数将接收它们被调用的对象作为其第一个参数（就像 Python 中的 self 变量）。

它可以在文件级别或者在合约级别的合约内部有效。

第一部分，A，可以是以下之一：

文件级别或库函数的列表（using {f, g, h, L, t} foruint;），只有这些函数才会被附加到类型上。

一个库合约的名字（using L foruint;），库合约的所有函数（公共函数和内部函数）都被附加到该类型上。

第二部分，B，必须是一个显式类型（没有数据位置指定符）。在合约内部，还可以使用 using L for *;，这会使库合约 L 的所有函数都被附加到所有类型上。

如果指定了一个库合约，那么库合约中的所有函数都会被附加上，即使那些第一个参数的类型与对象的类型不匹配的函数也是如此。类型会在函数被调用的时候检查，并执行函数重载解析。

如果使用函数列表（using {f, g, h, L, t} foruint;），那么类型（uint）必须隐式可转换为这些函数的第一个参数。即使这些函数都没有被调用，这个检查也会执行。

using A for B；指令只在当前作用域（合约或当前模块/源单元）内有效，包括其中所有的函数，在使用它的合约或模块之外没有任何效果。

当在文件级别使用该指令并应用于在同一文件中用户定义类型时，可以在末尾添加 global 关键字。产生的效果是，函数将附加到类型的每个地方（包括其他文件），而不仅仅是在 using 语句的作用域内。

下面将使用文件级函数来重写库合约部分中的 set 示例。

```
struct Data { mapping(uint=> bool) flags; }
// Now we attach functions to the type.
//The attached functions can be used throughout the rest of the module.
//if you import the module, you have to
//repeat the using directive there, for example as
//     import "flags. sol" as Flags;
//     using {Flags. insert, Flags. remove, Flags. contains}
//        for Flags. Data;
using {insert, remove, contains} for Data;
function insert(Data storage self, uintvalue)
        returns (bool)
{
        if (self. flags[value])
                return false;              //already there
        self. flags[value]=true;
        return true;
}
function remove(Data storage self, uint value)
        returns (bool)
{
        if (!self. flags[value])
                return false;              //not there
        self. flags[value]=false;
        return true;
}
function contains(Data storage self, uint value)
        view
        returns (bool)
{
        return self. flags[value];
}
contract C {
        Data knownValues;
        function register(uint value) public {
                //Here, all variables of type Data have
                //corresponding member functions.
                //The following function call is identical to
```

```
        //'Set. insert(knownValues, value)'
        require(knownValues. insert(value));
    }
}
```

也可以通过这种方式来扩展内置类型。在这个例子中，将使用一个库合约。

```
pragma solidity ^0. 8. 13;
library Search {
    function indexOf(uint[] storage self, uint value)
        public
        view
        returns (uint)
    {
        for (uint i=0; i < self. length; i++)
            if(self[i]==value) return i;
        return type(uint). max;
    }
}
using Search for uint[];
contract C {
    using Search for uint[];
    uint[] data;
    function append(uint value) public {
        data. push(value);
    }
    function replace(uint from, uint to) public {
        //执行库函数调用
        uint index=data. indexOf(from);
        if(index==type(uint). max)
            data. push(to);
        else
            data[index]=to;
    }
}
```

注意，所有 external 库调用都是实际的 EVM 函数调用。这意味着如果传递内存或值类型，都将产生一个副本，即使是 self 变量。引用存储变量或者 internal 库调用是唯一不会发生复制的情况。

任务总结

本任务介绍了搭建 FISCO BCOS 区块链环境的方法。介绍了使用 Solidity 开发智能合约的基本方法；Solidity 的编程基础，包括常量、变量和数据类型等；Solidity 中的常用语句，包括赋值语句、分支语句和循环语句等。

课后习题

任务四课后题答案

一、选择题

1. 在 Solidity 中定义智能合约的关键字是（　　）。

A. pragma　　B. contrat　　C. function　　D. public

2.（　　）是内存中用于保存固定值的单元。

A. 变量　　B. 常量　　C. 数据类型　　D. 函数

3.（　　）永久地存储在智能合约的区块链中。

A. 状态变量　　B. 常量

C. 局部变量　　D. 智能合约的所有数据

4.（　　）可用于返回当前调用函数者的地址。

A. msg. data　　B. msg. sender

C. msg. value　　D. tx. origin

5. 下面不属于 Solidity 基本数据类型的是（　　）。

A. 字符串型　　B. 地址类型

C. 合约类型　　D. 枚举类型

6. 至少执行一次循环语句体的循环语句是（　　）。

A. if 语句　　B. for 语句

C. while 语句　　D. do…while 语句

7.（　　）语句通常需要定义一个循环控制变量，其可在初始化语句中声明。

A. if　　B. for

C. while　　D. do…while

二、填空题

1. 因为以太坊提供了一个实时在线的 Solidity 编辑器＿＿＿＿＿，所以无须安装和配置任何软件，即可完成以太坊智能合约的在线开发、在线编译、在线测试和在线部署。

2. Remix IDE 页面主要分为＿＿＿＿＿、＿＿＿＿＿和＿＿＿＿＿3 个区域。

3. 在定义变量时，需要指定变量的修饰符。修饰符可以分为＿＿＿＿＿和＿＿＿＿＿两种。

4. ＿＿＿＿＿是由键值对组成的自定义类型。

5. ＿＿＿＿＿和＿＿＿＿＿统称为流程控制语句。

6. Solidity 的循环语句包括＿＿＿＿＿语句、＿＿＿＿＿语句和＿＿＿＿＿语句。

7. 在循环语句中，可以使用＿＿＿＿＿语句跳出循环语句。

三、简答题

1. 列出并解释区块链应用中使用较为广泛的两种组网方式。

2. 在搭建 FISCO BCOS 区块链时，用户可以借助哪个工具实现快速搭建？

3. 启动控制台需要下载哪些依赖包？

4. 简述 Solidity 标识符的命名规则。

5. 试画出 if 语句、if…elseif…else 语句、for 语句、while 语句和 do…while 语句流程控制图。

任务评价 4

本课程采用以下三种评分方式，最终成绩由三项加权平均得出：

1. 自我评价：根据下表中的评分要求和准则，结合学习过程中的表现进行自我评价。
2. 小组互评：小组成员之间互相评价，以小组为单位提交互评结果。
3. 教师评价：教师根据学生的学习表现进行评价。

评价指标	评分标准	评价			等级
		自我评价	小组互评	教师评价	
知识掌握	优秀：能够全面理解和掌握任务资源的内容，并能够灵活运用解决实际问题				
	良好：能够基本掌握任务资源的内容，并能够基本运用解决实际问题				
	中等：能够掌握课程的大部分内容，并能够部分运用解决实际问题				
	及格：能够掌握任务资源的基本内容，并能够简单运用解决实际问题				
	不及格：未能掌握任务资源的基本内容，无法运用解决实际问题				
技能应用	优秀：能够熟练运用任务资源所学技能解决实际问题，并能够提出改进建议				
	良好：能够熟练运用任务资源所学技能解决实际问题				
	中等：能够基本运用任务资源所学技能解决实际问题				
	及格：能够部分运用任务资源所学技能解决实际问题				
	不及格：无法运用任务资源所学技能解决实际问题				
学习态度	优秀：积极主动，认真完成学习任务，并能够帮助他人				
	良好：积极主动，认真完成学习任务				
	中等：能够完成学习任务				
	及格：基本能够完成学习任务				
	不及格：不能按时完成学习任务，或学习态度不端正				

续表

评价指标	评分标准	评价			等级
		自我评价	小组互评	教师评价	
合作精神	优秀：能够有效合作，与他人共同完成任务，并能够发挥领导作用				
	良好：能够有效合作，与他人共同完成任务				
	中等：能够与他人合作完成任务				
	及格：基本能够与他人合作完成任务				
	不及格：不能与他人合作完成任务				

结合老师、同学的评价及自己在学习过程中的表现，总结自己在本工作领域的主要收获和不足，进行自我评价。

(1) ______________________________

____

(2) ______________________________

____

(3) ______________________________

____

(4) ______________________________

____

教师评语

任务五

WeBASE 搭建和使用

任务导读

WeBASE 可以帮助开发者屏蔽区块链底层的复杂度，并提供快速搭建区块链应用的基础平台。WeBASE 中间件平台在 FISCO BCOS 节点与区块链应用之间围绕交易、合约、密钥管理、数据等设计通用组件，并有效辅助开发者设计合约、管理合约。因此，学习使用 WeBASE 中间件平台可以节省开发成本及效率。

本任务从搭建区块链中间件平台 WeBASE 入手，首先让学生对 WeBASE 平台有一个初步了解，然后介绍如何在虚拟机中搭建 WeBASE 平台，使读者对 WeBASE 平台有清晰的认知，并掌握其相关模块特点。

学习目标	（1）了解 WeBASE 中间件平台 （2）掌握搭建 WeBASE 中间件平台的方法 （3）了解 WeBASE 的节点前置、节点管理，以及 Web 管理平台等子系统
技能目标	能理解 WeBASE 中间件平台的作用，能完成 WeBASE 中间件平台的快速部署，能成功运行服务并访问前端
素养目标	引导学生对知识进行拓延，发现并解决实际问题，培养创新精神；体会精益求精的工匠精神与良好的职业道德
教学重点	（1）WeBASE 中间件平台的快速部署 （2）使用浏览器访问前端
教学难点	WeBASE 中间件平台的快速部署

任务工作单 5

任务序号	5	任务名称	WeBASE 搭建和使用
计划学时		学生姓名	
实训场地		学号	
适用专业	计算机大类	班级	
考核方案	实践操作	实施方法	理实一体
日期		任务形式	□个人/□小组
实训环境	虚拟机 VMware Workstation 17、Ubuntu 操作系统		
任务描述	以构建区块链中间件平台 WeBASE 为起点，首先聚焦于引导学生对 WeBASE 平台形成初步的认识与理解。随后，深入讲解如何在虚拟机环境中逐步搭建 WeBASE 平台，旨在通过这一实践过程，不仅加深学生对 WeBASE 平台的全面认知，还确保他们能够熟练掌握该平台各核心模块的特点与功能，从而为其后续在区块链技术领域的深入探索奠定坚实基础。		

一、任务分解

1. 环境准备。
2. WeBASE 服务部署。

二、任务实施

1. 检查安装依赖。

2. 安装包获取与证书复制。

续表

3. 修改配置文件。

4. 服务运行检查。

5. 可视化 IDE 平台。

三、任务资源（二维码）

教学方案——任务五

任务操作微视频

5.1 环境准备

FISCO BCOS 自 2017 年开源以来，大量开发者基于 FISCO BCOS 开发区块链应用。如果所有区块链应用都需要智能合约开发、交易上链、可视化管理、数据分析等模块，而这些模块的开发具备共性，可以抽象成通用组件，那么区块链应用开发流程可以进一步简化与缩短。微众银行区块链开始打造一款区块链中间件平台，期望通过软件分层的形式，集中解决应用层面临的问题，这个中间件平台就是 WeBASE。

WeBASE（WeBank Blockchain Application Software Extension）是一个屏蔽区块链底层复杂度、功能丰富的区块链中间件平台。通过围绕交易、合约、密钥管理、数据、可视化管理等任务在区块链应用和 FISCO BCOS 节点之间设计一套通用组件模块。通过一系列通用功能组件和实用工具，助力开发者快速搭建区块链应用的基础环境，并提供可视化合约 IDE 和一站式联盟链管理台。

5.1.1 部署原则

WeBASE 的设计理念是组件化与微服务化，即尽量将组件粒度做到最小，这个特性保证了使用的灵活性，可解决不同场景的问题。开发者可将 WeBASE 作为一个可视化开发环境，可集成一个或多个组件到应用中，可基于已有组件进行二次开发。

按需部署：WeBASE 抽象应用开发的诸多共性模块，形成各类服务组件，开发者根据需要部署所需组件。

微服务：WeBASE 采用微服务架构，基于 Spring Boot 框架，提供 RESTful 风格接口。

零耦合：WeBASE 所有子系统独立存在，均可独立部署，独立提供服务。

可定制：前端页面往往带有自身的业务属性，因此，WeBASE 采用前后端分离的技术，便于开发者基于后端接口定制自己的前端页面。

5.1.2 检查安装依赖

在搭建 WeBASE 中间件平台之前，需要检查 Java 依赖。其所支持的 Java 版本包含了 Oracle JDK 8～JDK 14。

部署 WeBASE 需要安装 Java 以上的版本。使用以下命令检索可安装的 Java 安装包，并选择合适版本进行下载，本次搭建选择的版本为 Oracle JDK 11，如图 5-1 所示。

```
java
apt install openjdk-11-jre-headless
```

```
root@blockchain-virtual-machine:~/fisco/console# java
找不到命令 "java"，但可以通过以下软件包安装它:
apt install openjdk-11-jre-headless  # version 11.0.20.1+1-0ubuntu1~22.04, or
apt install default-jre              # version 2:1.11-72build2
apt install openjdk-17-jre-headless  # version 17.0.8.1+1~us1-0ubuntu1~22.04
apt install openjdk-18-jre-headless  # version 18.0.2+9-2~22.04
apt install openjdk-19-jre-headless  # version 19.0.2+7-0ubuntu3~22.04
apt install openjdk-8-jre-headless   # version 8u382-ga-1~22.04.1
root@blockchain-virtual-machine:~/fisco/console# apt install openjdk-11-jre-headless
```

图 5-1 下载 Java 版本依赖包

之后使用以下命令配置 Java 环境变量（最后一行命令是重新加载 . bashrc 文件，使环境变量生效）。

```
java
apt install openjdk-11-jre-headless
source ~/. bashrc
```

将 JAVA_HOME 设置为 Java 的安装路径，如图 5-2 所示。

```
root@blockchain-virtual-machine:~/webase-front# ls /lib/jvm/
java-1.11.0-openjdk-amd64
root@blockchain-virtual-machine:~/webase-front# export JAVA_HOME=/lib/jvm/java-11-openjdk-amd64
```

图 5-2　设置 Java 安装路径

5.2 服务搭建

WeBASE-Front 是和 FISCO BCOS 节点配合使用的一个子系统。此分支支持 FISCO BCOS 2.0 以上版本，集成 web3sdk，对接口进行了封装，可通过 HTTP 请求和节点进行通信。另外，具备可视化控制台，可以在控制台上开发智能合约，部署合约和发送交易，并查看交易和区块详情。还可以管理私钥，对节点健康度进行监控和统计。在区块链应用开发阶段使用快速搭建的方式，该方法只需要开发者搭建节点和节点前置服务（WeBASE-Front），就可以通过 WeBASE-Front 的合约编辑器进行合约的编辑、编译、部署、调试。

在任务三中已经使用开发部署工具 build_chain. sh 脚本完成了 FISCO BCOS 链的节点搭建工作，构建了八节点星形拓扑区块链，并详细介绍了多群组操作方法，因此，本任务基于之前在本地构建的八节点星形拓扑区块链，完成节点前置服务的搭建，以完成 WeBASE 中间件平台的快速搭建。

5.2.1 安装包获取与解压

一、获取安装包

通过以下命令获取节点前置服务 WeBASE-Front 的安装包，如图 5-3 所示。

```
wget https://osp-1257653870. cos. ap-guangzhou. myqcloud. com/WeBASE/release/download/v1. 5. 5/webase-front. zip
```

```
root@blockchain-virtual-machine:~# ls

root@blockchain-virtual-machine:~# wget https://osp-1257653870.cos.ap-guangzhou.myqcloud.com/WeBASE/releases/download/v1.5.5/webase-front.zip
--2024-01-18 19:35:41--  https://osp-1257653870.cos.ap-guangzhou.myqcloud.com/WeBASE/releases/download/v1.5.5/webase-front.zip
正在解析主机 osp-1257653870.cos.ap-guangzhou.myqcloud.com (osp-1257653870.cos.ap-guangzhou.myqcloud.com)... 36.248.13.173, 36.248.13.176, 36.248.13.185, ...
正在连接 osp-1257653870.cos.ap-guangzhou.myqcloud.com (osp-1257653870.cos.ap-guangzhou.myqcloud.com)|36.248.13.173|:443... 已连接。
已发出 HTTP 请求，正在等待回应... 200 OK
长度： 142310660 (136M) [application/zip]
正在保存至： 'webase-front.zip'

webase-front.zip          54%[==============================================>                                        ] 73.83M  13.3MB/s   剩余 6s   ^
webase-front.zip          70%[============================================================>                          ] 95.62M  13.7MB/s   剩余 3s   ^
webase-front.zip         100%[=====================================================================================>] 135.72M  16.0MB/s   用时 10s

2024-01-18 19:35:52 (13.6 MB/s) - 已保存 'webase-front.zip' [142310660/142310660])
```

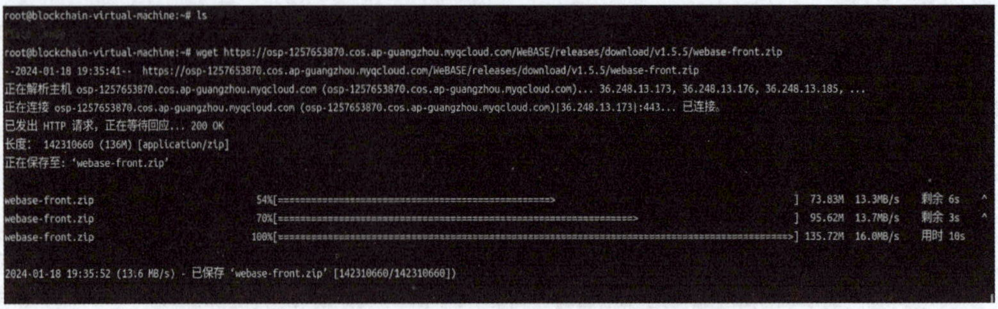

图 5-3　下载 WeBASE-Front 安装包

二、解压安装包

使用以下命令对下载完成的 WeBASE-Front 安装包进行解压操作。

```
unzip webase-front. zip
cd webase-front
```

至此，在区块链应用开发阶段所需的节点前置服务（WeBASE-Front）已获得，接下来开始快速搭建该服务。

5.2.2 复制 SDK 证书文件

证书生成流程包含了以下几步。

① 生成链证书：联盟链委员会使用 openssl 命令请求链私钥 ca. key，根据 ca. key 生成链证书 ca. crt。

② 生成机构证书：

机构使用 openssl 命令生成机构私钥 agency. key。

机构使用机构私钥 agency. key 得到机构证书请求文件 agency. csr，发送 agency. csr 给联盟链委员会。

联盟链委员会使用链私钥 ca. key，根据得到的机构证书请求文件 agency. csr 生成机构证书 agency. crt，并将机构证书 agency. crt 发送给对应机构。

③ 生成节点/SDK 证书：节点生成私钥 node. key 和证书请求文件 node. csr，机构管理员使用私钥 agency. key 和证书请求文件 node. csr 为节点/SDK 颁发证书。

通过以下命令复制 SDK 证书文件，对节点进行证书的签发。将节点所在目录 nodes/${ip}/sdk下的所有文件复制到当前 conf 目录，供 SDK 与节点建立连接时使用。SDK 会自动判断是否为国密，以及是否使用国密 SSL。

```
cp -r nodes/ $ {ip}/sdk/* ./conf/
```

需要注意的是，只有在建链时手动指定了-G（大写），节点才会使用国密 SSL，而我们使用的是非国密。

链的 sdk 目录包含了 ca. crt、sdk. crt、sdk. key 和 gm 文件夹，gm 文件夹包含了国密 SSL 所需的证书。

5.3 WeBASE 部署

WeBASE 支持将链上数据导出到传统存储设备中，让常规数据分析成为可能。开发者可在本节的 WeBASE 部署节点（FISCO BCOS 2.0+）、管理平台（WeBASE-Web）、节点管理子系统（WeBASE-Node-Manager）、节点前置子系统（WeBASE-Front）、签名服务（WeBASE-Sign），从而搭建一个完整的区块链管理平台。它包含了管理一个区块链的所有功能：查看链上数据、查看各个节点的信息、管理链上部署的智能合约、解析每一笔交易、管理私钥等。节点的搭建是可选的，可以通过配置来选择使用已有链或者搭建新链。

5.3.1 检查依赖包

WeBASE 部署所需的软件包依赖关系见表 5-1。

表 5-1　环境配置依赖表

环境	版本
Java	Oracle JDK 8～JDK 14
MySQL	MySQL 5.6 或以上
Python	Python 3.6 或以上
PyMySQL	使用 Python 3.6 时需要安装 PyMySQL
OpenSSL、cURL、wget、Nginx	虚拟机 CentOS 7.2+或以上、Ubuntu 16.04 或以上

① 检查 MySQL 并更新软件包。依据环境配置需求，需要 MySQL 5.6 或以上版本。

```
mysql-version
```

如果虚拟机中未安装 MySQL，则需要在 root 用户下执行以下命令。

```
apt-get install software-properties-common
sudo add-apt-repository 'deb http://archive.ubuntu.com/ubuntu trusty universe'
sudo apt-get update
sudo apt install mysql-client-core-8.0
```

接下来，需要使用以下命令安装并启动 MySQL Server。成功启动 MySQL 的页面如图 5-4 所示。

```
sudo apt install mysql-server
sudo systemctl start mysql
```

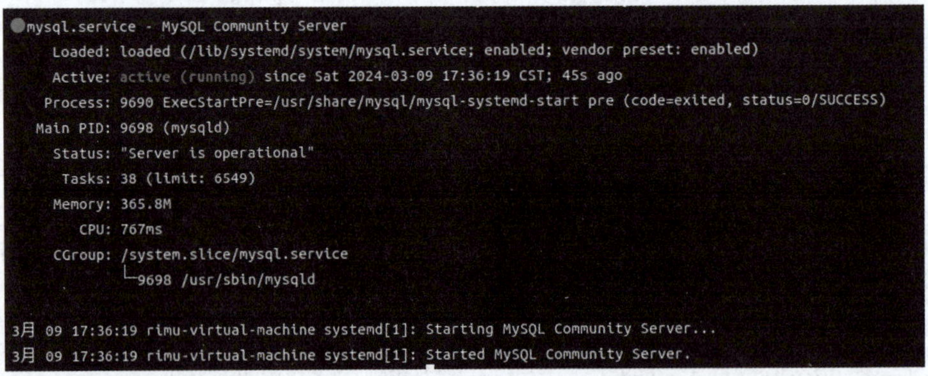

```
●mysql.service - MySQL Community Server
    Loaded: loaded (/lib/systemd/system/mysql.service; enabled; vendor preset: enabled)
    Active: active (running) since Sat 2024-03-09 17:36:19 CST; 45s ago
   Process: 9690 ExecStartPre=/usr/share/mysql/mysql-systemd-start pre (code=exited, status=0/SUCCESS)
  Main PID: 9698 (mysqld)
    Status: "Server is operational"
     Tasks: 38 (limit: 6549)
    Memory: 365.8M
       CPU: 767ms
    CGroup: /system.slice/mysql.service
            └─9698 /usr/sbin/mysqld

3月 09 17:36:19 rimu-virtual-machine systemd[1]: Starting MySQL Community Server...
3月 09 17:36:19 rimu-virtual-machine systemd[1]: Started MySQL Community Server.
```

图 5-4　MySQL 成功启动界面

② 检查 Python 并更新软件包。依据环境配置需求，需要 Python 3.6 或以上版本。

```
python --version
# Python3 版本使用以下命令
python3-version
```

如果虚拟机中未安装 Python 3，则需要在 root 用户下执行以下命令。

```
sudo apt install python3
```

③ 安装 PyMySQL 依赖包。依据环境配置需求，使用 Python 3.6 版本时需要安装 PyMySQL 软件包。

```
sudo apt-get install -y python3-pip
sudo pip3 install PyMySQL
```

5.3.2 获取部署安装包

使用以下命令获取部署安装包。

```
wget https://osp-1257653870.cos.ap-guangzhou.myqcloud.com/WeBASE/releases/download/v1.5.5/webase-deploy.zip
```

使用以下命令解压安装包。

```
unzip webase-deploy.zip
```

使用以下命令进入部署目录。

```
cd webase-deploy
```

5.3.3 修改配置文件

修改 webase-deploy 配置文件 common.properties，原配置内容如下。

```
# Mysql database configuration of WeBASE-Node-Manager
mysql.ip=localhost
mysql.port=3306
mysql.user=dbUsername
mysql.password=dbPassword
mysql.database=webasenodemanager

# Mysql database configuration of WeBASE-Sign
sign.mysql.ip=localhost
sign.mysql.port=3306
sign.mysql.user=dbUsername
sign.mysql.password=dbPassword
sign.mysql.database=webasesign
```

修改 MySQL 的登录用户名与密码。更新用户名为 root，密码为 123456。具体修改如图 5-5 所示。

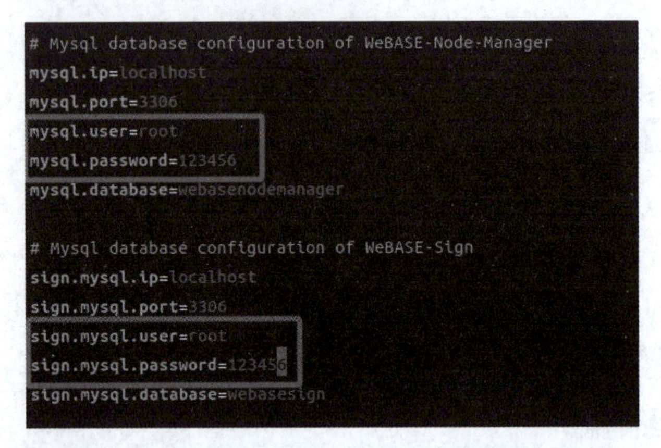

图 5-5　修改配置文件 common. properties 的内容

5.3.4 完成 WeBASE 部署

执行 installAll 命令进行部署。

```
python3 deploy. py installAll
```

部署服务将自动部署 FISCO BCOS 节点，并部署 WeBASE 中间件服务，包括签名服务（sign）、节点前置（front）、节点管理服务（node-mgr）、节点管理前端（web）。当出现图 5-6 所示信息时，表明成功完成了区块链浏览器的部署。

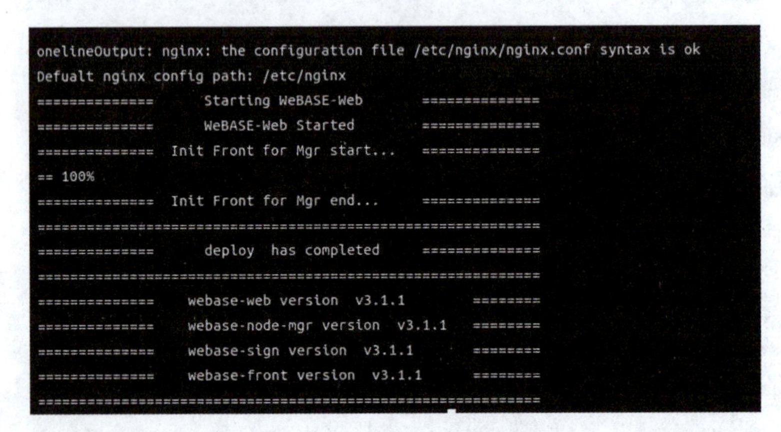

图 5-6　区块链浏览器部署成功信息

服务部署后，可以使用表 5-2 所列命令对各服务进行启/停操作。

表 5-2　deploy. py 命令

命令	作用
python3 deploy. py installAll	部署并启动所有服务
python3 deploy. py stopAll	停止一键部署的所有服务

续表

命令	作用
python3 deploy. py startAll	启动一键部署的所有服务
python3 deploy. py startNode	启动 FISCO BCOS 节点
python3 deploy. py stopNode	停止 FISCO BCOS 节点
python3 deploy. py startManager	启动 WeBASE-Node-Manager
python3 deploy. py stopManager	停止 WeBASE-Node-Manager
python3 deploy. py startSign	启动 WeBASE-Sign
python3 deploy. py stopSign	停止 WeBASE-Sign
python3 deploy. py startFront	启动 WeBASE-Front
python3 deploy. py stopFront	停止 WeBASE-Front

5.3.5 服务运行的检查

一、服务运行的启停

配置好 SDK 证书文件后，使用以下命令开启服务。如图 5-7 所示，表示服务启动成功。

```
bash start. sh   #启动
```

```
root@ubuntu:~/webase-front# bash start.sh
==============================================================================================
Server com.webank.webase.front.Application Port 5002 ...PID(4600) [Starting]. Please check message through the log file (default path:./log/).
==============================================================================================
```

图 5-7　服务启动成功效果

使用以下命令可以检查服务的当前状态，以及停止当前服务。

```
bash status. sh   #检查
bash stop. sh     #停止

root@ubuntu:~/webase-front# bash status. sh
==============================================================================
Server com. webank. webase. front. Application Port 5002 is running PID(4600)
==============================================================================
```

至此，节点前置服务（WeBASE-Front）的快速部署已完成。接下来需要对各个子服务是否启动成功进行确认。

二、节点状态检查

1. 各子系统进程的启动状态检查

通过以下命令检查所部署的八节点星形拓扑链中的八个节点进程是否存在。效果如图 5-8 所示。

```
$ ps -ef | grep node
```

```
root@ubuntu:~/webase-front#  ps -ef | grep node
root      2857  1704  5 07:39 pts/6    00:01:06 /root/fisco/nodes/127.0.0.1/node1/../fisco-bcos -c config.ini
root      2860  1704  1 07:39 pts/6    00:00:23 /root/fisco/nodes/127.0.0.1/node2/../fisco-bcos -c config.ini
root      2863  1704  5 07:39 pts/6    00:01:08 /root/fisco/nodes/127.0.0.1/node0/../fisco-bcos -c config.ini
root      2900  1704  1 07:39 pts/6    00:00:23 /root/fisco/nodes/127.0.0.1/node3/../fisco-bcos -c config.ini
root      2907  1704  1 07:39 pts/6    00:00:23 /root/fisco/nodes/127.0.0.1/node6/../fisco-bcos -c config.ini
root      2909  1704  1 07:39 pts/6    00:00:23 /root/fisco/nodes/127.0.0.1/node7/../fisco-bcos -c config.ini
root      2911  1704  1 07:39 pts/6    00:00:23 /root/fisco/nodes/127.0.0.1/node5/../fisco-bcos -c config.ini
root      2913  1704  1 07:39 pts/6    00:00:23 /root/fisco/nodes/127.0.0.1/node4/../fisco-bcos -c config.ini
root      4817  2484  0 08:00 pts/6    00:00:00 grep --color=auto node
root@ubuntu:~/webase-front#
```

图 5-8　节点进程启动效果

通过以下命令检查节点前置进程是否存在。效果如图 5-9 所示。

```
ps -ef | grep webase. front
```

```
root@ubuntu:~/webase-front# ps -ef | grep webase.front
root      4600  1704  6 07:44 pts/6    00:01:33 /usr/lib/jvm/java-8-openjdk-amd64/bin/java -Djdk.tls.namedGroups=SM2,secp256k1,x25519,secp256r1,secp384r1,secp521r1 -Dfile.encoding=
UTF-8 -Xmx256m -Xms256m -Xmn128m -Xss512k -XX:MetaspaceSize=128m -XX:MaxMetaspaceSize=256m -XX:+HeapDumpOnOutOfMemoryError -XX:HeapDumpPath=/root/webase-front/log/heap_error.log -Dja
va.library.path=/root/webase-front/conf -cp conf/:apps/*:lib/* com.webank.webase.front.Application
root      4860  2484  0 08:07 pts/6    00:00:00 grep --color=auto webase.front
```

图 5-9　节点前置进程启动效果

2. 进程端口检查

通过以下命令检查 8 个节点的端口监听情况，即检查节点 Channel 端口（默认为 20200）是否已监听。效果如图 5-10 所示。

```
$ netstat -anlp | grep 20200
```

```
root@ubuntu:~/webase-front# netstat -anlp | grep 20200
tcp        0      0 0.0.0.0:20200           0.0.0.0:*               LISTEN      2863/fisco-bcos
tcp        0      0 127.0.0.1:20200         127.0.0.1:51274         ESTABLISHED 2863/fisco-bcos
tcp6       0      0 127.0.0.1:51274         127.0.0.1:20200         ESTABLISHED 4600/java
```

图 5-10　节点进程启动效果

通过以下命令检查节点前置进程的端口监听情况，即检查 WeBASE-Front 端口（默认为 5002）是否已监听。效果如图 5-11 所示。

```
$ netstat -anlp | grep 5002
```

```
root@ubuntu:~/webase-front# netstat -anlp | grep 5002
tcp6       0      0 :::5002                 :::*                    LISTEN      4600/java
root@ubuntu:~/webase-front#
```

图 5-11　节点前置进程启动效果

若无输出，则代表节点与节点前置的进程启用失败且端口没有被监听，需要到 WeBASE-Front/Log 中查看日志的错误信息，并根据错误提示或根据 WeBASE-Front 常见问题进行错误排查。WeBASE-Front 运行成功后，会打印日志 main run success，可以通过搜索此关键字来确认服务正常运行。使用以下命令运行日志文件。效果如图 5-12 所示。

```
$ cd webase-front
$ grep -B 3 "main run success" log/WeBASE-Front. log
```

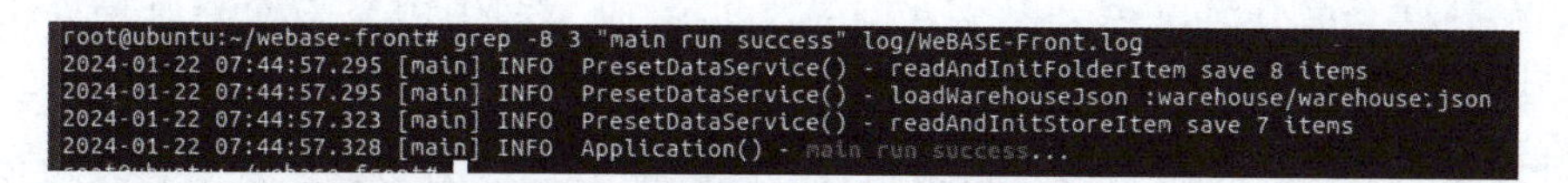

图 5-12 查看运行成功日志效果图

5.3.6 可视化 IDE 平台

WeBASE 将区块链应用开发标准化，按照部署、配置、开发智能合约、开发应用层、在线运维管理五个步骤即可完成一个区块链应用的开发。开发者可在区块链应用开发完成后，使用 WeBASE-Node-Manager、WeBASE-Front、WeBASE-Sign、WeBASE-Web 搭建一个完整的区块链管理平台。它包含了管理一个区块链的所有功能：查看链上数据、查看各个节点的信息、管理链上部署的智能合约、解析每一笔交易、管理私钥、管理证书等。

上一小节介绍了如何检查节点与前置节点进程的启动状态，并成功启动了服务。本小节介绍如何在浏览器上对节点进程进行可视化。使用 Ubuntu 虚拟机自带的 Firefox 浏览器直接访问 WeBASE-Front 节点前置的页面，需要开放节点前置端口 FrontPort（默认 5002）。

通过以下命令进行访问，第一次登录区块链浏览器的可视化界面如图 5-13 所示，表示启动成功。

```
http://localhost:5002/WeBASE-Front
```

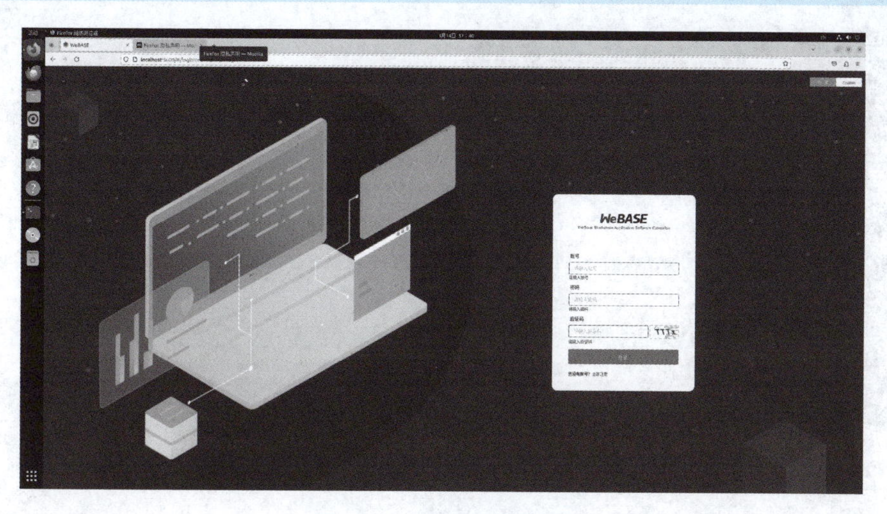

图 5-13 可视化管理界面

WeBASE 管理平台是区块链中间件平台，其支持群组和群组切换。具体功能有：

① 数据概览：可以查看区块链的节点、区块、交易、合约信息。单击管理平台中的数据概览，可以跳转到区块或交易信息列表页。交易信息支持 input 解码和 event 解码。

② 链管理：可以查看前置列表、节点列表，修改节点共识状态，查看链上的所有群组和节点，查看前置所在服务器状态相关信息，管理节点的共识状态。

③ 合约管理：提供图形化合约 IDE，查询已部署合约列表、合约 CNS，以及预编译合约的 CRUD 功能。编译、部署合约后，该合约会被保存。

④ 私钥管理：管理所有可以发生交易的账号。公钥用户是其他机构的账号，无法在

本机构发生交易，可以通过手动绑定或自动同步获取；私钥用户为在本机构发生交易的用户。

⑤ 系统管理：提供权限管理、系统配置管理、证书管理的功能。权限管理可以控制私钥用户的权限范围，证书管理可以查看链的相关证书。

⑥ 系统监控：系统监控包含节点监控、主机监控与异常告警。其监控整条链所有机构所有用户发生的交易行为，查看是否有异常用户或异常合约，并在异常状态下通过告警邮件通知运维管理员。

⑦ 交易审计：主要监控整条链所有机构所有用户发生的交易行为，查看是否有异常用户或异常合约。

⑧ 订阅事件：查看前置已订阅的链上事件通知信息列表。

⑨ 账户管理：只有 admin 账号才能使用此功能，可以新增账号（登录此系统账号）、修改密码、修改账户邮箱等。

⑩ 应用管理：动态管理群组，可以创建新群组、将节点加入已有群组、删除群组数据等。

图 5-14 所示为使用浏览器添加智能合约并完成交易的区块链概览信息界面。

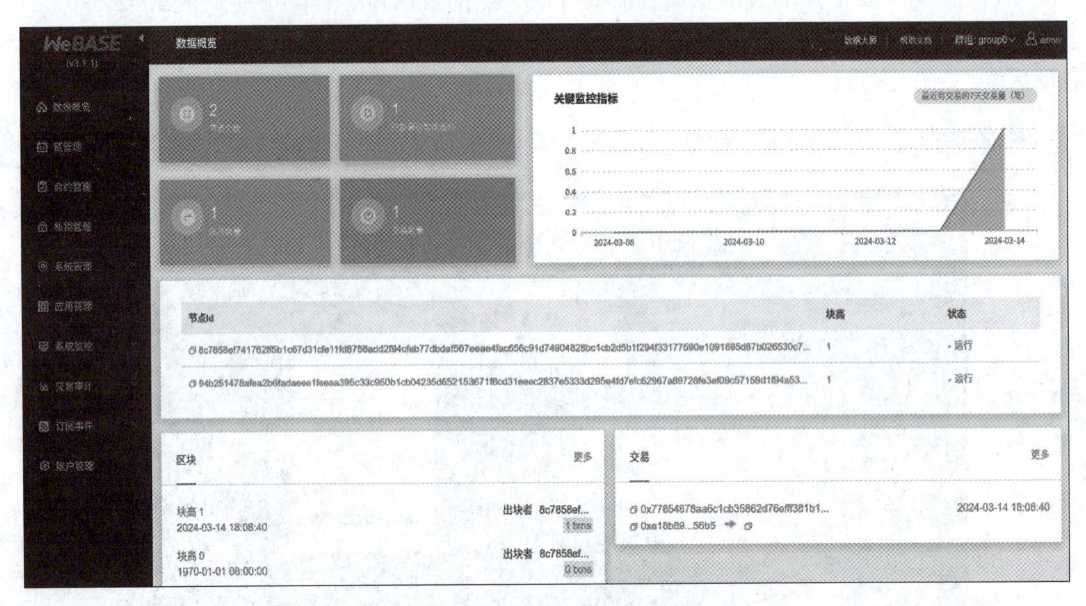

图 5-14　区块链概览信息界面

5.3.7　WeBASE 应用场景

场景 1：将 WeBASE 作为一个开发工具

智能合约是区块链应用开发的关键一步。在未使用 WeBASE 的情况下，开发者通常将 Solidity 合约代码使用命令行的方式进行编译、调试、部署，再将获取生成的 ABI、合约地址等信息复制到应用层，这对于多份代码文件的管理非常不方便。虽然开发者可以使用 Remix 进行普通合约开发，但 Remix 不支持 FISCO BCOS 的一些特有合约功能，例如 CRUD 合约调用、CNS 合约调用，并且 Remix 无法连接 FISCO BCOS 节点，不支持在线部署。

WeBASE-Front 集成了智能合约 IDE、支持 Solidity 语言、支持使用 JS 本地编译、在线部署、多文件管理、自动生成 Java 类、交易测试等非常实用的功能。

使用 WeBASE-Front，开发者仅需在节点同机部署 WeBASE-Front，即可搭建可视化开发环境，快速进行智能合约开发。图 5-15 所示为进行最简单的智能合约开发。

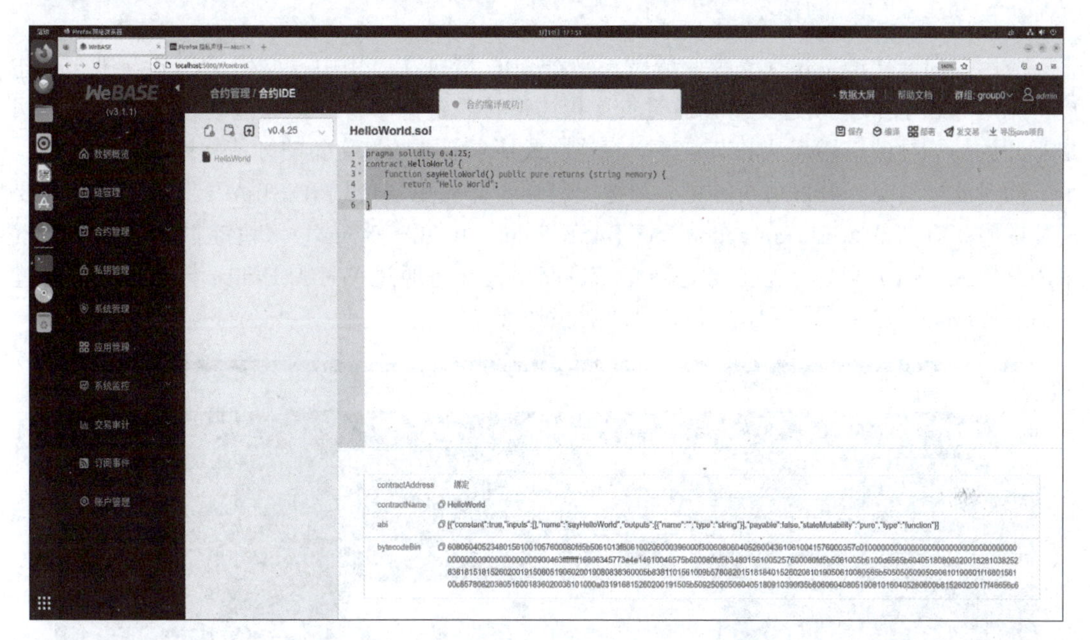

图 5-15　智能合约 HelloWorld 的开发界面

目前，社区开发者中针对 WeBASE-Front 最常见的应用是使用它搭建可视化开发环境，也有开发者将其中的智能合约 IDE 作为插件，集成到自己的产品中。如：ChainIDE 基于 WeBASE 的 IDE 插件进行了二次开发，集成在自身的在线 IDE 中，给开发者带来了更好的编程体验。

场景 2：将节点前置嵌入区块链节点中

区块链应用都需要集成 FISCO BCOS 的 SDK 与节点进行交互，FISCO BCOS 支持多语言 SDK，在底层各节点上同机部署 WeBASE-Front 可顺滑实现多语言间的便捷调用。正因为 WeBASE-Front 需要和节点同机部署，所以将两者集成到一个 Docker 镜像中，客户无须感知 WeBASE-Front，可以将它看作底层节点的一部分。

WeBASE-Front 集成了 Java SDK，将 SDK 大部分接口封装成 RESTful 风格接口，应用层仅需向节点发送 HTTP 请求即可和区块链节点进行交互。这不但可以解决多语言调用问题，还能让上层应用的交互变得更简单。

场景 3：使用私钥托管服务进行云端签名

交易上链需要先用私钥签名，账户私钥由应用层自行保管，如管理不当，则存在泄露风险。私钥存储管理和签名可以采用组件化方式妥善解决。

例如，某停车场运营公司的每个用户在链上对应一个账户。随着业务发展，用户量增加，需托管的私钥越来越多，如用户私钥丢失，其在链上的资产也就丢失了。因此，私钥一般不由用户保管，而是托管在平台方的后台服务器中。在此场景下，平台方可选择搭建 WeBASE-Sign 统一管理用户的私钥，降低私钥托管和云端签名的开发成本。

WeBASE-Sign 支持自动托管私钥和云端签名。开发者可在应用层搭建 WeBASE-Sign，每个账户生成的私钥加密存储在 WeBASE-Sign，实现私钥不出服务器；为进一步提高安全性，WeBASE-Sign 所在服务器可部署在内网安全区域，通过白名单来控制访问权限。

场景 4：搭建链下交易通道

应用层向区块链发送交易，一般做法是将 SDK 集成在应用中，应用层和节点建立长连接，调用 SDK 接口，发送交易并通过长连接通道接收链上事件。但有些场景中，节点外网是不开放的，导致应用无法和节点建立直连，或请求需要的路由策略才能找到节点。

面对此类情况，开发者可在链外搭建交易通道，应用层使用 REST API 发送交易。需要搭建的服务有 WeBASE-Transaction、WeBASE-Front、WeBASE-Sign。区块链服务网络 BSN 就采用此模式：通过交易上链服务进行鉴权、路由，交易通过 WeBASE-Sign 签名后，再通过 WeBASE-Front 上链。图 5-16 所示为在平台发送交易。

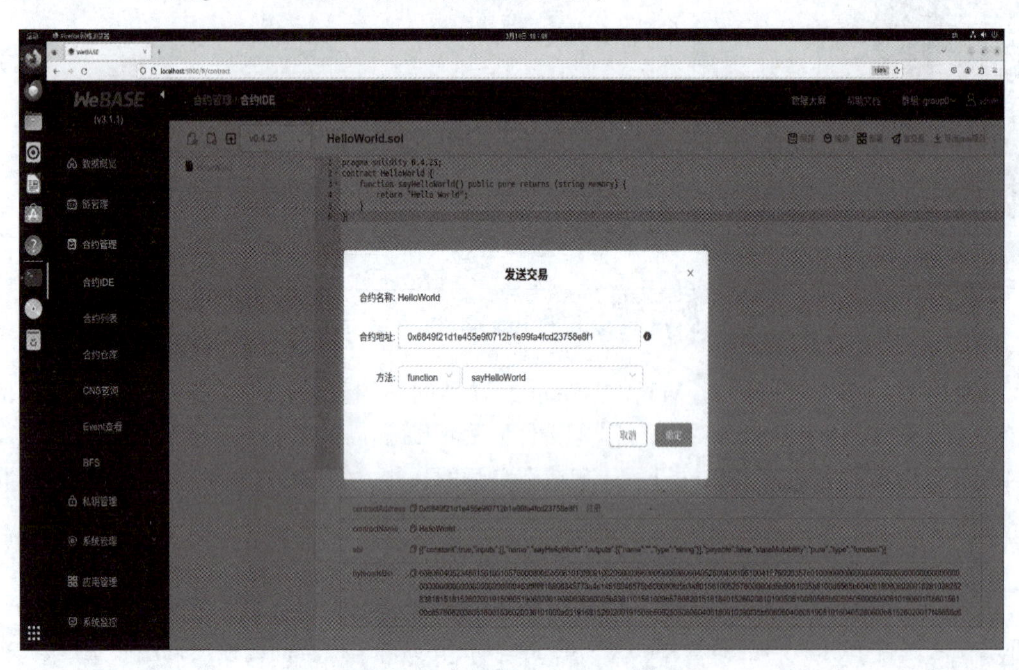

图 5-16　可视化平台发送交易

场景 5：搭建链下管理通道

平台型区块链项目一般会运维多条链，不同链对应不同应用项目，这些链和应用需要同一个平台进行统一管理。

为此，可以专门开发链管理服务——WeBASE-Chain-Manager。WeBASE-Chain-Manager 搭建起来之后，上层可调用它提供的接口，实现对多条链集中管理。

区块链服务网络 BSN 就采用了 WeBASE-Chain-Manager 来管理多条链、多个群组，可通过 API 便捷地操作平台中各节点，实现在线运维管理。图 5-17 所示为对节点进行管理的界面。

场景 6：使用数据中台对区块链数据进行管理

在每个区块中，链上数据不支持结构化查询。随着业务运行时间越来越长，交易数据不断累积，如何对数据进行分析和监管成为难题。

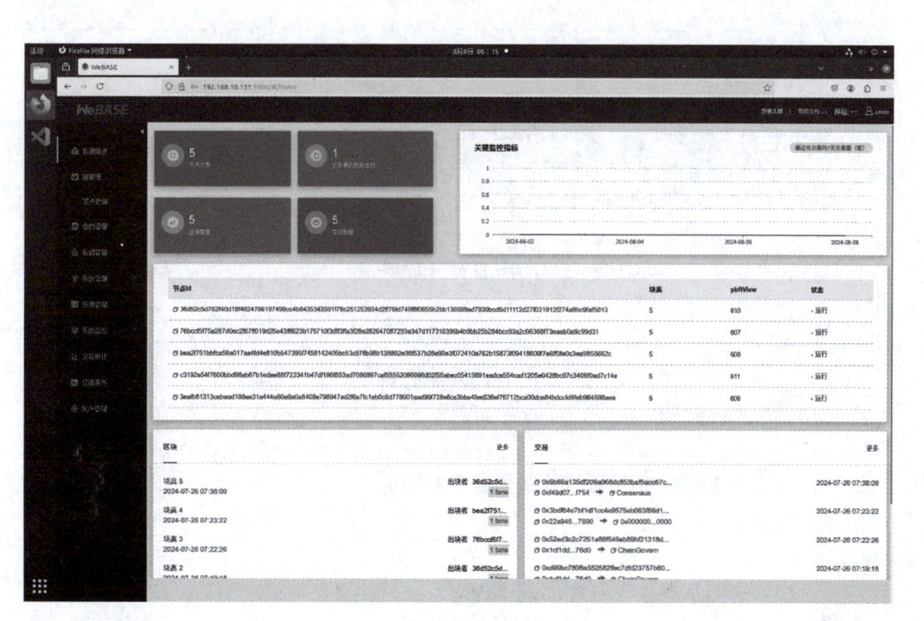

图 5-17　节点管理界面

WeBASE 支持将链上数据导出到传统存储设备中，让常规数据分析成为可能。为支持更丰富的监管功能，后续也会推出功能更全的数据监管平台，不但可实现链上数据的展示、搜索、审计，还可对违规数据进行干预。

任务总结

本任务介绍了 WeBASE 中间件平台的作用，以及使用该平台的重要性。本任务还介绍了快速搭建 WeBASE 中间件平台的方法，以及服务搭建后状态的检查方式。最后介绍了如何在浏览器中可视化 WeBASE 管理平台。读者可以对 WeBASE 中间件平台的快速搭建与后续可视化节点数据形成直观的了解。

课后习题

任务五课后题答案

简答题：

1. 为什么要使用 WeBASE 中间件平台？
2. 在搭建 WeBASE 中间件平台中，复制 SDK 证书的流程分为哪几个步骤？
3. 启动 WeBASE 中间件平台后，使用哪个网址进入可视化界面？

操作题：

1. 完成 WeBASE 中间件平台的搭建。
2. 在浏览器中成功进入可视化管理平台。

任务评价 5

本课程采用以下三种评分方式，最终成绩由三项加权平均得出：

1. 自我评价：根据下表中的评分要求和准则，结合学习过程中的表现进行自我评价。
2. 小组互评：小组成员之间互相评价，以小组为单位提交互评结果。
3. 教师评价：教师根据学生的学习表现进行评价。

评价指标	评分标准	评价			等级
		自我评价	小组互评	教师评价	
知识掌握	优秀：能够全面理解和掌握任务资源的内容，并能够灵活运用解决实际问题				
	良好：能够基本掌握任务资源的内容，并能够基本运用解决实际问题				
	中等：能够掌握课程的大部分内容，并能够部分运用解决实际问题				
	及格：能够掌握任务资源的基本内容，并能够简单运用解决实际问题				
	不及格：未能掌握任务资源的基本内容，无法运用解决实际问题				
技能应用	优秀：能够熟练运用任务资源所学技能解决实际问题，并能够提出改进建议				
	良好：能够熟练运用任务资源所学技能解决实际问题				
	中等：能够基本运用任务资源所学技能解决实际问题				
	及格：能够部分运用任务资源所学技能解决实际问题				
	不及格：无法运用任务资源所学技能解决实际问题				
学习态度	优秀：积极主动，认真完成学习任务，并能够帮助他人				
	良好：积极主动，认真完成学习任务				
	中等：能够完成学习任务				
	及格：基本能够完成学习任务				
	不及格：不能按时完成学习任务，或学习态度不端正				

续表

评价指标	评分标准	评价			等级
		自我评价	小组互评	教师评价	
合作精神	优秀：能够有效合作，与他人共同完成任务，并能够发挥领导作用				
	良好：能够有效合作，与他人共同完成任务				
	中等：能够与他人合作完成任务				
	及格：基本能够与他人合作完成任务				
	不及格：不能与他人合作完成任务				

结合老师、同学的评价及自己在学习过程中的表现，总结自己在本工作领域的主要收获和不足，进行自我评价。

(1) ____________________

____

(2) ____________________

____

(3) ____________________

____

(4) ____________________

____

教师评语

任务六

开发区块链应用

任务导读

本任务从制订需求文档入手，首先让学生对智能合约开发有一个初步了解，然后介绍账户的概念与创建方法。最后，使用 WeBASE-Front 平台开发第一个智能合约，为任务七的实战开发打下基础。

学习目标	（1）了解账户的概念 （2）掌握账户的创建和计算 （3）掌握在 WeBASE-Front 平台开发智能合约的方法
技能目标	能完成账户的创建，能理解账户的基本概念，能完成 HelloWorld 智能合约的开发
素养目标	培养创新思维和创业精神，增强学生的科技素养和跨学科能力
教学重点	（1）账户的创建 （2）账户的使用 （3）开发第一个智能合约
教学难点	智能合约的开发

任务工作单 6

任务序号	6	任务名称	开发区块链应用
计划学时		学生姓名	
实训场地		学号	
适用专业	计算机大类	班级	
考核方案	实践操作	实施方法	理实一体
日期		任务形式	□个人/□小组
实训环境	虚拟机 VMware Workstation 17、Ubuntu 操作系统		
任务描述	从了解账户概念入手，然后进行实践操作生成账户地址，而后使用 WeBASE-Front 开发第一个智能合约 HelloWorld。		

一、任务分解

1. 制订需求文档。
2. 账户概述。
3. 使用脚本创建账户。
4. 账户的使用。
5. 账户地址的计算。
6. 使用 WeBASE 开发第一个智能合约。

二、任务实施

1. 需求分析。

续表

2. 账户的特点、类型和使用场景。

3. 国密账户与非国密账户。

4. 获取脚本。

5. 使用脚本生成 PEM 格式私钥。

续表

6. 使用脚本生成 PKCS12 格式私钥。   7. 账户的使用。   8. 生成 ECDSA 密钥。   9. 根据公钥计算地址。

续表

10. 编写 HelloWorld 智能合约。

11. 创建测试用户。

12. 部署和调用 HelloWorld 智能合约。

三、任务资源（二维码）

教学方案——任务六

任务操作微视频

6.1 制订开发文档

6.1.1 需求分析

基于区块链技术的货物追踪系统是一款利用区块链技术对货物进行全生命周期追踪的系统。该系统将货物运输过程中的所有信息记录在区块链上，使所有参与者都可以共享、验证和追溯这些信息，提高货物运输的透明度和安全性。

一、功能需求

对于基于区块链技术的货物追踪系统，用例图能够清晰地描绘出货主、承运商等关键角色如何与系统的功能进行交互。下面将通过用例图来介绍该系统实现的主要功能。其中两个主要的角色分别是货主和承运商，在此，也以这两个角色做主要介绍。货主是货物的所有者或委托人，关心货物的实时位置和状态；承运商则是负责货物运输的物流公司或个体，负责在运输过程中采集和上传货物数据。

在用例图 6-1 中，参与者（货主、承运商）被表示为人物，而系统的各个功能（数据采集与上传等）则被表示为椭圆形。参与者与功能之间的交互关系用带箭头的线表示，箭头指向功能，表示参与者触发了该功能。例如，货主与“货物查询”用例之间有一条带箭头的线，表示货主可以触发该功能来查询货物的位置和状态。同样，承运商与“数据采集与上传”用例之间也有一条线，表示承运商负责采集并上传货物数据。

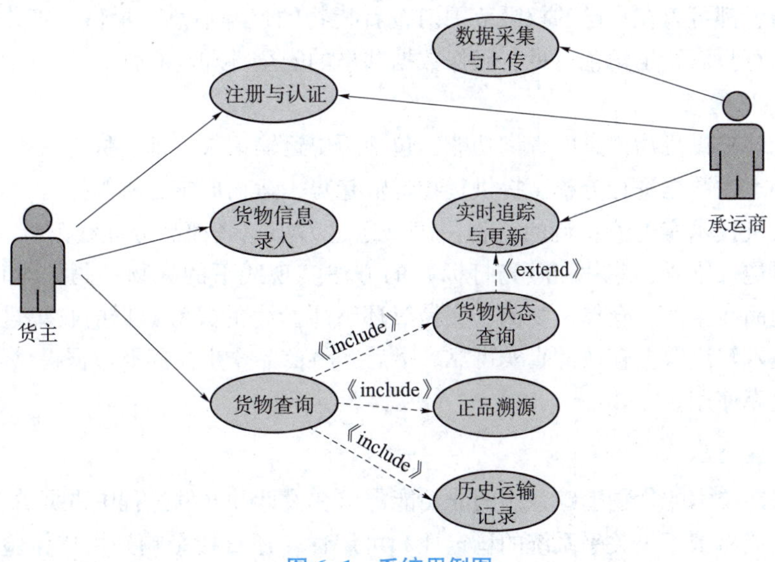

图 6-1　系统用例图

1. 注册与认证

提供货主、承运商、仓库管理员等角色的注册功能。通过多因素认证确保用户身份的安全性。

为用户提供数字身份，以便在区块链上进行安全、可验证的交互。

2. 货物信息录入

允许货主录入货物的详细信息，如货物名称、数量、体积、起始地、目的地、预计到达时间等。支持上传货物的图片、视频等多媒体资料。

3. 实时追踪与更新

利用区块链技术，实时追踪货物的位置、状态、运输进度、运输异常等信息。允许承运商、仓库管理员等更新货物的实时状态，如“已装车”“已到达某地点”等。任何状态的更改都会被记录在区块链上，确保数据的真实性和不可篡改性。

通过将商品原材料提供过程、生产过程、流通过程、营销过程的信息写入区块链，实现精细到一物一码的全流程正品追溯，每一条信息都拥有自己特有的区块链 ID“身份证”，并且每条信息都附有各主体的数字签名和时间戳可供查验。区块链的数据签名和加密技术让全链路信息实现了防篡改、标准统一和高效率交换。溯源类别主要有种植类、养殖类、信息类，前两者较为容易理解，信息类主要是物流过程中产生的虚拟资产，如标准仓单、运输委托书、安维施工单等结算凭证。这些虚拟资产有对应的归属权和使用权，同时拥有不同的业务状态，状态变更时需要记录过程信息。溯源的颗粒度也根据业务场景分为订单级、SKU（Stock Keeping Unit，最小存货单位）级和商品级溯源。溯源模型是根据不同需求定义为基本信息结合过程信息的方式来对每件（批次）的静态数据和动态数据进行上链。

4. 信息共享

溯源系统需要实现品牌商、渠道商、零售商、消费者、监管部门，以及第三方检测机构之间的信息在信任的前提下进行共享，全面提升品牌、效率、体验、监管和供应链整体收益。所有参与者都可以在自己的权限范围内查看货物的追踪信息。提供精细化的权限管理，如某些敏感信息只对特定角色可见，确保数据共享的安全性和隐私性。

5. 数据存储溯源

系统应能够提供货物信息的查询功能，包括历史运输记录查询、货物状态查询等。系统应能够对货物运输数据进行分析，提供货物运输趋势、运输成本分析等报告。

基于区块链技术实现信息流的一物一码。通过为小包装商品分配线下唯一防伪码（如激光标记不可逆二维码、芯片和激光打标）的方法实现线下的一物一码。同时，结合物联网技术，使商品在生产、仓储、物流、交易等环节所产生的关键数据的收集过程真实可信，通过区块链技术解决数据存放的真实可靠。最后，将商品全生命周期数据提供给监管部门或消费者溯源验真使用。

二、非功能需求

基于区块链技术的货物追踪系统的非功能需求在设计和开发过程中占据着至关重要的地位。这些非功能需求不仅关乎系统的稳定性和可用性，还直接影响到用户体验和业务效率。以下是对基于区块链技术的货物追踪系统非功能需求的详细分析。

1. 系统性能与稳定性

响应速度：系统应能在短时间内快速响应查询请求，提供实时的货物追踪信息。对于大规模并发请求，系统应具备良好的处理能力，确保用户能够迅速获取所需信息。

稳定性：系统应具备高度的稳定性，能够长时间无故障运行。在遭遇意外情况时，如网络故障、硬件故障等，系统应能够自动恢复或提供降级服务，以确保货物追踪的连续性。

2. 安全性与隐私保护

数据安全：系统应采取有效措施来保护存储在区块链上的货物追踪数据，防止数据被篡改或泄露。同时，系统应定期备份数据，以应对可能的数据丢失风险。

隐私保护：在追踪货物的过程中，系统应尊重用户的隐私权，避免泄露敏感信息。对于涉及个人隐私的数据，系统应采取加密等安全措施进行保护。

3. 可扩展性与灵活性

可扩展性：随着业务的发展，系统应能够支持更多的用户和更复杂的业务场景。因此，在设计系统时，应充分考虑其可扩展性，以便在未来能够轻松地进行升级和扩展。

灵活性：系统应具备较高的灵活性，以适应不同用户的需求和业务变化。例如，系统应支持自定义的追踪规则、报警机制等，以满足用户多样化的需求。

4. 易用性与用户体验

界面友好：系统应提供简洁明了的用户界面，使用户能够轻松上手。同时，系统应提供详细的操作指南和帮助文档，以便用户在使用过程中遇到问题时能够及时得到解决。

交互便捷：系统应提供多种交互方式，如 PC 端、移动端等，以便用户能够随时随地进行货物追踪。此外，系统还应支持多语言切换，以满足不同国家和地区用户的需求。

5. 可维护性与可管理性

可维护性：系统应具备良好的可维护性，便于开发人员对系统进行维护和升级。系统应提供完善的日志记录和监控功能，以便及时发现和解决潜在问题。

可管理性：系统应提供强大的管理功能，使管理员能够轻松地对用户、权限、数据等进行管理。同时，系统应支持自定义的权限设置，以满足不同组织机构的管理需求。

综上所述，基于区块链技术的货物追踪系统的非功能需求涵盖了系统性能与稳定性、安全性与隐私保护、可扩展性与灵活性、易用性与用户体验以及可维护性与可管理性等多个方面。在设计和开发过程中，应充分考虑这些非功能需求，以确保系统能够满足用户的实际需求并具备良好的使用体验。同时，随着技术的不断发展和业务的变化，这些非功能需求也需要不断地进行更新和优化，以适应新的挑战和机遇。

6.1.2 区块链框架和技术的选择

在选择区块链框架和技术时，需要考虑多个因素，包括业务需求、技术成熟度、社区支持、安全性、性能、可扩展性等。下面将详细探讨这些因素，并为读者提供一些建议。

首先，业务需求是选择区块链框架和技术的关键因素。不同的业务场景对区块链的需求不同，例如，金融领域需要高安全性和高性能的区块链，而供应链领域可能更注重数据透明性和可追溯性。因此，在选择区块链框架和技术时，需要明确业务需求，并选择最符合需求的框架和技术。

其次，技术成熟度和社区支持也是需要考虑的因素。技术成熟度意味着该框架或技术已经经过了充分的测试和验证，稳定性较高，可以减少开发过程中的风险。社区支持则意味着有更多的开发者和用户在使用该框架或技术，可以提供更多的帮助和支持，同时也有更多的创新和改进。

安全性是区块链系统的核心需求之一，因此，选择具有强大安全性能的框架和技术至关重要。需要考虑框架或技术是否采用了先进的加密算法、共识机制和安全协议等，以及是否存在已知的安全漏洞和隐患。

性能也是选择区块链框架和技术时需要考虑的因素之一。性能包括交易速度、吞吐量、延迟等，对于大规模的商业应用来说尤为重要。需要选择具有高性能、低延迟的框架和技术，以满足业务需求。

可扩展性是指区块链系统能够支持更多的用户和交易，并保持高性能的能力。随着业务的发展，系统的交易量和数据量可能会不断增加，因此，选择具有可扩展性的框架和技术至关重要。需要考虑框架或技术是否支持横向扩展和纵向扩展，以及是否提供了相应的工具和机制。

最后，需要考虑开发成本和开发难度。不同的区块链框架和技术具有不同的学习成本和使用难度，需要根据团队的实际情况进行选择。同时，还需要考虑开发成本，包括人力成本、时间成本等，以确保项目的顺利进行。

综上所述，在选择区块链框架和技术时，需要综合考虑业务需求、技术成熟度、社区支持、安全性、性能、可扩展性、开发成本和开发难度等因素。针对不同的业务场景和需求，可以选择不同的框架和技术，例如以太坊适合开发智能合约和去中心化应用，Hyperledger Fabric 适合企业级应用和私有链部署，Corda 适合金融领域的复杂业务场景等。无论选择哪种框架和技术，都需要对其进行深入的研究和了解，并结合实际情况进行选择和调整。

6.1.3 应用架构和流程设计

一、区块链系统的应用架构

基于区块链技术的货物追踪系统应用架构，主要包括数据采集层、区块链网络层、智能合约层、应用服务层以及用户界面层。各层次之间通过标准化的接口进行通信和数据交互，实现货物信息的实时采集、验证、存储和查询。框架如图 6-2 所示。

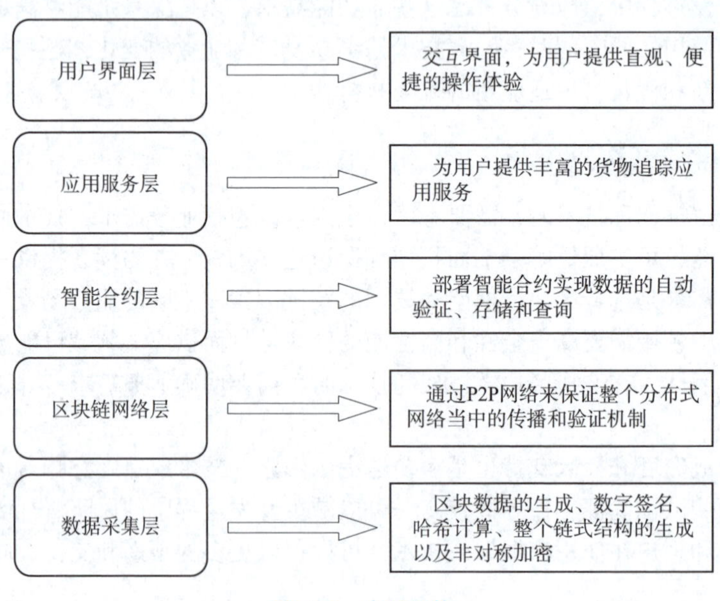

图 6-2　应用架构

1. 数据采集层

数据采集层是货物追踪系统的数据来源，主要通过物联网设备（如 RFID、GPS、传感器等）实时采集货物在运输过程中的位置、状态、温度、湿度等关键信息。这些设备可以将采集到的数据通过无线传输方式发送到区块链网络层进行处理。

2. 区块链网络层

区块链网络层是整个应用架构的核心，负责数据的存储和验证。该层采用区块链技术，构建一个去中心化、不可篡改的数据存储网络。通过共识机制（如工作量证明、权益证明等），确保所有参与节点对数据的认可和验证，保证数据的真实性和可信度。

3. 智能合约层

智能合约层是货物追踪系统的业务逻辑层，通过部署智能合约实现数据的自动验证、存储和查询。智能合约可以根据预设的规则，自动执行数据验证操作，如检查数据的完整性、真实性和合规性。同时，智能合约还可以根据业务需求，自动触发相应的操作，如更新货物状态、发送预警通知等。

4. 应用服务层

应用服务层为用户提供丰富的货物追踪应用服务。通过 API 接口，用户可以实时查询货物的位置、状态、运输路径等信息。此外，系统还可以提供货物异常预警、数据分析报告等服务，帮助用户及时发现潜在问题并做出相应决策。

5. 用户界面层

用户界面层是货物追踪系统与用户之间的交互界面，为用户提供直观、便捷的操作体验。通过 PC 端、移动端等多种形式的界面，用户可以轻松查询货物信息、设置追踪规则、接收预警通知等。同时，系统还提供友好的操作指南和帮助文档，方便用户快速上手。

6. 安全性与隐私保护

在基于区块链技术的货物追踪系统应用架构中，安全性与隐私保护至关重要。系统采用多种安全措施，如数据加密、访问控制、审计日志等，确保数据的机密性和完整性。同时，通过合理的隐私保护策略，如匿名化处理、数据脱敏等，平衡数据共享与隐私保护之间的关系。

二、区块链系统的流程设计

随着物流行业的快速发展和全球化贸易的不断推进，货物追踪系统的需求越发迫切。传统的货物追踪方式往往存在着信息不透明、易篡改、追溯难等问题，无法有效满足现代物流管理的需求。而区块链技术以其去中心化、不可篡改和透明性等特点，为货物追踪提供了新的解决思路。本书将详细阐述基于区块链技术的货物追踪系统的流程设计。

1. 流程概述

基于区块链技术的货物追踪系统流程设计主要包括数据采集、数据上链、数据验证、数据查询和预警提醒等环节。通过这些环节的有序配合，实现对货物全生命周期的实时追踪和监控。

2. 数据采集

数据采集是货物追踪流程的首要环节。通过物联网设备（如 RFID、GPS 等）对货物进行标识，并实时采集货物的位置、状态、温度、湿度等关键信息。这些数据将通过无线传输方式发送到数据处理中心，为后续的数据上链做准备。

3. 数据上链

数据处理中心接收到采集到的货物数据后，将对这些数据进行清洗、整合和格式化处理，以确保数据的质量和准确性。随后，这些数据将通过区块链网络层的节点进行上链操作。利用区块链的去中心化特性，确保数据在多个节点之间同步存储，增强数据的可靠性和安全性。

4. 数据验证

在数据上链过程中，智能合约将自动执行数据验证操作。智能合约可以根据预设的规则和算法，对数据的完整性、真实性和合规性进行验证。只有通过验证的数据才能被成功写入区块链中，确保区块链上存储的数据的真实性和可信度。

5. 数据查询

基于区块链技术的货物追踪系统提供了实时、透明的数据查询功能。用户可以通过系统界面输入货物的标识信息（如订单号、运单号等），系统将自动在区块链网络中检索相关货物的数据，并将查询结果展示给用户。用户可以实时了解货物的位置、状态、运输路径等信息，提高物流管理的效率和透明度。

6. 预警提醒

货物追踪系统还具备预警提醒功能。智能合约可以根据预设的规则和阈值，对货物的状态进行实时监控。当货物出现异常情况（如温度超出范围、位置偏离预定路线等）时，系统将自动触发预警机制，通过短信、邮件等方式通知相关用户进行处理。这有助于及时发现潜在问题，减少货物损失和延误风险。

7. 安全性与隐私保护

在基于区块链技术的货物追踪系统流程设计中，安全性与隐私保护是至关重要的考虑因素。系统应采用先进的加密技术，对敏感数据进行加密处理，确保数据的机密性和完整性。同时，通过合理的权限管理机制，限制对数据的访问和修改权限，防止未经授权的访问和数据泄露。此外，系统还应遵守相关法律法规，对涉及个人隐私的数据进行脱敏处理，确保用户隐私的合法权益。

基于区块链技术的货物追踪系统流程设计，通过数据采集、数据上链、数据验证、数据查询和预警提醒等环节的有序配合，实现了对货物全生命周期的实时追踪和监控。这一设计不仅提高了货物追踪的效率和准确性，还增强了数据的可信度和透明度。随着技术的不断进步和应用场景的拓展，未来基于区块链技术的货物追踪系统将进一步完善和优化，为物流行业提供更加高效、安全、可靠的追踪服务。

区块链系统的应用架构和流程设计是确保系统有效运行和满足业务需求的关键。通过合理的架构设计和流程规划，可以确保系统的稳定性、可扩展性和易用性。在实际应用中，需要根据具体业务需求和场景选择合适的框架和技术，并进行充分的测试和验证，以确保系统的稳定性和性能。同时，随着业务的发展和技术的演进，需要不断对系统进行优化和升级，以适应不断变化的市场需求和技术环境。

6.2 账户概述

6.2.1 账户的特点、类型和使用场景

在一个基于账户模型搭建的区块链应用中，账户是用于存储和管理资产的实体，代表了

账户和智能合约的唯一性。区块链账户具有以下特点：

① 区块链账户是匿名的。用户可以通过公钥和私钥来访问账户，而无须透露身份。

② 区块链账户是不可篡改的。一旦交易被记录在区块链上，它将无法被修改或删除。

③ 区块链账户是安全的。私钥是唯一可以访问账户的密钥，它可以被安全地存储在离线钱包中。

④ 与传统账户不同，区块链账户是去中心化的，不受任何中央机构的控制。

⑤ 区块链账户是透明的，任何人都可以查看账户的余额和交易记录。

在区块链平台 FISCO BCOS 中，账户被用来标识和区分每一个独立的用户。在采用公私钥体系的区块链系统中，每一个账户都有相对应的一对公钥和私钥。其中，由公钥经过哈希等安全的单向性算法计算后得到的地址字符串被用作该账户的账户名，即账户地址。为了与智能合约的地址相区别，账户地址也常被称为外部账户地址。而仅有用户知晓的私钥则对应着传统认证模型中的密码。用户需要通过安全的密码学协议证明其知道对应账户的私钥，来声明其对于该账户的所有权，以及进行敏感的账户操作。外部账户的地址将完全由用户控制，主要用于交易、部署合约和参与治理等。

除了外部账户地址，FISCO BCOS 中部署到链上的智能合约在底层存储中也对应唯一的账户，称之为合约账户。与外部账户的区别在于，合约账户的地址在部署时确定，根据部署者的账户地址及其账户中的信息计算得出，并且合约账户没有私钥。合约账户指向状态位、二进制代码、相关状态数据等的索引。合约账户的资产由智能合约代码控制，主要用于存储合约数据和执行合约逻辑等。

在 FISOC BCOS 中，除了区块和交易的空间之外，还包含了另一个用于智能合约运行结果的存储空间。智能合约执行过程中产生的状态数据经过共识机制确认并分布式保存在各个节点上，保证全局一致性、可验证性和不可篡改性，因此被称为全局状态。利用状态存储空间，区块链应用能够保存各种数据，包括余额等用户账户信息、智能合约二进制代码、运算结果和其他相关数据。在执行过程中，智能合约会从基础状态存储中获取一些数据进行计算，为复杂合约逻辑的实现奠定基础。

在 FISCO BCOS 中，账户有以下使用场景：

① SDK 需要持有外部账户私钥，使用外部账户私钥对应交易签名。区块链系统中，每一次对合约写接口的调用都是一笔交易，需要使用账户的私钥签名。

② 权限控制需要外部账户的地址。FISCO BCOS 权限控制模型根据交易发送者的外部账户地址来判断是否有写入数据的权限。

③ 在运行过程中，智能合约将通过合约账户的地址加上二进制代码，以及状态数据的索引来访问全局状态存储中的数据。然后根据运算结果将数据写入全局状态存储并更新合约账户中的状态数据索引。要停用智能合约，用户只需将其状态位更改为无效即可，合约账户的真实数据通常不会被清除。

6.2.2 国密与非国密账户

根据使用场景需求，用户可以选择在 FISCO BCOS 中使用传统非国密算法或国密算法进行区块链应用的架构。本小节将介绍区块链中主要使用的密码学算法，以及非国密账户和国密账户的区别。

在区块链中，使用密码学的场景一般有以下几种。

① 数据哈希算法：哈希函数是一类单项函数，作用是将任意长度的消息转换成固定长度的输出值，具有单向性、无碰撞性、确定性和不可逆性。在区块链中，哈希函数被用于将消息压缩成固定长度的输出，以及保证数据真实性，确保数据未被修改。

② 数据加/解密算法：数据加/解密算法主要分为对称加密和非对称加密两种。针对不同的需求，两者可以互相配合、组合使用：对称加密具有速度快、效率高、加密强度高等特点，使用时，需要提前协商密钥，主要对大规模数据进行加密，如 FISCO BCOS 的节点数据落盘时进行的加密；非对称加密具有无须协商密钥的特点，相较于对称加密，其计算效率较低，存在中间人攻击等缺陷，主要用于密钥协商的过程。

③ 消息签名的生成和验证：在区块链中，需要对消息进行签名，用于消息防篡改和身份验证。如节点共识过程中，需要对其他节点的身份进行验证，节点需要对链上交易数据进行验证等。

④ 握手建立流程：建立节点 TLS 的握手过程中，需要使用到密码组建和数字证书，这都需要使用到相应的密码学算法。

为了实现安全可控的区块链架构，FISCO BCOS 采用了国密算法。国密算法由国家密码局（OSCCA）发布，包括 SM1、SM2、SM3、SM4 等，是我国自主研发的密码算法标准。为了充分支持国产密码学算法，金链盟基于国产密码学标准，实现了国密加/解密、签名、验签、哈希算法以及国密 SSL 通信协议，并将其集成到 FISCO BCOS 平台中，实现了对国家密码局认定的商用密码的完全支持。国密版 FISCO BCOS 将交易签名验签、P2P 网络连接、节点连接、数据罗盘加密等底层模块的密码学算法均替换为国密算法。

① 节点 TLS 握手中采用国密 SSL 算法；

② 交易签名生成、验证过程采用国密 SM2 算法；

③ 数据加密过程采用国密 SM4 算法；

④ 数据摘要算法采用国密 SM3 算法；

⑤ 合约编译器采用国密 Solidity 编译器。

非国密版 FISCO BCOS 则主要使用 OpenSSL 进行节点 TLS 握手链接、使用 ECDSA 签名算法进行签名认证、使用 AES-256 加密算法进行数据加密、使用 SHA-256 和 SHA-3 算法进行数据摘要、使用以太坊 Solidity 编译器进行合约编译。

6.3 使用脚本创建账户

FISCO BCOS 提供了脚本和 Java SDK 用于创建账户。用户可以根据需求选择将账户存储为 PEM 或者 PKCS12 格式的文件。其中，PEM 格式使用明文存储私钥，而 PKCS12 使用用户提供的口令加密存储私钥。

6.3.1 获取脚本

使用以下指令获取 get_account. sh 脚本：

```
curl -#LO https://raw.githubusercontent.com/FISCO-BCOS/console/master-2.0/tools/get_account.sh && chmod u+x get_account.sh && bash get_account.sh -h
```

如果因为网络问题而无法下载，改为使用以下指令：

```
curl -#LO https://osp-1257653870.cos.ap-guangzhou.myqcloud.com/FISCO-BCOS/FISCO-BCOS/tools/get_account.sh && chmod u+x get_account.sh && bash get_account.sh -h
```

执行指令后，输出如图 6-3 所示。

```
Usage: get_account.sh
    default        generate account and store private key in PEM format file
    -p             generate account and store private key in PKCS12 format file
    -k [FILE]      calculate address of PEM format [FILE]
    -P [FILE]      calculate address of PKCS12 format [FILE]
    -a             force script to consider the platform is aarch64
    -h Help
```

图 6-3　命令反馈

国密版本使用以下指令：

```
curl -#LO https://raw.githubusercontent.com/FISCO-BCOS/console/master-2.0/tools/get_gm_account.sh && chmod u+x get_gm_account.sh && bash get_gm_account.sh -h
```

国密版本指令执行后，输出如图 6-4 所示。

```
Usage: get_gm_account.sh
    default        generate account and store private key in PEM format file
    -p             generate account and store private key in PKCS12 format file
    -k [FILE]      calculate address of PEM format [FILE]
    -P [FILE]      calculate address of PKCS12 format [FILE]
    -a             force script to consider the platform is aarch64
    -O [OpenSSL]   specify the OpenSSL path, default download TASSL 1.0.2o to local dir ~/.fisco/tassl
    -h Help
```

图 6-4　国密版本命令反馈

6.3.2　使用脚本生成 PEM 格式私钥

使用以下指令生成私钥与地址：

```
bash get_account.sh
```

执行指令后，可以得到类似图 6-5 所示的输出，包括账户地址和以账户地址为文件名的私钥 PEM 文件。

```
root@v-VirtualBox:~/fisco# bash get_account.sh
[INFO] Account Address   : 0xb635b59542e4aff8d48c3e6528a13d2f7a7ebd67
[INFO] Private Key (pem) : accounts/0xb635b59542e4aff8d48c3e6528a13d2f7a7ebd67.pem
[INFO] Public  Key (pem) : accounts/0xb635b59542e4aff8d48c3e6528a13d2f7a7ebd67.pem.pub
```

图 6-5　PEM 账户地址

指定 PEM 私钥文件计算账户地址：

```
bash get_account.sh -k accounts/0xb635b59542e4aff8d48c3e6528a13d2f7a7ebd67.pem
```

输出如图 6-6 所示。

图 6-6 地址计算结果

6.3.3 使用脚本生成 PKCS12 格式私钥

使用以下指令生成私钥与地址：

```
bash get_account. sh -p
```

执行指令后，可以得到类似图 6-7 所示的输出，按照提示输入密码，生成包括账户地址和对应的 . p12 文件。

```
root@v-VirtualBox:~/fisco# bash get_account.sh -p
[INFO] Note: the entered password cannot contain Chinese characters!
Warning: -chain option ignored with -nocerts
Enter Export Password:
Verifying - Enter Export Password:
[INFO] Account Address    : 0x6444a4e6b5ff1ed9805ced38d7b30acc3464b7f9
[INFO] Private Key (p12) : accounts/0x6444a4e6b5ff1ed9805ced38d7b30acc3464b7f9.p12
[INFO] Public  Key (pem) : accounts/0x6444a4e6b5ff1ed9805ced38d7b30acc3464b7f9.pem.pub
```

图 6-7 指令输出

指定 . p12 私钥文件计算账户地址，按提示输入 . p12 文件密码。

```
bash get_account. sh -P accounts/0x6444a4e6b5ff1ed9805ced38d7b30acc3464b7f9. p12
```

执行指令后，输出如图 6-8 所示。

```
root@v-VirtualBox:~/fisco# bash get_account.sh -P accounts/0x6444a4e6b5ff1ed9805ced38d7b30acc3464b7f9.p12
Enter Import Password:
[INFO] Account Address    : 0x6444a4e6b5ff1ed9805ced38d7b30acc3464b7f9
```

图 6-8 用户地址

6.4 账户的使用

在任务三中，介绍了基础区块链的部署以及控制台的配置和启动。控制台在 console 目录下提供了账户生成脚本 get_account. sh 和国密账户生成脚本 get_gm_accounts. sh，生成的账户私钥文件在 accounts 目录下。在启动所有节点生成区块链之后，可以使用指定的账户启动控制台。控制台加载私钥时，需要制订私钥文件。控制台启动方式有以下几种。

默认启动：控制台随机生成一个账户，使用控制台配置文件指定的群组号启动。

```
. /start. sh
```

指定群组号启动：控制台随机生成一个账户，使用命令行指定的群组号启动。

```
. /start. sh groupID
```

使用指定的 PEM 格式私钥文件启动：输入参数，包括群组号、-pem、. pem 文件路径。

```
. /start. sh groupID -pem pemName
. /start. sh 1 -pem accounts/0xb635b59542e4aff8d48c3e6528a13d2f7a7ebd67. pem
```

使用指定的 . p12 格式私钥文件启动：输入参数，包括群组号、-p12、. p12 文件路径。

根据提示输入密码。

```
./start.sh groupID -p12 p12Name
./start.sh 1 -p12 accounts/0x6444a4e6b5ff1ed9805ced38d7b30acc3464b7f9.p12
```

6.5 账户地址的计算

FISCO BCOS 的账户地址由 ECDSA 公钥计算得来，对 ECDSA 公钥的十六进制数表示计算 Keccak-256sum 哈希值，取计算结果后 20 字节的十六进制数作为账户地址，每个字节需要两个十六进制数表示，所以账户地址长度为 40。FISCO BCOS 的账户地址与以太坊兼容。注意，Keccak-256sum 与 SHA-3 不相同。

6.5.1 生成 ECDSA 密钥

首先，使用 OpenSSL 生成椭圆曲线私钥，椭圆曲线的参数使用 secp256k1。执行以下命令，生成 PEM 格式的私钥并保存在 ecprivkey.pem 文件中：

```
openssl ecparam -name secp256k1 -genkey -noout -out ecprivkey.pem
```

执行以下命令，查看文件内容：

```
cat ecprivkey.pem
```

可以看到类似图 6-9 所示的输出。

```
root@v-VirtualBox:~/fisco/console# openssl ecparam -name secp256k1 -genkey -noout -out ecprivkey.pem
root@v-VirtualBox:~/fisco/console# cat ecprivkey.pem
-----BEGIN EC PRIVATE KEY-----
MHQCAQEEIEf1kgr/C3Sf1ahcrpSH/U+/aGAhgxMTfewS8OzpeRSVoAcGBSuBBAAK
oUQDQgAEwVMofOsGjbgWIBzlncEe5tbnTBjcud4vZp2Tu5AU01l0lWHgfm9I24aC
/A29mgIF+rVQmOiXVe+DFMFP8KcTsw==
-----END EC PRIVATE KEY-----
```

图 6-9　PEM 私钥

根据私钥计算公钥，执行以下命令：

```
openssl ec -in ecprivkey.pem -text -noout 2>/dev/null| sed -n '7,11p' | tr -d ": \n" | awk '{print substr
($0,3);}'
```

得到类似如图 6-10 所示的输出。

```
root@v-VirtualBox:~/fisco/console# openssl ec -in ecprivkey.pem -text -noout
2>/dev/null| sed -n '7,11p' | tr -d ": \n" | awk '{print substr($0,3);}'
c153287ceb068db816201ce59dc11ee6d6e74c18dcb9de2f669d93bb9014d359749561e07e6f4
8db8682fc0dbd9a0205fab55098e89755ef8314c14ff0a713b3
```

图 6-10　公钥

6.5.2 根据公钥计算地址

根据公钥计算对应的账户地址需要获取 Keccak-256sum 工具。使用以下命令下载：

```
wget https://github.com/vkobel/ethereum-generate-wallet/blob/master/lib/i386/keccak-256sum
```

得到图 6-11 所示的输出。

```
root@v-VirtualBox:~/fisco/console# wget https://github.com/vkobel/ethereum-generate-wallet/blob/master/lib/i38
6/keccak-256sum
--2024-03-21 17:21:21--  https://github.com/vkobel/ethereum-generate-wallet/blob/master/lib/i386/keccak-256sum
Resolving github.com (github.com)... 20.205.243.166
Connecting to github.com (github.com)|20.205.243.166|:443... connected.
HTTP request sent, awaiting response... 200 OK
Length: 4306 (4.2K) [text/plain]
Saving to: 'keccak-256sum'

keccak-256sum       100%[================>]   4.21K  --.-KB/s    in 0s

2024-03-21 17:21:27 (15.4 MB/s) - 'keccak-256sum' saved [4306/4306]
```

图 6-11　Keccak-256sum 下载

使用以下命令计算地址：

```
openssl ec -in ecprivkey. pem-text -noout 2>/dev/null| sed -n7,11p'| tr -d ": \n" | awk {print substr( $ 0,
3);}| . /keccak-256sum -x -l | tr -d-| tail -c 41
```

得到图 6-12 所示的输出。

```
dcc703c0e500b653ca82273b7bfad84jv9gn4fjt
```

图 6-12　计算所得账户地址

6.6 使用 WeBASE 开发第一个智能合约

经过前面任务的学习，已经完成了 WeBASE-Front 的搭建和启动。本节将在其基础上使用 WeBASE-Front 进行第一个智能合约 HelloWorld 的开发。

6.6.1 编写 HelloWorld 智能合约

打开 Ubuntu 终端，使用以下命令启动各节点：

```
bash /root/fisco/nodes/127. 0. 0. 1/start_all. sh
```

执行结果如图 6-13 所示。

```
root@blockchain-virtual-machine:~# bash /root/fisco/nodes/127.0.0.1/start_all.sh
try to start node0
try to start node1
try to start node2
try to start node3
try to start node4
try to start node5
try to start node6
try to start node7
 node2 start successfully
 node3 start successfully
 node6 start successfully
 node1 start successfully
 node0 start successfully
 node5 start successfully
 node7 start successfully
 node4 start successfully
root@blockchain-virtual-machine:~#
```

图 6-13　启动节点

进入 WeBASE 主目录，使用以下命令启动 WeBASE-Front：

```
bash start. sh
```

执行结果如图 6-14 所示。

```
root@blockchain-virtual-machine:~# cd webase-front
root@blockchain-virtual-machine:~/webase-front# bash start.sh
==============================================================================================
Server com.webank.webase.front.Application Port 5002 ...PID(3024) [Starting]. Please check message through the log file (default pat
h:./log/).
==============================================================================================
root@blockchain-virtual-machine:~/webase-front#
```

图 6-14　启动 WeBASE-Front

启动后打开浏览器，输入网址 http://localhost:5002/WeBASE-Front 访问 WeBASE-Front，如图 6-15 所示。

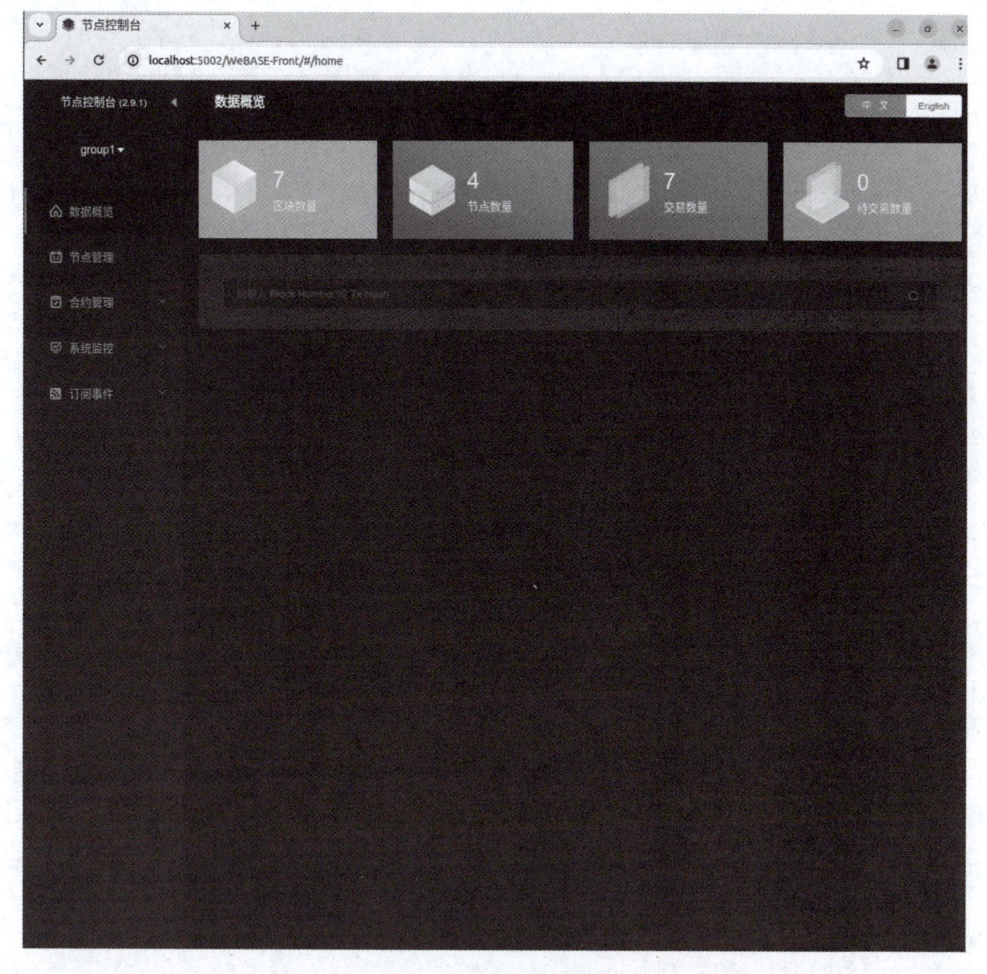

图 6-15　启动浏览器

选择左侧菜单栏中的“合约管理”→“合约 IDE”，新建一个 Solidity 合约文件，并命名为 HelloWorld. sol。

在文件中编写如下代码：

```
1. pragma solidity ^0. 6. 0;
2.
3. /**
4.   * HelloWorld 智能合约
5.   */
6. contract HelloWorld {
7.     //合约变量
8.     string public message;
9.     /**
10.      * 构造函数
11.      */
12.     constructor() {
13.         //初始化合约变量
14.         message="Hello, World!";
15.     }
16.     /**
17.      * 设置合约变量值
18.      *
19.      * @param newMessage 新的合约变量值
20.      */
21.     function set(string memory newMessage) public {
22.         //设置合约变量值
23.         message=newMessage;
24.     }
25.     /**
26.      * 获取合约变量值
27.      *
28.      * @return 合约变量值
29.      */
30.     function get() public view returns(string memory) {
31.         //返回合约变量值
32.         return message;
33.     }
```

合约中包含两个函数：set 和 get。set 函数用于设置合约变量 message 的值；get 函数用于获取合约变量 message 的值。

6. 6. 2 创建测试用户

WeBASE 提供了一键创建测试用户的功能，方便开发者快速测试合约和应用。本小节将使用 WeBASE 创建用户，用于对 HelloWorld 的测试。

选择左侧菜单栏中的“合约管理”→“测试用户”，WeBASE-Front 为开发人员提供了

“新增用户”和“导入私钥”两种创建测试人员的方法，如图 6-16 所示。单击“新增用户”按钮，输入测试用户名，如图 6-17 所示，单击“确定”按钮，即可在当前页面查看到测试用户的公钥、地址等信息，如图 6-18 所示。

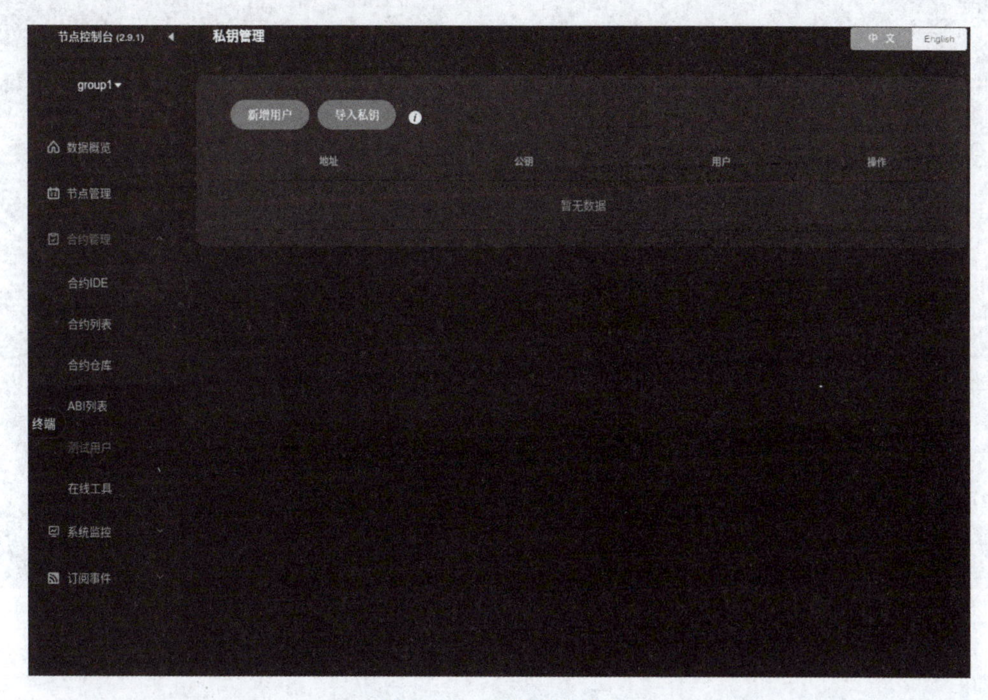

图 6-16　选择测试用户

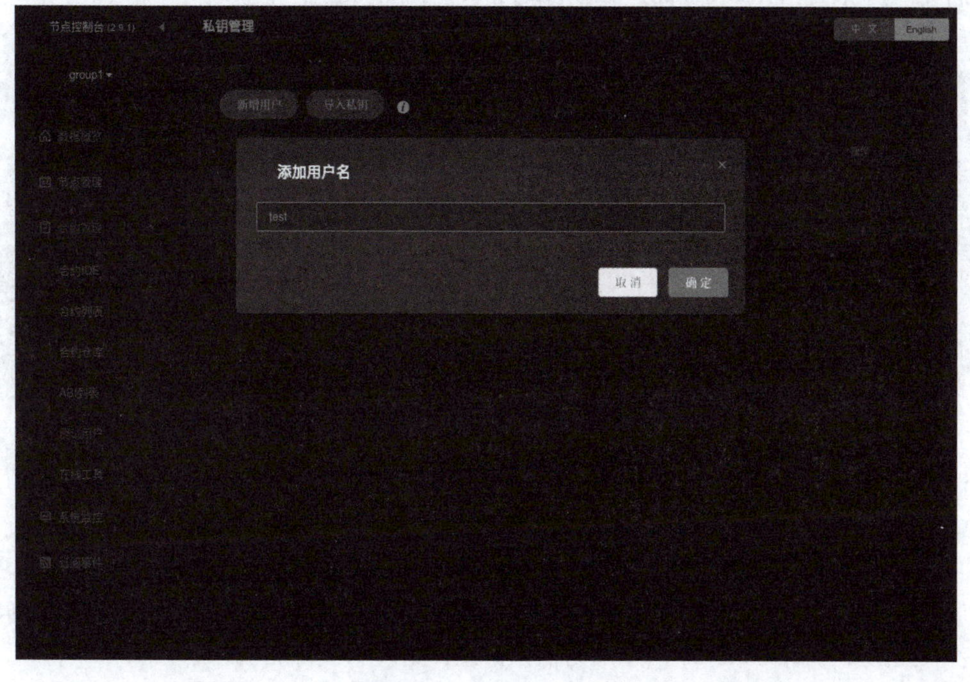

图 6-17　创建测试用户

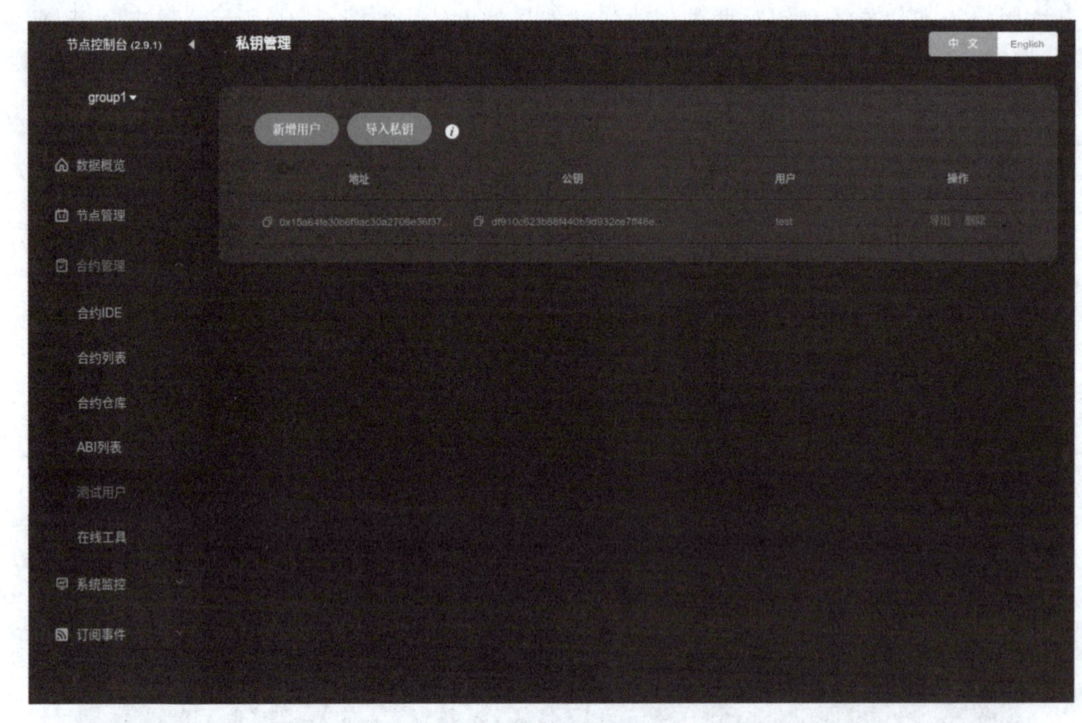

图 6-18　查看用户信息

6.6.3　部署和调用 HelloWorld 智能合约

回到合约 IDE，单击“编译”按钮，编译合约，如图 6-19 所示。

HelloWorld.sol　　保存　编译　部署　合约调用　导出java文件　SDK证书下载　导出java项目

```
pragma solidity ^0.6.10;

contract HelloWorld{
    string message;
    constructor() public {
        message = "HelloWorld";
    }
    function get() public view returns (string memory){

        return message;

    }

    function set(string memory newMessage) public{

        message = newMessage;

    }
}
```

图 6-19　编译

单击“部署”按钮，选择已经创建的测试用户，部署合约，如图 6-20 所示。

单击“合约调用”按钮，如图 6-21 所示。选择方法 get，即可收到交易回执信息“HelloWorld”，如图 6-22 所示。

重新调用合约，选择方法 set，在“参数”栏输入想要传入的信息，如图 6-23 所示。

若收到图 6-24 和图 6-25 所示交易回执信息，则表示执行成功。

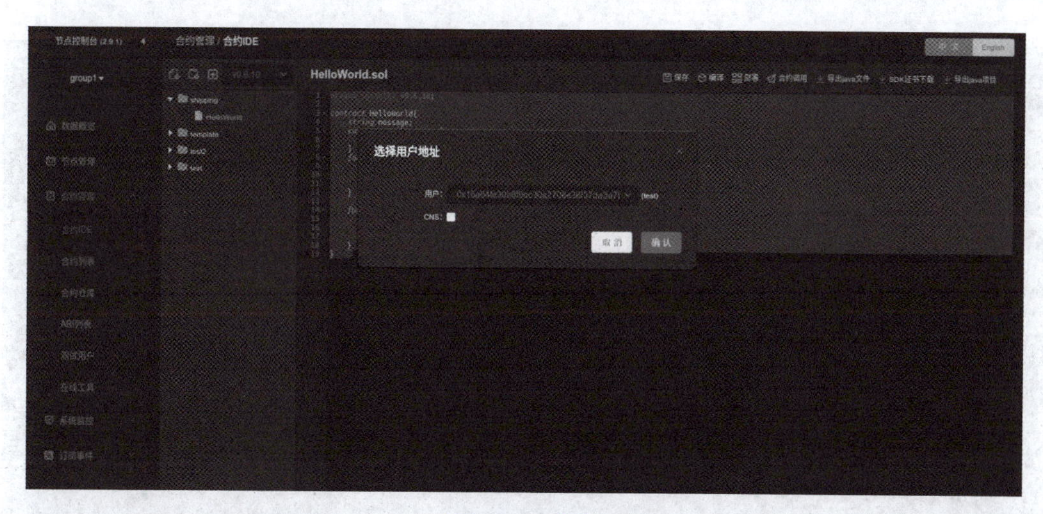

图 6-20　部署

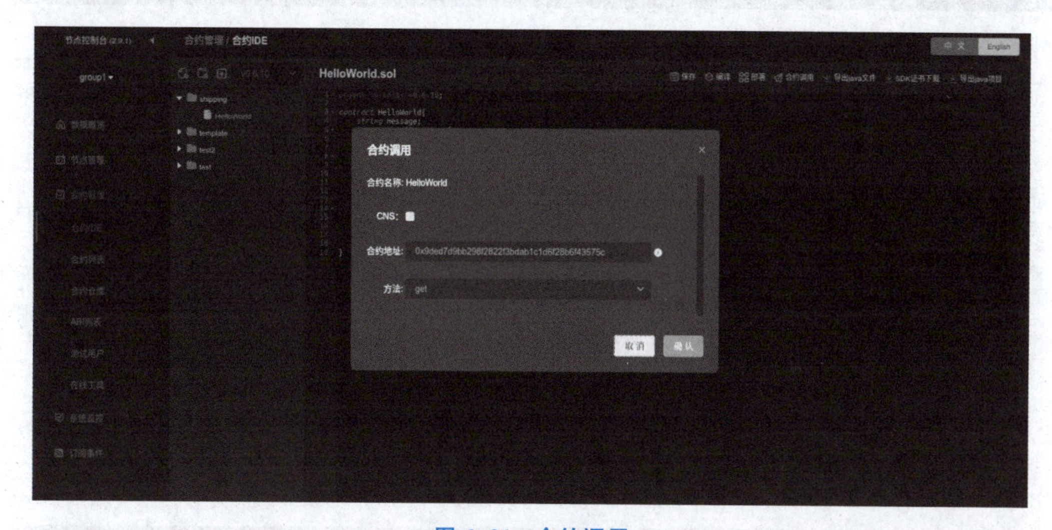

图 6-21　合约调用

图 6-22　交易回执

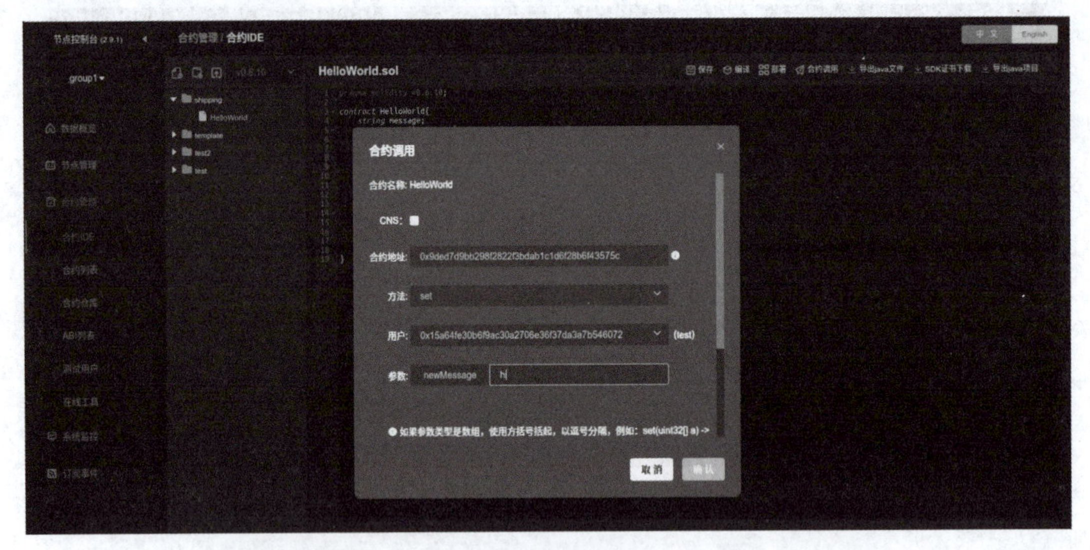

图 6-23　重新调用

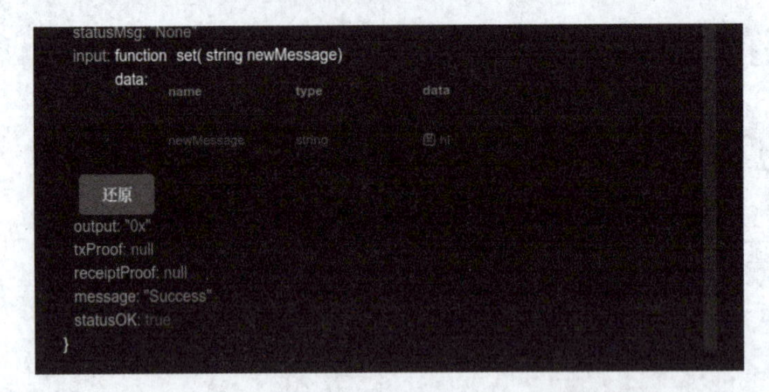

图 6-24　回执 1

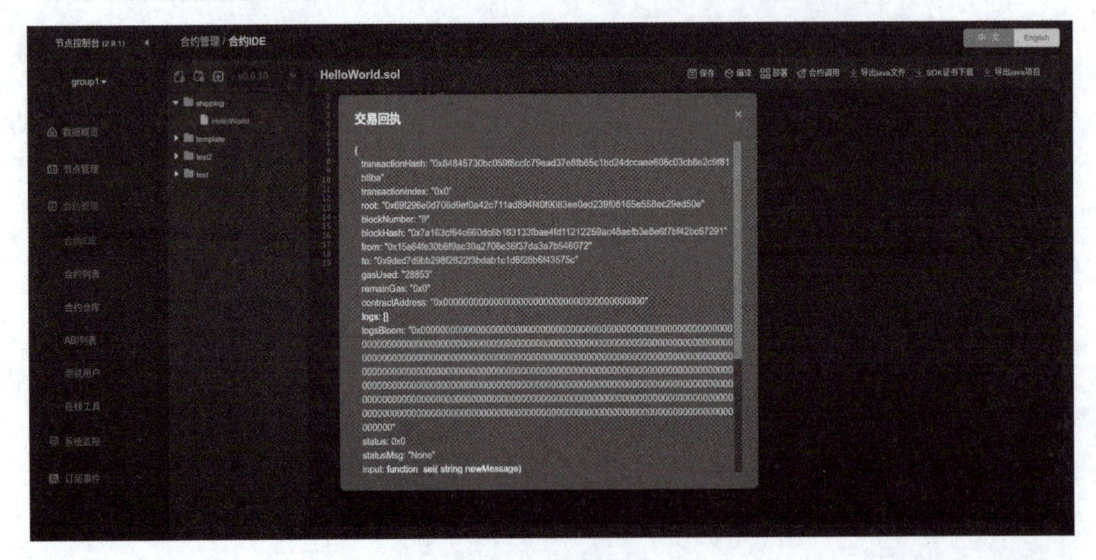

图 6-25　回执 2

任务总结

本任务开篇详细阐述了账户的基本概念，包括如何创建和如何有效使用账户，并深入讲解了通过脚本创建多种格式私钥的方法。随后，本任务进一步介绍了账户使用命令的规范及账户地址的计算方式，旨在为读者提供全面而系统的账户操作指南。此外，本任务还重点介绍了在 WeBASE 平台上进行开发、部署及调用的流程与方法。以 HelloWorld 智能合约为例，详细展示了在 WeBASE 平台上的实际操作流程，为读者提供了实践经验。

课后习题

任务六课后题答案

简答题：

1. 简述区块链中账户的概念。
2. 在 FISCO BCOS 区块链中，需要下载什么工具去计算账户地址？

操作题：

1. 启动 FISCO BCOS 区块链。
2. 使用脚本创建一个 PKCS12 格式私钥。
3. 部署并调用 HelloWorld 智能合约。

任务评价 6

本课程采用以下三种评分方式，最终成绩由三项加权平均得出：

1. 自我评价：根据下表中的评分要求和准则，结合学习过程中的表现进行自我评价。
2. 小组互评：小组成员之间互相评价，以小组为单位提交互评结果。
3. 教师评价：教师根据学生的学习表现进行评价。

<table>
<tr><th rowspan="2">评价指标</th><th rowspan="2">评分标准</th><th colspan="3">评价</th><th rowspan="2">等级</th></tr>
<tr><th>自我评价</th><th>小组互评</th><th>教师评价</th></tr>
<tr><td rowspan="5">知识掌握</td><td>优秀：能够全面理解和掌握任务资源的内容，并能够灵活运用解决实际问题</td><td rowspan="5"></td><td rowspan="5"></td><td rowspan="5"></td><td rowspan="5"></td></tr>
<tr><td>良好：能够基本掌握任务资源的内容，并能够基本运用解决实际问题</td></tr>
<tr><td>中等：能够掌握课程的大部分内容，并能够部分运用解决实际问题</td></tr>
<tr><td>及格：能够掌握任务资源的基本内容，并能够简单运用解决实际问题</td></tr>
<tr><td>不及格：未能掌握任务资源的基本内容，无法运用解决实际问题</td></tr>
<tr><td rowspan="2">技能应用</td><td>优秀：能够熟练运用任务资源所学技能解决实际问题，并能够提出改进建议</td><td rowspan="2"></td><td rowspan="2"></td><td rowspan="2"></td><td rowspan="2"></td></tr>
<tr><td>良好：能够熟练运用任务资源所学技能解决实际问题</td></tr>
</table>

续表

评价指标	评分标准	评价			等级
		自我评价	小组互评	教师评价	
技能应用	中等：能够基本运用任务资源所学技能解决实际问题				
	及格：能够部分运用任务资源所学技能解决实际问题				
	不及格：无法运用任务资源所学技能解决实际问题				
学习态度	优秀：积极主动，认真完成学习任务，并能够帮助他人				
	良好：积极主动，认真完成学习任务				
	中等：能够完成学习任务				
	及格：基本能够完成学习任务				
	不及格：不能按时完成学习任务，或学习态度不端正				
合作精神	优秀：能够有效合作，与他人共同完成任务，并能够发挥领导作用				
	良好：能够有效合作，与他人共同完成任务				
	中等：能够与他人合作完成任务				
	及格：基本能够与他人合作完成任务				
	不及格：不能与他人合作完成任务				

结合老师、同学的评价及自己在学习过程中的表现，总结自己在本工作领域的主要收获和不足，进行自我评价。

(1) ____________________

(2) ____________________

(3) ____________________

(4) ____________________

教师评语

任务七

货运追踪区块链应用开发

任务导读

本任务从需求分析入手，首先分析将要开发的智能合约的需求，然后由浅入深地完成智能合约的开发，最后完成智能合约的调用部署及使用。

学习目标	（1）掌握货物追踪系统智能合约的开发方法 （2）掌握货物追踪智能合约的调用部署及使用
技能目标	能完成货物追踪智能合约的开发
素养目标	培养创新思维和创业精神，增强学生的科技素养和跨学科能力
教学重点	（1）智能合约的开发 （2）智能合约的调用 （3）智能合约的部署与使用
教学难点	智能合约的开发

任务工作单 7

任务序号	7	任务名称	货运追踪区块链应用开发
计划学时		学生姓名	
实训场地		学号	
适用专业	计算机大类	班级	
考核方案	实践操作	实施方法	理实一体
日期		任务形式	□个人/□小组
实训环境	虚拟机 VMware Workstation 17、Ubuntu 操作系统		
任务描述	通过使用 Remix IDE 搭建一个货物追踪区块链应用，锻炼学生的 Solidity 智能合约开发和测试能力，并且通过编写不同的函数来满足程序需求。		

一、任务分解

1. 智能合约的编写。
2. 智能合约在 Remix IDE 环境中的部署、调试和运行。

二、任务实施

1. 打开 Remix IDE 平台。

2. 新建工作台。

3. 新建智能合约。

续表

4. 编写智能合约。

5. 创建模拟账户。

6. 编译和部署智能合约。

7. 发送交易。

三、任务资源（二维码）

教学方案——任务七

任务操作微视频

7.1 货运追踪系统需求分析

基于区块链技术公开透明、难以篡改、集体维护和去中心化的主要特性，将区块链技术引入传统货运追踪系统，将改进传统系统的以下几个方面。

① 提高货运信息的透明度和可信度：传统的货运追踪系统通常由物流公司自行管理，信息存在孤岛现象，缺乏透明度和可信度。区块链技术的去中心化、不可篡改等特性可以有效解决这一问题，提高货运信息的透明度和可信度，让所有参与者都能实时查看货物的运输情况。

② 降低货运成本：简化货运信息的传递和验证流程，减少人工操作，提高效率，降低货运成本。

③ 提高货运安全：区块链技术的不可篡改特性可以确保货运信息的真实性和完整性，提高货运安全性，降低货物被盗窃或损坏的风险。

④ 满足监管要求：随着全球贸易的发展，各国对货运安全的监管要求也越来越严格。区块链技术可以帮助物流企业满足监管要求，提高合规性。

⑤ 促进供应链协作：帮助供应链中的所有参与者共享信息，提高协作效率，降低供应链风险。

⑥ 满足消费者需求：随着消费者对产品溯源需求的不断增长，区块链技术可以帮助企业提供更加透明的产品溯源信息。

综上所述，引入区块链技术的货运追踪系统具有广阔的市场前景。随着区块链技术的不断发展和成熟，此类系统将在货运行业得到越来越广泛的应用。

任务目标：使用 Remix IDE 搭建一个货物追踪区块链应用。应用应实现以下功能：

① 卖家部署合约，并将自身地址注册为卖家。

② 卖家添加货物，并设置货物库存。系统自动生成一个包括货物编号、名称和库存数量的列表。卖家可以通过执行函数管理货物的库存量。

③ 卖家将买家的地址注册成为买家。系统自动生成一个包括买家编号、地址和总订单数的列表。

④ 买家注册成功之后，执行订单函数，输入自己的买家编号、想要订购的货物编号和订购数量来生成订单。

⑤ 卖家确认订单，发货之后将订单标记为已发货（shipped）。

⑥ 买家确认收货，将订单标记为已完成（finished）。

完整的合约执行过程为：

卖家部署合约—卖家添加货物—卖家注册买家—买家创建订单—卖家将订单标记为已发货—买家将订单标记为已完成。

7.2 使用 Remix IDE 开发货运追踪区块链应用

Remix IDE 是一款基于浏览器的集成开发环境（IDE），如图 7-1 所示，用于开发和部署以太坊智能合约。Remix IDE 是一个开源项目，由 ConsenSys 开发和维护。本节将介绍 Remix IDE 的主要功能、网站界面和基本操作，并且搭建一个简单的货运追踪区块链应用。

Rmix IDE 的主要功能包括：

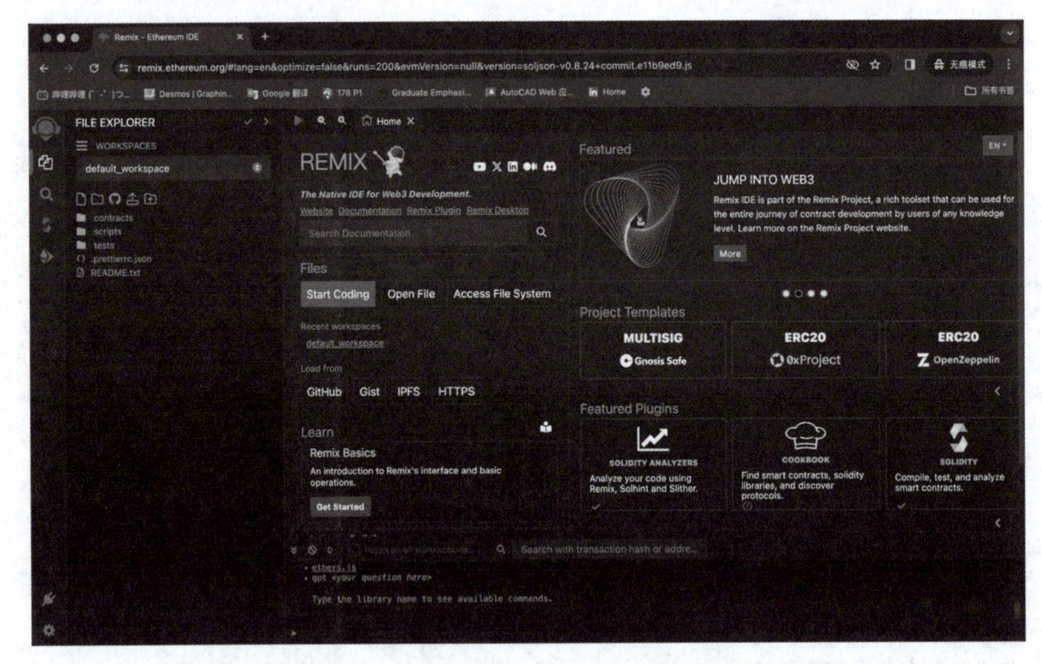

图 7-1　Remix IDE 主界面

代码编辑器：Remix IDE 提供了一个代码编辑器，用于编写 Solidity 智能合约代码。代码编辑器支持语法高亮、自动补全和错误检查等功能，如图 7-2 所示。

```
Home    1_Storage.sol
1   // SPDX-License-Identifier: GPL-3.0
2
3   pragma solidity >=0.8.2 <0.9.0;
4
5   /**
6    * @title Storage
7    * @dev Store & retrieve value in a variable
8    * @custom:dev-run-script ./scripts/deploy_with_ethers.ts
9    */
10  contract Storage {
11
12      uint256 number;
13
14      /**
15       * @dev Store value in variable
16       * @param num value to store
17       */
18      function store(uint256 num) public {
19          number = num;
20      }
21
22      /**
23       * @dev Return value
24       * @return value of 'number'
25       */
26      function retrieve() public view returns (uint256){
27          return number;
28      }
29  }

0   listen on all transactions   Search with transaction hash or addre...
• ethers.js
• gpt <your question here>
  Type the library name to see available commands.
>
```

图 7-2　Remix IDE 提供的代码编辑器和命令执行窗口

编译器：Remix IDE 可以将 Solidity 智能合约代码编译成字节码。字节码是可以在以太坊虚拟机（EVM）上运行的代码。由于 Remix IDE 是基于浏览器的线上编辑环境，编译器可支持所有的 Solidity 语言版本，如图 7-3 所示。

调试器：Remix IDE 提供了一个调试器，用于调试智能合约代码。调试器允许测试者设置断点，检查变量和调用函数，如图 7-4 所示。

部署和执行：在 Remix IDE 中部署和执行智能合约时，可以选择将智能合约部署到不同的环境中。用户可以选择将智能合约部署到 Remix IDE 提供的沙盒区块链（Remix VM）的某一个分叉（fork）上，或者通过提供 URL 将 Remix 链接到一个远程节点并部署和执行智能合约，如图 7-5 所示。

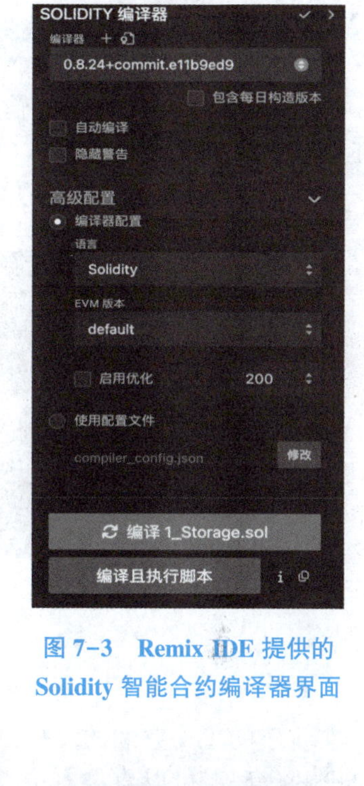

图 7-3　Remix IDE 提供的 Solidity 智能合约编译器界面

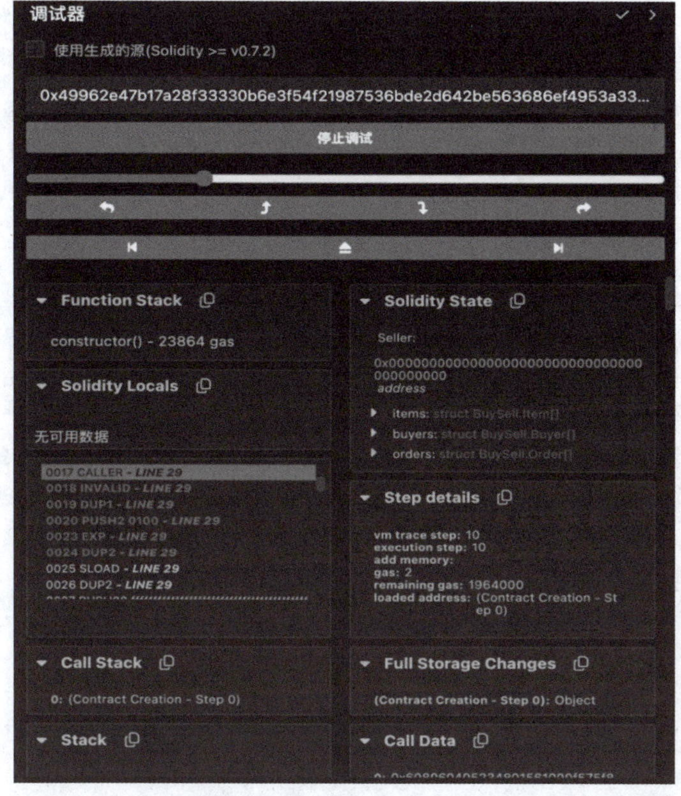

图 7-4　Remix IDE 提供的调试器界面

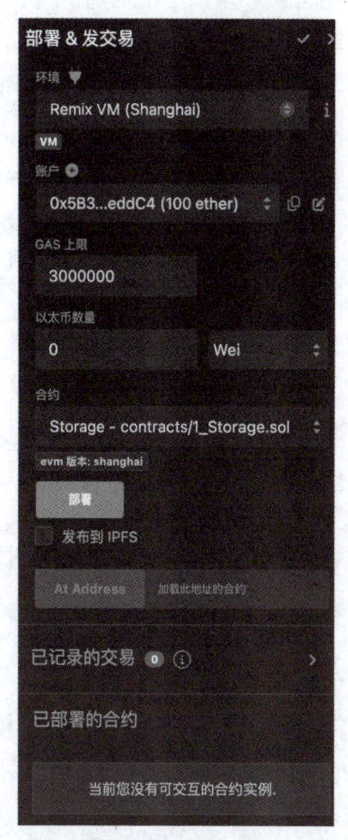

图 7-5　Remix IDE 提供的智能合约部署和执行界面

7.2.1 在 Remix IDE 中创建工作空间和智能合约文件

首先，在浏览器地址栏中输入 https://remix.ethereum.org/进入 Remix IDE 主页。单击左侧工具栏中的“文件浏览器”（File Explorer）图标。在“工作空间操作”中，新建工作空间，选择“基础”，单击“确认”按钮，如图 7-6 所示。

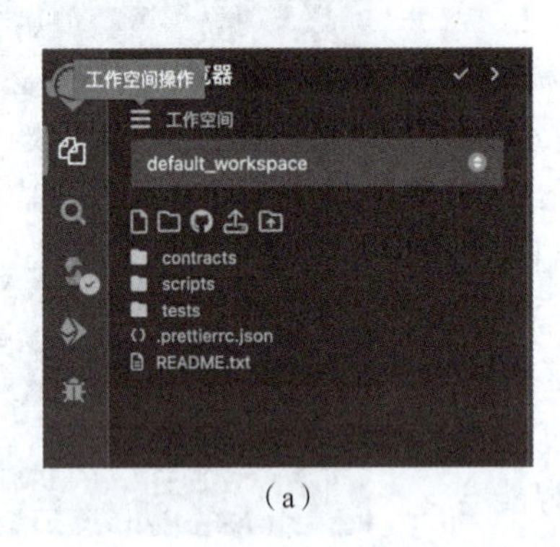

(a)

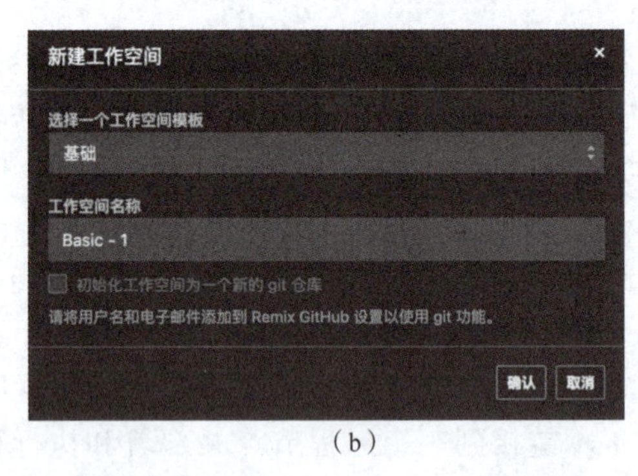

(b)

图 7-6 新建基础工作空间

(a) 工作空间操作；(b) 新建基础工作空间

在新建的工作空间的文件浏览器 contracts 文件夹中，已经存在三个预设的实例 Solidity 智能合约代码，可以直接右击，选择“删除”，或者不理会，不会影响后续智能合约代码编写。

右击 contracts 文件夹，可以在该文件夹下新建一个文件。将文件命名为 zhuizong.sol，新建一个 Solidity 智能合约文件。单机回车，右侧将会打开代码编辑器，显示 zhuizong.sol 的内容，即可开始编写智能合约程序。

在代码编辑器中，输入以下两行代码：

```
// SPDX- License- Identifier: MIT
pragma solidity ^0. 8. 0;
```

其中，第一行注释中的 SPDX-License-Identifier 代表引入 SPDX 许可证。使用 Solidity 0.6.0 以上版本时，如果不引入许可证，将会出现警告。

pragma solidity 语句声明了本智能合约使用的 Solidity 语言版本并设定 Solidity 编译器版本，^0.8.0 代表需要 0.8.0 以上版本的 Solidity 编译器来编译该智能合约。

在下一行中，正式开始编写合约（contract）：

```
contract BuySell{
}
```

其中，contract 后的 BuySell 为可自定义的合约名称。注意，之后所有的合约代码都要编写在两个大括号中间插入的空行中。

7.2.2 使用 struct 创建对象

为了使卖家可以方便地管理货物、订单和买家，可以在智能合约中创建三个 struct 类来集成货物、订单和买家的信息。

货物 struct：

```
struct Item{
    uint ItemId;
    string name;
    uint amount;
}
```

其中，ItemId 代表货物的编号；name 代表货物名称；amount 代表货物的现有库存数量。

买家 struct：

```
struct Buyer{
    uint BuyerId;
    address BuyerAddress;
    bool isBuyer;
    uint OrderCount;
}
```

其中，BuyerId 代表买家编号；BuyerAddress 代表买家的地址（区块链中的用户地址）；isBuyer 代表该地址是由卖家认证的买家，可以进行下单操作；OrderCount 为该买家下订单的总数。

订单 struct：

```
struct Order{
    uint OrderId;
    uint BuyerId;
    uint ItemId;
    uint amount;
    bool Shipped;
    bool Finished;
}
```

7.2.3 建立对象列表

完成编写货物、买家和订单的 struct 之后，创建三个空列表：items、buyers、orders，分别代表货物、买家和订单列表。

```
Item[] private items;
Buyer[] private buyers;
Order[] private orders;
```

添加货物、注册买家、创建订单时，将自动把新注册的货物、买家和订单添加到对应列表的最后。

7.2.4 使用 constructor 函数初始化合约

每个智能合约中最多只能有一个 constructor 函数。当智能合约被部署时，constructor 函数中的内容将被自动执行。本任务中，使用 constructor 函数的主要目的是将部署智能合约的账号初始化为卖家账号，因此，先新建一个 address 地址变量，然后在 constructor 函数中使这个变量等于部署智能合约的账号的地址。

```
address public Seller;
constructor() {
    Seller=msg. sender;
}
```

其中，msg. sender 代表部署该合约的账号的地址。

7. 2. 5　添加创建货物函数

使用 function 创建函数，将函数命名为 createItem，并要求调用者输入货物名称_name 和库存数量_quantity。在大括号中编写：

```
function createItem(string memory _name, uint _quantity) public {
    require(msg. sender= =Seller, "Only Seller can add item. ");
    items. push(Item(items. length, _name, _quantity));
}
```

由于只有卖家可以添加货物，需要加入一行 require 函数来限制函数的调用者（账号）。根据前文中设定的 Seller 变量，只有当调用函数的账号是卖家的账号时，函数才会被执行，否则，将会报错并显示逗号后的信息“Only Seller can add item. ”。

确认调用函数的账号是卖家之后，函数将货物列表的长度（新加入的货物将自动被放在货物列表的最后一位，所以货物列表的长度就是货物编号）、货物名称、库存数量编成一个前文中设置好的 Item，并且将此 Item 加入 items 列表中。

7. 2. 6　添加注册买家函数

在本智能合约中，买家的 struct 结构和货物的 struct 结构类似，编写的函数如下：

```
function regBuyer(address _address)public{
    require(msg. sender= =Seller, "Only Seller can add buyer. ");
    buyers. push(Buyer(buyers. length, _address, true, 0));
}
```

其中，同样利用 require 函数。要求函数调用者的账号必须是卖家账号，否则，系统将报错。买家 struct 下的（buyers. length, _address, true, 0）则分别代表：

```
    BuyerId=buyers. length;
    BuyerAddress=_address;
    isBuyer=True;
OrderCount=0;
```

分别对应前文中编写的 struct Buyer 下的内容。

7. 2. 7　添加货物库存管理函数

在本智能合约中，卖家将可以通过调用函数来增加、减少或直接更新某件商品的库存数

量，可通过以下三个函数实现。三个函数都只需要卖家输入货物的编号和增加/减少/更新的库存量。

```
function increaseItemQuantity(uint _id, uint _increaseBy) public {
    require(msg. sender= =Seller, "Only Seller can manage items");
    require(_id < items. length, "Item does not exist. ");
    items[_id]. amount += _increaseBy;
}
function decreaseItemQuantity(uint _id, uint _decreaseBy) public {
    require(msg. sender= =Seller, "Only Seller can manage items");
    require(_id < items. length, "Item does not exist. ");
    require(items[_id]. amount >= _decreaseBy, "Quantity would become negative. ");
    items[_id]. amount - = _decreaseBy;
}
function updateItemQuantity(uint _id, uint _newQuantity) public {
    require(_id < items. length, "Item does not exist. ");
    require(msg. sender= =Seller, "Only Seller can manage items");
    items[_id]. amount= _newQuantity;
}
```

在 increaseItemQuantity、decreaseItemQuantity 和 updateItemQuantity 三个函数中，分别使用了增加、减少和直接赋值的方法来修改已有货物列表中的货物库存量。相同地，这三个函数中也加入了 require 函数来确定函数调用人的账号身份，并且额外加入了一个判断货品是否存在和一个货品库存是否会变成负数（货品数量减量不应大于当前库存量）的函数。require 函数判断通过后，函数将自动修改列表 Items 中对应货物的库存量。

7.2.8 添加查询函数

使用 Solidity 编写智能合约时，可直接使用 return 函数输出整个列表。因此，可直接利用 return 函数实现对货物库存、买家列表和订单列表的调用查询。

```
function getAllItems() public view returns(Item[] memory) {
    return items;
}
function getAllBuyers() public view returns (Buyer[] memory) {
    return buyers;
}
function getAllOrders() public view returns (Order[] memory) {
    return orders;
}
```

也可以通过在调用函数时输入想要查询的订单编号使函数返回列表中指定位置的某一个元素，来实现查询指定订单的状态。

```
function getOrderStatus(uint _id) public view returns (Order memory) {
    return orders[_id];
}
```

7.2.9 添加创建订单函数

根据程序设计，创建订单的动作应该由买家完成，因此，在函数中添加了判断调用人账号为买家的 require 函数。同时，也添加了判断货物和买家编号是否存在的函数。判断通过后，函数将创建对应的订单 struct 并且更新买家的资料（买家 struct 下的订单总数）。

```
function createOrder(uint _buyerId, uint _id, uint _quantity) public{
    require(_id < items. length, "Item does not exist. ");
    require(_buyerId < buyers. length, "User does not exist. ");
    require(msg. sender==buyers[_buyerId]. BuyerAddress, "Only Buyer can place order. ");
    buyers[_buyerId]. OrderCount +=1;
    orders. push(Order(orders. length, _buyerId, _id, _quantity, false, false));
}
```

订单 struct 生成后，使用 push 函数将生成的订单加入之前生成的订单列表的末尾。订单 struct 下的（orders. length,_buyerId,_ItemId,_quantity,false,false）则分别代表：

```
OrderId=orders. length;
BuyerId=_buyerId;
ItemId=_ItemId;
amount=_quantity;
Shipped=false;
finished=false;
```

分别对应前文中创建的订单 struct。

7.2.10 创建发货函数

当订单被创建后，卖家将可以通过查询函数确认订单需求并且发货。本任务仅模拟卖家已经完成发货并在区块链货运追踪应用中将指定订单标记成已发货（shipped）状态。以下函数将被调用：

```
function shipOrder(uint _OrderId) public{
    require(msg. sender==Seller, "Only Seller can modify orders. ");
    decreaseItemQuantity(orders[_OrderId]. ItemId, orders[_OrderId]. amount);
    orders[_OrderId]. Shipped=true;
}
```

此函数依然要求调用者账号为卖家账号，并且需要卖家提供订单编号。卖家调用此函数后，对应货物的库存量将通过前文中编写的较少库存数量函数更新，对应订单 struct 下的 Shipped 变量将被修改为 true，表示已经发货，等待买家确认收货。

7.2.11 创建确认收货函数

当买家收到货物之后，可以调用确认收货函数将订单标记为已完成。

```
function recieveOrder(uint _BuyerId, uint _OrderId) public{
    require(_BuyerId==orders[_OrderId]. BuyerId, "Wrong user. ");
```

```
        require(orders[_OrderId]. Shipped= =true, "Order not shipped yet. ");
        require(msg. sender= =buyers[_BuyerId]. BuyerAddress, "Only Buyer can finish order. ");
        orders[_OrderId]. Finished=true;
    }
```

相似地，确认收货函数中验证了买家的身份和地址，并且确认了订单已被卖家标记为已发货。买家调用函数时，被要求输入自己的买家编号和订单编号；调用函数后，将订单列表中对应的订单的状态修改成已完成（finished）。至此，一个单独的订单收发循环结束。

7.3　货运追踪区块链应用的使用

本节将介绍使用 Remix IDE 编译、部署和执行在 7.2 节中编写的货物追踪智能合约代码 zhuizong. sol。

首先，在 Remix IDE 界面左侧的工具栏中找到 Solidity 编译器并单击进入，如图 7-7 所示。

在编译器界面中，选择适配的编译器版本。本任务的智能合约代码对 Solidity 编译器版本的要求为 0. 8. 0 以上，可直接选择最新的编译器版本，如图 7-8 所示。

图 7-7　Remix IDE 工具栏中的 Solidity 编译器图标

图 7-8　选择符合要求的编译器版本

单击下方的“编译”按钮，编译器将自动编译刚刚编写的智能合约代码 zhuizong. sol（也可以使用快捷键 Ctrl+S 进行编译），如图 7-9 所示。

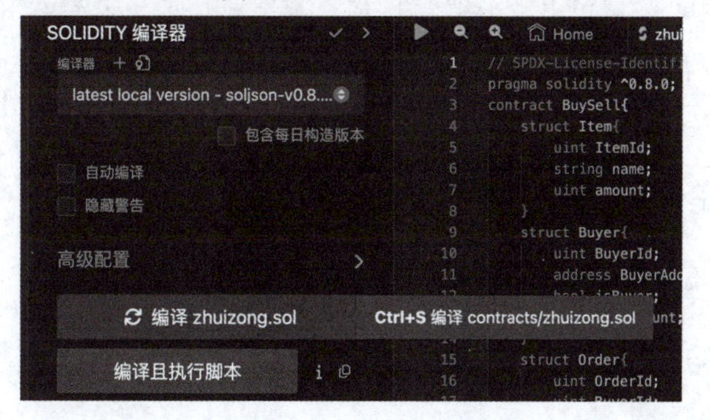

图 7-9　编译 zhuizong. sol 文件

若编译成功，左侧工具栏中的 Solidity 编译器图标将改变，若有报错，将在编译器下方显示并弹出调试器模块，如图 7-10 所示。

编译成功之后，在左侧工具栏中找到“部署 & 发交易”模块，如图 7-11 所示。

图 7-10　编译成功并且可将智能合约发布

图 7-11　“部署 & 发交易”面板

在环境中，选择“Remix VM(shanghai)”即可。

每次使用时，Remix IDE 都会自动生成 15 个模拟账户地址供测试者使用。在本智能合约中，共需要一个卖家账户和若干个买家账户。单击账户地址右侧的“复制”图标可以将账户的地址复制到剪贴板。

在单击“部署”按钮将智能合约部署上链前，需要确认选择的账户是设定的卖家账户，合约部署后，该账户将被 constructor 函数自动设定为唯一的卖家。

选择第一个账户，然后单击“部署”按钮。部署成功后，界面右下部分的命令窗口将会返回信息，如图 7-12 所示。

同时，在“部署 & 发交易”面板下方可以看到已部署的合约，单击右侧箭头，展开编写在该合约中的所有函数，如图 7-13 所示。

根据前文中设定的交易流程，首先以卖家身份登记货物和库存。本任务中模拟一个有三种货物库存的场景，见表 7-1。

在 createItem 函数后的空格中分三次输入：

```
Huowu_1, 10000
Huowu_2, 10000
Huowu_3, 10000
```

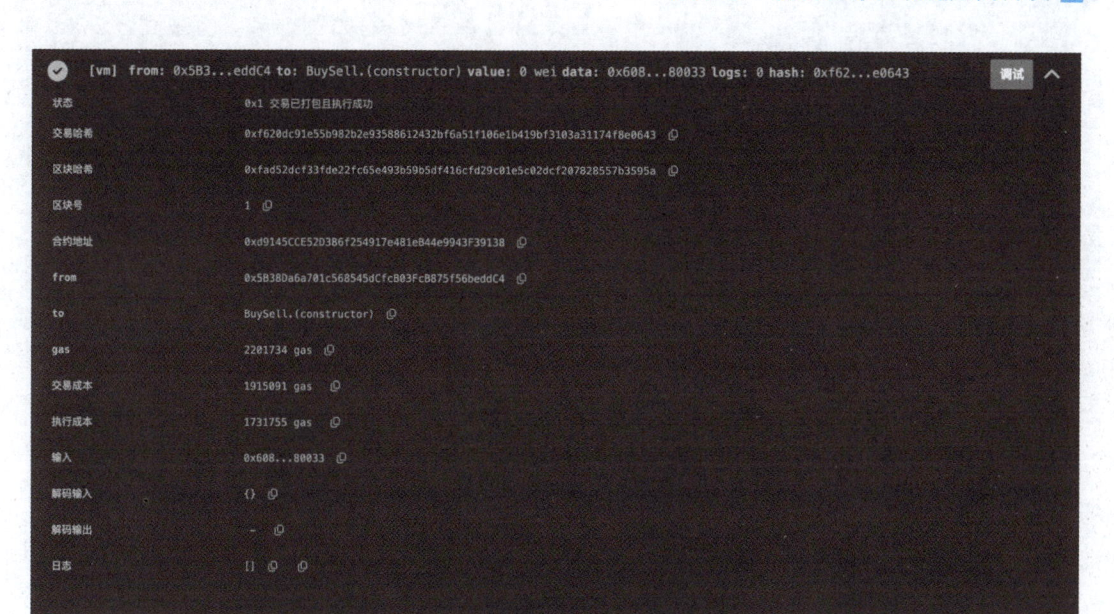

图 7-12　智能合约部署成功信息

图 7-13　已部署的合约展开后的函数面板

每输入一组，单击函数的按钮来调用函数，三个货物共需要重复三次。每次成功调用函数后，命令窗口中将会发送一条包含了交易记录、交易哈希和输入/输出结果的信息，如图 7-14 所示。

表 7-1　三种货物存库模拟

货物编号	货物名称	货物库存量
0	Huowu_1	10 000
1	Huowu_2	10 000
2	Huowu_3	10 000

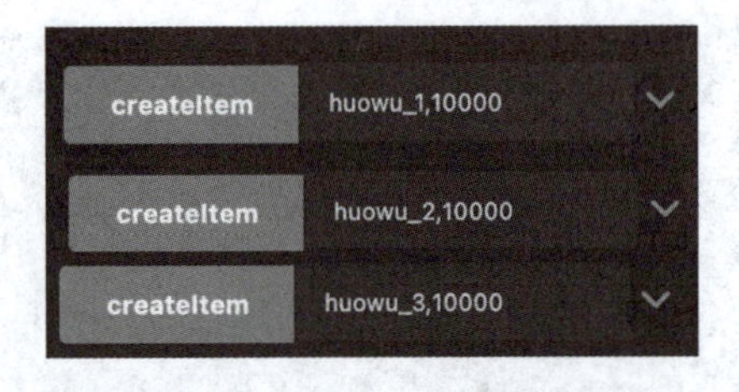

图 7-14　输入数组后，单击左侧按钮执行函数

此时，可以执行下方的 getAllItems 来查询已存在的货物列表，在函数按钮下方和命令窗口都将返回已经存在的货物列表，如图 7-15 所示。

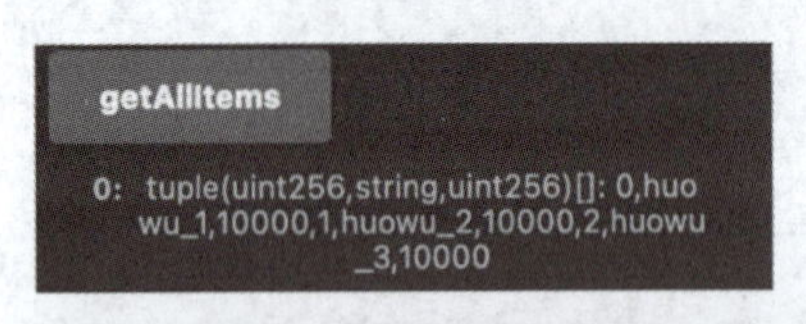

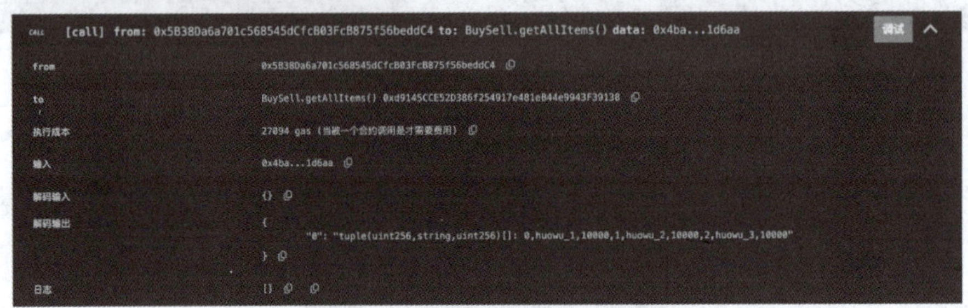

图 7-15　执行 getAllItems 函数之后系统返回的信息

通过系统返回的信息可以确定三种货物的库存已经生成：

```
0, huowu_1, 10000
1, huowu_2, 10000
2, huowu_3, 10000
```

因为在编写智能合约时先指定了注册买家的动作只能由卖家执行，使用卖家账户身份注册买家时，需要先将账户切换到非卖家的账户，复制账户地址，然后切换回卖家账户，将复制的账户地址粘贴到函数 regBuyer 后的空格中再执行函数，如图 7-16 所示。

如果使用了错误的账户添加买家，交易将会失败，并且系统返回如图 7-17 所示信息。

本任务中，可注册两个买家，然后调用 getAllBuyers 函数返回买家列表，如图 7-18 所示。代码如下：

```
0, 0xAb8483F64d9C6d1EcF9b849Ae677dD3315835cb2, true, 0
1, 0x4B20993Bc481177ec7E8f571ceCaE8A9e22C02db, true, 0
```

在函数返回的列表中，已经有了两组买家的信息。

注册好货物和买家之后，买家可以通过调用 createOrder 函数创建订单，将账户切换到对应的买家后，在函数后的空格中分三次输入：

将第二个账户的账户地址复制到剪贴板

切换回第一个账户，将地址粘贴到函数regBuyer后的空格中

单击按钮执行，成功后在命令窗口返回信息

```
[vm] from: 0x5B3...eddC4 to: BuySell.regBuyer(address) 0xd8b...33fa8 value: 0 wei data: 0x5be...3
状态        0x1 交易已打包且执行成功
交易哈希    0x40126c29ba6c82d641add59b3d4e2ac025255ed1a3f1c696ba35dd4e9b7673ff
区块哈希    0xa8e8c759200a15aaaf0d61b9d381e13dfe2ae0502832ea852237fd346bodeae4
区块号      3
from        0x5B38Da6a701c568545dCfcB03FcB875f56beddC4
to          BuySell.regBuyer(address) 0xd8b934580fcE35a11B58C6D73aDeE468a2833fa8
gas         84515 gas
```

图 7-16　卖家账户使用 regBuyer 添加买家过程

```
transact to BuySell.regBuyer pending ...

transact to BuySell.regBuyer errored: Error occured: revert.

revert
        The transaction has been reverted to the initial state.
Reason provided by the contract: "Only Seller can add buyer.".
Debug the transaction to get more information.
```

图 7-17　使用错误账户添加买家后系统报错信息

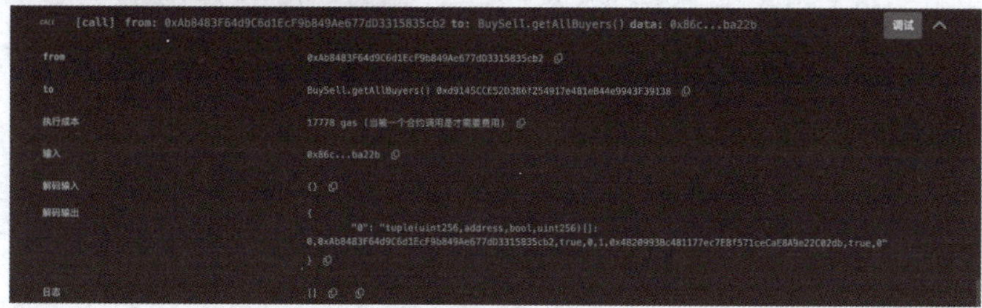

图 7-18　注册买家信息

```
0, 0, 2000
0, 2, 5000
1, 1,1000
```

并且执行三次 createOrder 函数，三个订单将会生成，并且可以通过 getAllOrders 函数调出订单列表查询，如图 7-19 所示。

createOrder
0,0,2000
createOrder
0,2,5000
createOrder
1,1,1000
getAllOrders
0: tuple(uint256,uint256,uint256,uint256,bool,bool)[]: 0,0,0,2000,false,false,1,0,2,5000,false,false,2,1,1,1000,false,false

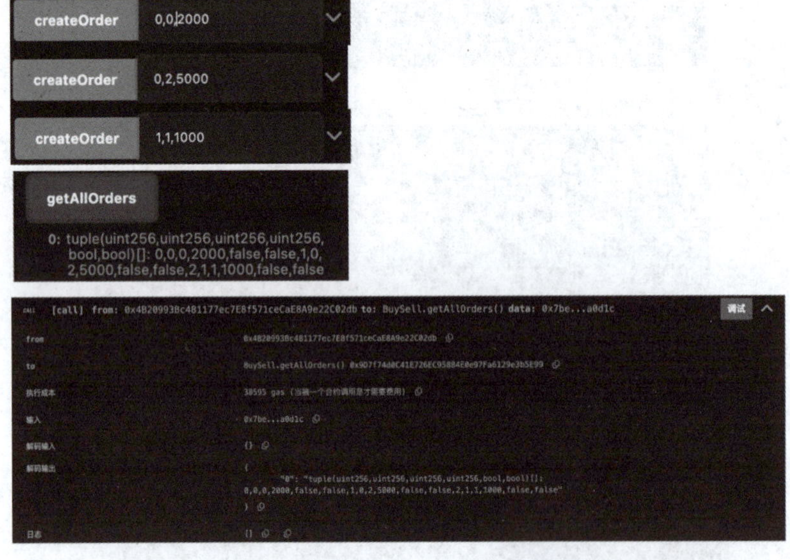

图 7-19　执行创建订单和查询订单函数

代码如下：

```
0, 0, 0, 2000, false, false
1, 0, 2, 5000, false, false
2, 1, 1, 1000, false, false
```

现在已经创建了三个订单。

若使用了错误的账户创建订单，系统将会报错并返回信息，如图 7-20 所示。

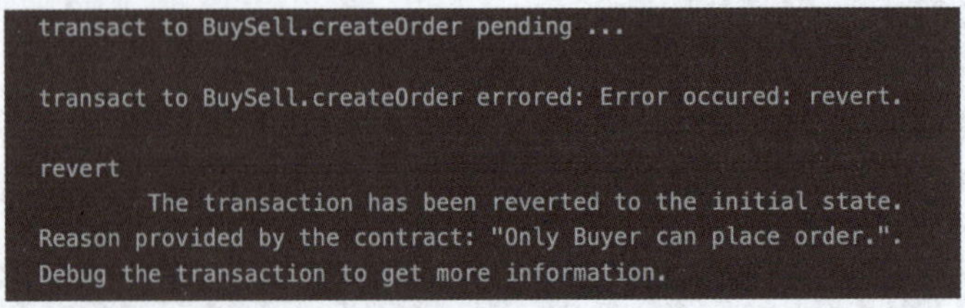

transact to BuySell.createOrder pending ...
transact to BuySell.createOrder errored: Error occured: revert.
revert
The transaction has been reverted to the initial state.
Reason provided by the contract: "Only Buyer can place order.".
Debug the transaction to get more information.

图 7-20　错误账号创订单报错信息

此时切换回卖家账户，可执行发货函数 shipOrder 将订单中的 Shipped 标记为 true。在 shipOrder 函数后的空格中输入对应的订单编号（0，1，2），然后执行。

如果只执行一次，然后通过 getOrderStatus 函数查询单个订单状态，可以发现对应订单的 Shipped 变量已经被修改为 true，如图 7-21 所示。

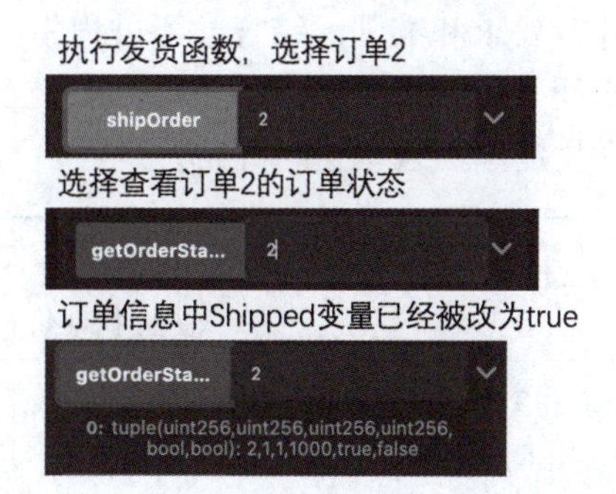

图 7-21　执行发货函数和单个订单状态查询

代码如下：

```
0, huowu_1, 8000
1, huowu_2, 9000
2, huowu_3, 5000
```

对三个订单都执行发货函数之后，可执行查询库存函数，可发现库存已经减少。代码如下：

```
0, 0, 0, 2000, true, true
1, 0, 2, 5000, true, true
2, 1, 1, 1000, true, true
```

收货之后，切换对应的买家账户，可执行 recieveOrder 函数，确认收货并将订单 Finished 变量修改为 true。

任务总结

本任务聚焦于货运运输追踪智能合约的实战开发过程。本任务从货运追踪系统的需求分析出发，深入探讨了系统所需的核心功能和特点。随后，利用 RemixIDE 这一强大的开发工具，我们逐步展开了实战开发流程。在开发过程中，首先创建了 struct 对象，作为系统数据的基础结构；接着进行了函数的初始化，为智能合约的运行奠定了坚实的基础；随着开发的深入，逐步实现了不同功能的函数，这些函数共同构成了智能合约的核心逻辑；最后详细介绍了合约的部署流程以及各个功能的调用方法，为读者提供了从开发到部署再到调用的完整指南。通过这一实战开发过程，为读者提供实战经验和参考，助力其在货运运输追踪领域实现更高效的智能合约开发与应用。

课后习题

任务七课后题答案

操作题：

1. 跟随本任务完成货运追踪智能合约的开发并成功调用运行。
2. 对智能合约进行优化。

任务评价 7

本课程采用以下三种评分方式，最终成绩由三项加权平均得出：

1. 自我评价：根据下表评分要求和准则，结合学习过程中的表现进行自我评价。
2. 小组互评：小组成员之间互相评价，以小组为单位提交互评结果。
3. 教师评价：教师根据学生的学习表现进行评价。

评价指标	评分标准	评价			等级
		自我评价	小组互评	教师评价	
知识掌握	优秀：能够全面理解和掌握任务资源的内容，并能够灵活运用解决实际问题				
	良好：能够基本掌握任务资源的内容，并能够基本运用解决实际问题				
	中等：能够掌握课程的大部分内容，并能够部分运用解决实际问题				
	及格：能够掌握任务资源的基本内容，并能够简单运用解决实际问题				
	不及格：未能掌握任务资源的基本内容，无法运用解决实际问题				
技能应用	优秀：能够熟练运用任务资源所学技能解决实际问题，并能够提出改进建议				
	良好：能够熟练运用任务资源所学技能解决实际问题				
技能应用	中等：能够基本运用任务资源所学技能解决实际问题				
	及格：能够部分运用任务资源所学技能解决实际问题				
	不及格：无法运用任务资源所学技能解决实际问题				
学习态度	优秀：积极主动，认真完成学习任务，并能够帮助他人				
	良好：积极主动，认真完成学习任务				
	中等：能够完成学习任务				
	及格：基本能够完成学习任务				
	不及格：不能按时完成学习任务，或学习态度不端正				

续表

评价指标	评分标准	评价			等级
		自我评价	小组互评	教师评价	
合作精神	优秀：能够有效合作，与他人共同完成任务，并能够发挥领导作用				
	良好：能够有效合作，与他人共同完成任务				
	中等：能够与他人合作完成任务				
	及格：基本能够与他人合作完成任务				
	不及格：不能与他人合作完成任务				

结合老师、同学的评价及自己在学习过程中的表现，总结自己在本工作领域的主要收获和不足，进行自我评价。

（1）____

____

（2）____

____

（3）____

____

（4）____

____

教师评语
____
____
____
____
____
____
____
____

任务八

区块链发展的展望

任务导读

在当今数字化时代，区块链技术作为一项前沿技术正迅速崭露头角，并在各个行业展现出巨大的潜力。区块链技术不仅仅是比特币和其他数字货币的基石，更是一种分布式、去中心化的记账和验证技术。本任务将探讨区块链的前景展望，阐述其技术优势和实际应用。

学习目标	(1) 了解区块链与分布式系统的区别 (2) 掌握区块链与大数据技术之间的联系 (3) 了解人工智能带来的变化 (4) 掌握区块链与万物互连的联系
技能目标	深入理解区块链的工作原理，掌握去中心化金融应用，具备国际化视野
素养目标	紧跟时代步伐，培养创新思维和创业精神，增强学生的科技素养和跨学科能力，培养学生的社会责任感和公共意识，强化学生的法治意识和合规意识
教学重点	(1) 区块链与大数据技术之间的联系 (2) 区块链与万物互连的联系
教学难点	区块链与大数据技术之间的联系，以及区块链与万物互连的联系

任务工作单 8

任务序号	8	任务名称	区块链发展的展望
计划学时		学生姓名	
实训场地		学号	
适用专业	计算机大类	班级	
考核方案	理论知识	实施方法	理论
日期		任务形式	□个人/□小组
任务描述	让学生了解区块链与分布式系统的区别，掌握区块链与大数据技术之间的联系，以及区块链与万物互连的联系。		

一、任务分解

1. 区块链与大数据。
2. 区块链与元宇宙。
3. 区块链与虚拟现实。
4. 人工智能带来的改变。
5. 区块链与万物互连。

二、任务实施

1. 能深入理解区块链的工作原理。

续表

2. 掌握区块链与大数据技术之间的联系。

3. 掌握区块链与万物互连的联系。

三、任务资源（二维码）

教学方案——任务八

8.1 区块链与大数据

在信息时代浪潮中，区块链与大数据的发展已逐渐成为推动创新与进步的关键力量。前者为大数据应用奠定了坚实基础，后者则通过深度挖掘与价值提炼，进一步拓宽了区块链的应用领域。两者之间的紧密联系，不仅为各行各业带来前所未有的机遇，还推动了整个社会的数字化转型。

8.1.1 区块链技术为大数据的安全存储与隐私保护提供了有力保障

大数据时代，数据安全和隐私保护成为关注焦点。区块链的去中心化特性和高级加密算法确保数据在分布式账本中安全存储与流转。这种独特的数据保护机制为大数据广泛应用奠定了安全基石，保障了数据的安全性和隐私性。

1. 去中心化特性确保数据安全

区块链采用去中心化的网络架构，数据存储和传输不再依赖单一的中心节点，而是分布在整个网络中的多个节点上。数据可信度和数据质量提升，区块链的去中心化和分布式特性使数据的完整性和可信度得到保障。数据一旦记录在区块链上，就无法被篡改，所有参与的节点都可以验证数据的一致性。这保证了数据的质量和可信度，在大数据分析中提供更可靠的基础。这种分布式存储方式有效降低了数据泄露的风险，提高了数据安全性。

2. 高级加密算法保障数据隐私

区块链使用密集型加密技术，确保数据在传输和存储过程中的安全性。这为大数据分析提供了更加安全和私密的环境，保护用户的隐私权。特别是在涉及个人敏感数据的场景下，如医疗健康数据、金融交易数据等，区块链可以提供更为可信的数据保护机制。区块链技术采用高级加密算法，如 SHA256 等，对数据进行加密。只有拥有解密密钥的用户才能访问和处理数据，从而有效保护了数据隐私。

8.1.2 区块链的不可篡改性确保大数据的真实性和可信度

在商业决策、科研分析等领域，数据的真实性和可信度至关重要。区块链技术通过独特的共识机制和时间戳技术，确保数据一旦被记录便不可更改。这种高度的数据真实性为众多领域提供了可靠的决策依据，推动了行业健康发展。

1. 共识机制确保数据一致性

区块链技术采用共识机制，如工作量证明（PoW）等，对数据进行验证和确认。所有参与节点需达成共识，才能将数据写入区块链，确保了数据的一致性。

2. 时间戳技术防止数据篡改

区块链为每个数据记录分配时间戳，确保数据按照时间顺序排列。一旦数据被记录，时间戳将无法更改。这为数据的真实性和可信度提供了有力保障。

8.1.3 区块链技术为大数据的共享与交换提供了便捷通道

传统数据共享与交换中，中心化机构往往成为数据流通的“瓶颈”。区块链技术的去中心化特性使不同组织和个人能更自由地共享和交换数据。区块链技术可以实现安全、透明和可控制的数据共享和数据交易。参与者可以使用智能合约定义数据共享和交易的规则，确保数据的合法性和公平性。这可以为数据拥有者提供更好的数据流通和价值实现机会，促进数据生态系统的良性发展。这种数据共享与交换的革新打破了传统数据的局限，促进了数据流通与整合，进一步挖掘数据潜在价值。

1. 去中心化特性简化数据交换流程

区块链技术采用去中心化的网络架构，数据交换不再依赖中心化机构，而是通过点对点的网络进行。这降低了数据流通的成本，提高了数据交换的效率。

2. 智能合约实现数据自动化处理

区块链技术中的智能合约是一种自动执行的程序，可实现数据的自动化处理和交换。通过编写业务逻辑和条件，智能合约能够在满足条件时自动执行数据交换，进一步简化流程。

8.1.4 区块链技术使数据资产交易成为可能

传统数据交易中，由于缺乏可信交易平台和机制，导致数据价值难以充分体现和交换。区块链技术通过智能合约和去中心化交易平台，构建了安全、透明、高效的数字资产交易体系。这种数据资产交易的创新模式实现了数据价值的交换和商业化应用，推动了大数据产业的繁荣和发展。

1. 智能合约确保数据交易可信

区块链技术中的智能合约，可实现数据资产的自动化交易和清算。通过透明、公正的程序，智能合约确保了数据交易的可信度。

2. 去中心化交易平台提高数据交易效率

区块链技术构建的去中心化交易平台，消除了传统交易中的中间环节，实现了数据资产的直接交易。这降低了数据交易的成本，提高了数据资产的流通效率。

8.1.5 区块链与大数据结合的创新应用案例

区块链与大数据的结合将在更多领域展现出巨大潜力和价值。以下是一些创新应用案例。

① 金融领域：区块链为金融数据提供可靠的管理和追溯机制，防范金融风险，提高金融服务效率。

② 医疗领域：区块链确保患者数据隐私安全和可追溯性，提高医疗数据共享与交换的安全性和可信度。

③ 物联网领域：区块链技术促进设备间安全通信和数据共享，实现物联网价值的最大化。

④ 供应链管理：区块链技术实现供应链数据的实时共享和追踪，提高供应链管理水平。

⑤ 版权保护：区块链技术为数字作品提供去中心化的版权管理和交易平台，保护创作者权益。

8.1.6 区块链与大数据的发展

首先，区块链技术为大数据的处理和存储提供了新的解决方案。传统的数据存储和处理方式存在许多问题，如数据安全、数据隐私和数据可靠性等。区块链技术通过去中心化的方式，使数据的存储和处理更加安全、可靠和透明。同时，区块链技术还可以有效地防止数据被篡改或损坏，从而保证了数据的完整性和真实性。

其次，大数据也为区块链技术的应用提供了广阔的场景。在金融、供应链、医疗、物联网等领域，区块链技术可以实现各种应用场景。而这些应用场景中，数据的处理和存储是非常重要的一环。通过与大数据的结合，区块链技术可以实现更加高效、便捷和可靠的数据处理和存储方式，从而为这些领域提供更好的解决方案。

当然，区块链和大数据结合也面临一些挑战。例如，区块链的性能和可扩展性限制可能导致在处理大规模数据时出现“瓶颈”。解决这些问题的方法包括采用分片技术、侧链等。

总的来说，区块链与大数据的结合可以发挥出更大的优势。在未来的发展中，它们之间的联系将会更加紧密，并有可能产生更加广泛的应用场景和商业模式。因此，我们需要更加深入地研究和探索区块链与大数据的结合，以推动它们在各个领域的应用和发展。

8.2 区块链与元宇宙

8.2.1 区块链与元宇宙

区块链与元宇宙的结合是一种前沿技术融合，可以为虚拟世界带来更加开放、透明和可持的环境。本节将详细探讨区块链与元宇宙的概念、应用场景以及可能面临的挑战。

一、区块链与元宇宙的概念

1. 区块链

区块链是一种分布式账本技术，它通过去中心化的方式记录和验证交易数据，确保交易的透明性和安全性。区块链的核心特征包括去中心化、不可篡改、共识机制和智能合约等。

2. 元宇宙

元宇宙是一个虚拟的、与现实世界相互连接的数字空间。在元宇宙中，用户可以通过虚拟现实技术与其他用户进行交互、创造、分享和交易虚拟资产。元宇宙的核心特征包括沉浸式体验、互动性、开放性和可持续性等。

二、区块链与元宇宙的应用场景

1. 资产所有权和交易

在元宇宙中，虚拟资产如虚拟土地、虚拟艺术品、虚拟货币等可以通过区块链技术进行唯一标识和拥有者验证。区块链记录了资产的交易历史和所有权信息，确保交易的透明性和可追溯性，这使虚拟资产的拥有和交易更加安全与可信。

2. 去中心化治理

区块链技术可以为元宇宙提供去中心化的治理机制。通过智能合约和 DAO（去中心化自治组织），决策和规则制定可以由社区成员共同参与和决定，确保公平和民主的治理，这使元宇宙的发展和演进更加开放和透明。

3. 身份验证和安全

区块链可以提供更安全的身份验证和数据隐私保护机制。用户可以使用区块链身份验证来登录元宇宙，而不需要传统的用户名和密码，从而提高安全性和防止欺诈行为。此外，区块链的不可篡改性也可以保护虚拟资产的安全。

4. 经济系统和激励机制

通过区块链技术，元宇宙可以建立自己的经济系统和激励机制。例如，用户可以通过参与元宇宙中的活动和贡献来获得虚拟货币奖励，这些虚拟货币可以在元宇宙中使用或兑换为真实货币。区块链的透明性和可编程性使经济系统更加公平和可持续。

5. 跨平台互操作性

区块链可以解决不同元宇宙之间的互操作性问题。通过区块链，虚拟资产和数据可以跨不同的元宇宙进行传输和共享，促进元宇宙之间的互连互通。这将为用户提供更广泛的虚拟世界体验，并促进不同元宇宙之间的合作与交流。

三、区块链与元宇宙的挑战

1. 技术挑战

区块链与元宇宙的结合面临一些技术挑战，如扩展性、性能和隐私等。当前的区块链技术在处理大规模交易和数据时可能存在性能“瓶颈”，需要进一步的技术改进和创新。

2. 用户体验

虚拟现实技术在元宇宙中的应用还处于早期阶段，用户体验可能受限于硬件设备的成本和性能。同时，元宇宙中的交互和操作方式需要更加直观和便捷，以提供更好的用户体验。

3. 法律和监管

区块链与元宇宙的结合涉及虚拟资产的所有权和交易，可能涉及法律和监管的问题。如何确保虚拟资产的合法性和交易的合规性是一个需要解决的挑战。

4. 社会接受度

虚拟世界的发展和应用需要得到社会的广泛认可和接受。人们对于虚拟现实技术和虚拟资产的认知及接受程度不同，需要进行教育和推广工作。

区块链与元宇宙的结合将为虚拟世界带来更加开放、透明和可持续的环境。通过区块链技术，虚拟资产的所有权和交易可以更加安全与可信。去中心化治理和经济系统使元宇宙的发展更加公平和民主。然而，区块链与元宇宙的结合仍面临技术、用户体验、法律和社会等方面的挑战，需要各方共同努力解决。随着技术的不断进步和创新的出现，我们可以期待区块链与元宇宙的结合在未来发展出更多有趣和有益的应用场景。

8.2.2 案例分析

案例一：百信银行

背景：国内，元宇宙与金融融合的模式已经被探索，其中，百信银行走在前列。目前，百信银行在数字藏品以及数字资产方面已经开始布局，并推出虚拟品牌官 AIYA，以打造新的交互方式，如图 8-1 所示。

图 8-1　百信银行虚拟品牌官 AIYA

百信银行战略总监管正刚曾表示，“元宇宙的兴起将再次推动数字经济和产业数字化转型的快速发展。”并指出，元宇宙有人、场、物三个核心内涵：一是虚拟数字人，二是沉浸式体验的场景，三是数字资产。

1. 数字藏品和数字资产

2021 年 11 月 18 日，百信银行发行了“4 in love”四周年纪念数字藏品，并同步推出 AI 虚拟品牌官的二次元形象。该藏品在百度超级链上发行，具有唯一性和不可篡改性。这是银行业首个数字藏品，也是百信银行迎接元宇宙的一次尝试。

2021 年 12 月 30 日，百信银行发布了银行业首个数字资产管理平台“百信银行小鲸喜”微信小程序。小鲸喜是基于云平台和区块链技术的价值流通平台，将面向金融机构提供资产发行和流通等服务。此外，百信银行还推出了“小鲸喜福利卡”，首次将数字银行卡和数字藏品、区块链等技术相结合，为金融机构和用户提供数字资产的发行、领取、购买、存储、转让和确权等服务。

2. 虚拟品牌官 AIYA

2021 年 12 月 30 日，百信银行迎来了首位虚拟数字员工 AIYA（艾雅）。不同于一般人工智能客服，AIYA 是百信银行的虚拟品牌官，身高 165 cm，体重 48 kg，一头短发透露出干练和飒爽的气质，有着出众的形象。同时，AIYA 财商超群、强大的 AI 算力支持其理财和对外交互。

2022 年 4 月 20 日，银行业内首个元宇宙形式的发布会在百信银行元宇宙发布厅召开，AIYA 担任本次会议的主持人。此外，AIYA 还活跃在百信银行的各种活动中，包括对外普及理财知识、推荐金融产品，在虚拟新闻演播厅解读财报等。

据百信银行首席战略官陈龙强透露，AIYA 或将在接下来融入短视频、虚拟直播、APP 等场景，与用户进行更有温度、更沉浸式的交流互动。此外，AIYA 也将不断进化，展现出更高的智商、财商和情商，并参与更多的金融服务交付环节。

案例二：工商银行河北雄安分行

背景：在打造平行金融中心的实践中，工商银行河北雄安分行率先进入虚拟空间，打造了镜像分行。工商银行河北雄安分行官方曾表示，元宇宙是一个通过数字化形态承载的平行宇宙，未来必然需要数字化的金融服务，面对这一发展机遇，工商银行河北雄安分行将元宇宙作为数字化转型探索中的重要领域。

1. 虚拟分行入驻希壤

2021 年 12 月，工商银行河北雄安分行作为首批金融机构宣布入驻希壤。希壤是由百度打造的一个平行于物理世界的沉浸式虚拟空间。在希壤 Creator Tower 的北侧，工商银行河北雄安分行大楼庄严地伫立着。

虚拟分行的显示屏中，“在未来城市建设未来银行”的口号与周围拟真的景象相得益彰，“千年大计，国家大事”更是将银行业的宏伟精神拉满。与希壤的合作标志着工商银行河北雄安分行正式进军元宇宙。

据悉，此举是工商银行河北雄安分行迈向元宇宙的第一步，后续该虚拟分行将进一步为客户打造沉浸式体验、提供智能化服务、开展数字化营销、推出定制化产品。

2. 开展数字人形象建设工作

虚拟数字人与金融机构数字化转型有大量结合点，各银行机构推出的虚拟数字人也逐渐进入大众视野。据官方透露，为探索线上获客和线上线下一体化服务新模式，在品牌宣传和业务价值方面激发数字人的价值，工商银行河北雄安分行正同步开展 3D 超写实数字人形象建设工作，并通过票选的方式，供大众选择数字人的形象。

除了上述提到的百信银行和工商银行分行，目前国内许多金融机构已经透露出进军元宇宙的决心，部分机构也已经初步打造相关的元宇宙场景。

8.2.3 区块链与元宇宙的发展

随着科技的不断进步，人们对于虚拟现实的追求也日益增加。元宇宙（Metaverse）作为一个综合虚拟世界，正在取得越来越多的关注。与此同时，区块链技术也在不断发展，为元宇宙的构建提供了新的可能性。

首先，需要了解什么是元宇宙。元宇宙是一个基于虚拟现实技术的综合虚拟世界，它是一个通过计算机模拟的虚拟空间，人们可以在其中交互、创造和共享各种数字化的内容和体验。区块链技术本质上是一个去中心化的分布式数据库，能够确保数据的安全性和透明性。通过将区块链技术应用于元宇宙中，可以实现对数字资产的拥有权和流通过程的可追溯性，为用户提供更安全、公平、透明的虚拟体验。

一方面，区块链技术可以用于管理和保护元宇宙中的数字资产。在元宇宙中，人们可以创造和拥有各种虚拟资产，例如数字货币、数字艺术品、游戏道具等。这些数字资产的所有权和价值往往难以确权，在现实世界中容易受到盗窃和欺诈。而区块链技术通过提供不可篡改的分布式数据库，可以确保数字资产的所有权和交易记录的透明，为用户提供更安全的资产保护机制。此外，区块链技术还可以支持智能合约的实现，使虚拟资产的交易更加自动化和可靠。

另一方面，区块链技术还可以提供元宇宙中的社会经济系统的基础。通过区块链的去中心化特性，可以实现元宇宙中的自治机制，使用户能够自主管理和参与到元宇宙的发展中。例如，用户可以通过持有特定的数字资产来获得在元宇宙中的一定的治理权益，从而参与到元宇宙的决策过程中。此外，区块链技术还可以实现元宇宙中的经济激励机制，例如通过代币经济来激励用户的创造和参与，从而增加元宇宙的活跃度和价值。

然而，区块链与元宇宙的结合也面临一些挑战和限制。首先，区块链技术目前还存在着扩展性和性能的问题，难以满足元宇宙中大规模的用户和交易需求。其次，虽然区块链技术可以确保数据的安全和透明，但仍然无法完全解决虚拟世界中的盗窃和欺诈问题。最后，元宇宙的发展还需要在法律和政策方面的支持与规范，以保护用户权益和确保社会秩序。

总的来说，区块链与元宇宙的结合为虚拟现实的发展带来了新的可能性和机遇。通过区块链技术，能够实现对数字资产的安全和透明的管理，为用户提供更好的虚拟体验。然而，区块链与元宇宙的结合仍然面临着一些技术和政策上的挑战，需要不断地创新和探索。相信随着技术的进步和社会的认知，区块链与元宇宙将会为人们带来更加丰富和多样化的虚拟体验。

8.3 区块链与虚拟现实

区块链与虚拟现实是两个领域颇受关注的技术，它们都有着独特的特点和潜力，结合使用可以为我们带来许多创新和改进。本节将详细探讨区块链与虚拟现实之间的关系，并介绍一些相关的应用和前景。

一、区块链技术的基本原理和特点

区块链是一种去中心化的分布式账本技术，它通过数据链和密码学方法实现了交易的安全性和可追溯性。主要特点包括：

去中心化：区块链不依赖于中央控制机构，而是由网络上的多个节点共同维护和验证交易记录。

不可篡改性：一旦数据被添加到区块链中，基本上是不可更改的，确保了交易的可信性和数据的完整性。

透明性：区块链中的交易和数据对所有参与者可见，确保了公开和透明的性质。

二、虚拟现实技术的基本原理和特点

虚拟现实是一种模拟和增强现实感的技术，通过计算机生成的环境和设备，使用户能够沉浸在虚拟的三维空间中。主要特点包括：

沉浸感：虚拟现实技术可以提供身临其境的感觉，用户可以与虚拟环境进行互动，并获得身体上的体验。

交互性：虚拟现实技术可以通过手势、语音等方式实现用户与虚拟环境中的对象及其他用户的交互。

虚拟物品和场景：虚拟现实环境可以创造和展示各种虚拟物品和场景，丰富用户的体验。

三、区块链与虚拟现实的集成

区块链和虚拟现实的结合可以创造出许多新的应用和解决方案。以下是一些可能的应用场景：

1. 虚拟现实内容的版权管理

虚拟现实中的数字内容创作和分享非常普遍，而区块链技术可以提供版权保护和内容追溯的解决方案。通过将内容所有权记录在区块链上，可以确保内容的真实性和防止盗版。

2. 虚拟现实市场的去中心化

利用区块链技术，可以建立去中心化的虚拟现实市场，使用户可以直接交易虚拟物品和服务，而不需要通过中间商或平台。区块链的智能合约功能可以确保交易的透明和安全。

3. 虚拟现实的用户身份验证

虚拟现实中的身份验证是一个重要的问题，因为虚拟环境的匿名性可能导致滥用和冒充。区块链可以用于虚拟现实的用户身份验证和防止冒充。通过将用户的身份信息记录在区块链上，可以保护用户的个人信息和虚拟现实体验。

4. 虚拟货币和虚拟现实

虚拟货币可以用于虚拟现实世界中的交易和经济活动。由于区块链的安全性和透明性，可以确保虚拟货币的可信度和稳定性。用户可以在虚拟现实中获得虚拟货币作为奖励，用于购买虚拟物品或参与虚拟现实活动。

5. 虚拟现实游戏的经济系统

虚拟现实游戏中的经济系统可以借助区块链来实现。通过使用区块链，可以创建虚拟物品的唯一性和稀缺性，从而赋予它们真正的价值，并且可以实现用户之间的直接交易。此外，区块链技术还可以用于游戏中的虚拟土地、虚拟房地产等方面。

四、区块链与虚拟现实的挑战和前景

虽然区块链与虚拟现实的结合带来了许多潜力，但也面临一些挑战。其中一些包括：

技术难题：区块链和虚拟现实都是复杂的技术，将它们集成在一起涉及许多技术问题，如性能、扩展性和隐私保护等方面。

用户体验：虚拟现实需要提供流畅和逼真的体验，而引入区块链可能会对性能和用户体验产生一定影响。

法律和监管：随着区块链和虚拟现实的不断发展，需要制定相应的法律和监管措施来确保用户权益和市场的健康发展。

尽管面临挑战，区块链与虚拟现实的结合仍然具有巨大的潜力和发展前景。结合这两种技术可以为用户提供更安全、透明、便利和创新的虚拟现实体验。未来，随着技术的进步和不断的创新，区块链与虚拟现实的应用和融合将继续发展，并为我们带来更多惊喜。

8.4 人工智能带来的改变

人工智能（Artificial Intelligence，AI）是指通过机器模拟和执行人类智能行为的技术与方法。近年来，随着计算机技术的发展和算法的不断改进，人工智能正逐渐渗透到我们的生活和工作中。人工智能带来的改变是深远的，它正在不断地改变我们的生活和工作方式。以下是一些人工智能带来的主要改变：

1. 自动化和智能化

人工智能技术正在推动各行各业的自动化和智能化进程。传统的工业生产需要大量的人力投入，而人工智能的出现使生产过程更加智能化和自动化。例如，在汽车制造领域，人工智能可以通过机器学习和视觉识别技术，对汽车零部件进行快速和准确的检测，极大地提高了制造效率和生产质量。在自动化设备的维护中，人工智能可以实现设备故障的预测和预警，以及故障处理的优化，大大减少了维修成本和停机时间。在制造业中，智能化的机器人

已经能够完成复杂的生产线工作，提高生产效率和产品质量。在物流领域，智能化的仓储和配送系统能够实现快速、准确的货物运输。人工智能在医疗健康领域的应用也非常广泛，例如，通过深度学习和数据挖掘技术，可以对医疗影像数据进行自动识别和分析，帮助医生提高诊断效率和准确性；在疾病预测和预防中，人工智能可以利用大数据和机器学习算法，对个体的健康数据进行分析和预测，提前发现潜在风险；此外，人工智能还可以通过智能药物研发，加速新药研发的速度，为患者提供更好的治疗选择。

2. 个性化和定制化

人工智能技术能够通过收集和分析大量数据来了解用户的需求和喜好，进而提供个性化和定制化的产品与服务。例如，智能推荐系统可以根据用户的浏览历史和购买记录来推荐相关商品，提高用户的购物体验。

3. 更好的医疗保健

人工智能技术在医疗保健领域的应用也带来了很多改变。智能化的诊断和治疗系统能够帮助医生更快、更准确地诊断疾病，并且可以根据患者的特定情况提供更好的治疗方案。此外，人工智能技术还可以加速药物研发和医疗器械的创新。

4. 更好的交互体验

人工智能技术可以改善人与计算机之间的交互体验。随着智能手机和智能家居的普及，人工智能正逐渐融入我们的个人生活中。例如，智能助手可以通过语音识别和自然语言处理技术，帮助处理日常事务和查询信息；在娱乐领域，人工智能可以通过推荐算法和个性化推荐系统，提供更加个性化和精准的娱乐内容与推荐服务。

语音助手、智能客服等人工智能应用使人们可以通过自然语言与计算机进行交互，提高了交互的便捷性和效率。

当谈到人工智能为人类带来的改变时，涵盖的范围广泛而深远。从提高生产力到推动科学发展以及改善医疗保健和提供智能交通，人工智能正成为人们生活中不可或缺的一部分。以下是关于人工智能改变人类生活的一个更详细的展望。

一、提升生产力和经济发展

人工智能在自动化和智能化方面的进展，对生产力和经济发展具有重要影响。通过智能机械设备和机器人的应用，许多烦琐、重复或危险的工作可以被自动完成，从而提高生产效率和效益。AI 技术的快速发展使生产线和工作流程更加智能化、高效化，从而提升企业和组织的竞争力。

同时，人工智能还可以通过数据分析和预测来改善供应链管理，优化资源配置和增加生产效率。通过深度学习和机器学习算法，人工智能可以准确预测需求，并根据需求做出决策和调整，使企业能够更好地满足市场需求。

二、优化医疗保健和提升生活质量

人工智能在医疗保健领域也有巨大潜力。通过大数据分析和人工智能算法，可以对医学影像进行精准诊断，帮助医生快速发现疾病和异常情况。AI 还能提供个性化的治疗方案，根据患者特定的生理和病理特征，制订最佳治疗方案，提高治疗效果。

另外，人工智能还可用于健康监测和管理。通过智能穿戴设备和传感器，可以实时收集和分析个人健康数据，从而提供个性化的健康建议，帮助人们监控和改善健康状况。AI 还可以与医务人员合作，提供智能辅助诊断和监测，减轻医护人员的负担。

三、推动科学研究和创新

人工智能技术的发展不仅对商业和生活产生重大影响，还推动了科学的发展。机器学习和人工智能算法正在被广泛应用于各个学科领域，帮助科学家分析和处理大规模的数据，发现新的关联和模式。

通过人工智能技术，科学家可以更深入地理解天文、生物学、气象学等领域的复杂系统。例如，在天文学中，通过机器学习算法，科学家可以分析和处理天体数据，发现新的星系和天体。在生物学领域，人工智能技术可以帮助对基因和蛋白质的结构进行预测，从而推动新药的发现和治疗方法的创新。

四、智能交通和城市管理

人工智能在交通和城市管理方面的应用也是引人瞩目的。自动驾驶技术通过 AI 算法和传感器设备，使汽车能够自主感知、决策和行驶，从而提高交通安全和减少交通拥堵。智能交通系统还可以通过各种感知设备和数据分析，优化交通流量和调度，提高交通系统的效率。

人工智能技术还可以改善城市管理。通过分析城市的数据和社会流动性，人工智能可以帮助人们进行城市规划和资源管理。例如，根据人口密度和交通流量的数据，可以优化城市规划和公共设施的布局，提高城市的可持续发展和居民的生活质量。

五、智能助手和个性化服务

人工智能技术为人们提供了智能助手和个性化的服务。语音助手（如 Siri、Alexa 等）和聊天机器人可以根据人们的语言和需求，提供智能化的回答和建议。这为人们提供了更加便捷和个性化的服务和支持。

例如，通过语音助手，用户可以通过语音交互进行各种任务，如发送消息、播放音乐、控制家电等。聊天机器人可以根据用户的需求和兴趣，提供个性化的推荐和定制化的购物体验。智能助手和聊天机器人的普及，为人们带来更高效、个性化的生活体验。

六、艺术和娱乐领域

人工智能在艺术和娱乐领域的应用也越来越广泛。通过机器学习和深度学习技术，人工智能可以生成独特的艺术作品、音乐和电影。这为艺术家和创作者提供了新的创作工具与思路，同时也丰富了人们的娱乐选择。

七、考虑到潜在挑战

虽然人工智能给人类带来了许多好处，但也需要思考和应对潜在的挑战与问题。这包括但不限于数据隐私和安全、人工智能对就业市场的冲击、伦理和道德问题等。因此，在应用人工智能技术时，需要权衡好利益和风险，以确保人工智能技术能为人们带来最大的利益。

总结起来，人工智能的应用正在给人类带来巨大的改变。它不仅提高了生产力和经济效益，还改善了医疗保健、推动了科学发展、改善了城市管理、提供了个性化的服务、浸入了艺术和娱乐领域等。然而，也需重视技术应用中的潜在问题，以确保人工智能为人类创造更美好的未来。

人工智能的发展正带来巨大的改变，不仅在工业生产和制造领域、医疗健康领域、交通和物流领域有着广泛的应用，也在我们的个人生活和娱乐中发挥着重要的作用。然而，同时也需要认识到人工智能的发展还面临一些挑战和问题，例如，数据隐私和安全、技术伦理和社会影响等。因此，我们应该在积极推动人工智能发展的同时，也要关注其合理和负责任的应用，为人类社会的可持续发展做出积极贡献。

需要注意的是，人工智能的发展也引发了一些问题和挑战，如隐私和安全风险、人类劳动力的失业等。因此，我们需要在推动人工智能的发展过程中，加强相应的法律、伦理和政策的引导，确保人工智能的发展与人类利益和社会道德相协调。同时，也需要不断提升人工智能的智能水平和透明度，以促进人工智能的可持续发展。

首先，区块链技术的运用能够为人工智能的数据安全和隐私保护提供强有力的支持。在数字化时代，数据已成为宝贵的资源，而人工智能的应用更是离不开大量数据的支撑。然而，数据的收集、处理和利用过程中，隐私泄露和安全问题频发，让人工智能的发展面临巨大的挑战。区块链技术的去中心化特性和不可篡改的加密算法，使数据的安全性得到了极大的提升。它能够确保数据在分布式网络中安全流转，防止被恶意篡改或窃取，为人工智能的应用提供了强大的后盾。

其次，区块链可以提高人工智能的可信度和透明度。由于区块链上的信息是公开的、透明的，人们可以追溯数据的来源和流动轨迹，验证算法的公正性和准确性。这种透明度可以增强人们对人工智能的信任度，减少由于算法偏见或错误导致的不公平决策。在金融、医疗、法律等对公正性要求极高的领域，区块链的运用将有助于提高人工智能决策的公信力，推动其更广泛的应用。

再次，区块链技术能够促进人工智能的分布式应用。传统的中心化服务器或数据中心在处理大规模数据和复杂模型时往往面临性能“瓶颈”和安全隐患，而区块链网络的分布式特性使数据和计算资源可以在多个节点之间进行分布式的共享和利用，提高了人工智能应用的灵活性和可扩展性。这种分布式的人工智能应用可以更好地适应大规模、复杂的数据处理需求，并且能够在不依赖单一中心的情况下实现高效的协作和资源共享。

最后，区块链可以为人工智能提供有效的激励机制。通过智能合约和代币机制，区块链可以为人工智能的开发者和用户提供经济激励。这种激励机制可以促进人工智能的创新和发展，吸引更多的开发者投身于这一领域，共同推动技术的进步。同时，代币机制还可以为人工智能应用提供更加灵活的商业模式，实现用户和开发者的共赢。

总而言之，区块链与人工智能的结合将引领未来的技术革命和社会变革，它们将共同塑造一个更加智能化、透明化、安全化的未来世界。在未来，期待看到更多创新应用在这两个领域的交叉点上涌现出来，为人类带来更多便利和价值。同时，也应该警惕技术的潜在风险和挑战，确保技术的发展真正造福于人类社会。

8.5 区块链与万物互连

区块链技术和万物互连是两个独立但相互关联的概念。区块链是一种去中心化、分布式的账本技术，它通过加密和共识算法确保了交易的安全性和可信性。而万物互连（Internet of Things，IoT）则是指通过各种物理设备和传感器的网络连接，实现物与物之间、物与人之间的信息交流和互动。

区块链与万物互连的结合，可以为物联网提供更高的安全性、可信度和数据隐私保护。以下是关于区块链与万物互连如何相互影响的更详细论述。

8.5.1 区块链改善物联网的安全性和可信度

随着物联网的快速发展，越来越多的设备和传感器被连接到互联网上，为人们提供了大量的实时数据和智能化的服务。然而，物联网的安全性和可信度问题也日益凸显，这就需要引入区块链技术来改善物联网的安全性和可信度。本节将详细探讨区块链如何改善物联网的安全性和可信度，包括其概念、应用场景以及可能面临的挑战。

一、区块链与物联网的概念

1. 区块链

区块链是一种分布式账本技术，通过去中心化的方式记录和验证交易数据，确保交易的透明性和安全性。区块链的核心特征包括去中心化、不可篡改、共识机制和智能合约等。

2. 物联网

物联网是指通过互联网将各种设备、传感器和物体连接起来，实现设备之间的互通和数据共享。物联网的核心特征包括感知能力、智能化、自动化和远程控制等。

二、区块链改善物联网的安全性和可信度的应用场景

1. 设备身份验证和授权

物联网中的设备身份验证和授权是保证物联网安全性的重要环节。通过区块链技术，可以为每个设备分配唯一的身份标识，并将其记录在区块链上，确保设备的身份和授权信息不被篡改。这样可以防止未经授权的设备接入物联网，提高物联网的安全性。

2. 数据完整性和可追溯性

物联网中的数据完整性和可追溯性是确保数据的可信度的关键。通过区块链技术，可以将传感器数据的哈希值记录在区块链上，确保数据的完整性和不可篡改性。同时，区块链的分布式特性和时间戳功能可以实现数据的可追溯性，即可以追踪数据的来源和流转路径。

3. 去中心化控制和管理

物联网中的中心化控制和管理可能存在单点故障和被攻击的风险。通过区块链技术，可以实现去中心化的控制和管理，将决策和规则制定权下放到设备和节点上，这样可以减少中心化的风险，提高物联网的安全性和可靠性。

4. 安全数据共享和交换

物联网中的数据共享和交换需要保证数据的安全性与隐私保护。通过区块链技术，可以实现安全的数据共享和交换平台，其中数据的访问权限和交换规则由智能合约控制，这样可以确保数据的机密性和防止数据被滥用。

5. 恶意行为检测和防范

物联网中的恶意行为检测和防范是保证物联网安全性的重要环节。通过区块链技术，可以实现对设备和传感器行为的监测和记录，并将其存储在区块链上，以便检测和防范恶意行为，这样可以提高物联网的安全性和可靠性。

三、区块链改善物联网安全性和可信度的挑战

1. 技术挑战

区块链技术在处理大规模数据和实时交易时可能存在性能“瓶颈”，需要进一步的技术改进和创新。

2. 标准和互操作性问题

物联网涉及各种设备和传感器，它们之间可能存在不同的标准和通信协议。如何实现不同设备和传感器之间的互操作性，是一个需要解决的挑战。

3. 隐私保护问题

物联网中涉及大量的个人隐私数据，如何在区块链中保护数据的隐私和遵守相关法规是一个需要解决的挑战。

4. 经济模型问题

区块链的应用需要建立相应的经济模型和激励机制，以鼓励设备和节点参与到区块链网络中。如何设计合理的经济模型，是一个需要解决的挑战。

由于物联网中涉及大量的设备和传感器，数据的安全性是一个重要的问题。区块链技术通过加密算法和分布式的节点验证机制，可以有效地保护物联网中的数据安全。每一步交互都被记录在不可更改的区块链上，确保数据的完整性和可信度。

区块链还可以提供去中心化的身份验证和访问控制机制，减少中心化系统中的安全风险。设备和传感器可以通过区块链建立身份验证，并使用智能合约来规范其行为，确保只有合法用户可以访问和操作数据。

8.5.2 区块链加强物联网数据的隐私保护

随着物联网技术的快速发展，越来越多的设备和传感器被连接到互联网上，大量的数据被收集和传输。然而，这也带来了隐私保护的挑战。区块链作为一种分布式账本技术，可以加强物联网数据的隐私保护。本节将从以下几个方面介绍区块链如何加强物联网数据的隐私保护。

首先，区块链通过去心化的特点确保了数据的安全性和不可篡改性。在传统的中心化系统中，数据存储在一个中心服务器上，容易受到黑客攻击和数据篡改。而区块链是一个分布式的数据库，数据被存储在多个节点上，没有一个中心服务器。每个节点都有一份完整的账本副本，并且需要共识机制才能修改账本的内容。这样一来，即使有部分节点被攻击篡改，其他节点仍然可以验证数据的完整性，确保数据的安全性。

其次，区块链通过加密算法保护数据的隐私性。在传统的互联网通信中，数据往往是明文传输的，容易被窃取和篡改。而在区块链中，数据被使用非对称加密算法进行加密。每个参与者都有一对公/私钥，公钥用于加密数据，私钥用于解密数据。只有拥有私钥的人才能解密数据，确保数据的隐私性。此外，区块链还可以使用零知识证明等技术，使数据的交换和验证过程中不需要暴露具体的数据内容，提高了数据的匿名性和隐私性。

再次，区块链通过智能合约实现数据的访问控制和权限管理。在传统的中心化系统中，数据的访问控制和权限管理往往由中心服务器控制，容易受到恶意攻击和滥用。而在区块链中，可以使用智能合约来定义数据的访问规则和权限，只有满足条件的参与者才能访问和使用数据。智能合约是一种自动执行的计算机程序，可以根据预先设定的条件和规则来管理数

据的访问和使用。这样一来，即使有恶意参与者想要篡改数据或滥用数据，也无法通过智能合约的验证和执行。

最后，区块链通过数据共享和溯源功能增强了物联网数据的可信度和透明度。在传统的互联网通信中，数据的来源和传输路径往往不透明，无法追溯和验证数据的真实性。而在区块链中，数据的来源和传输路径都可以被记录在分布式账本上，任何参者都可以查看和验证数据的真实性。这样一来，可以确保数据的可信度和透明度，减少了数据篡改和伪造的可能性。区块链作为一种分布式账本技术，可以加物联网数据的隐私保护。通过去中心化、加密算法、智能合约和数据共享功能，区块链可以保证数据的安全性、隐私性、访问控制和权限管理，并增强数据的可信度和透明度。然而，区块链技术也面临着一些挑战，如性能问题、扩展性问题和法律法规的限制。未来，我们需要进一步研究和探索如何解决这些挑战，以实现更好的物联网数据隐私保护。

随着物联网的发展，个人隐私保护成为一个严峻的挑战。设备和传感器收集到的大量个人数据可能被滥用或泄露。区块链可以通过去中心化的特性和加密算法，增加数据的隐私保护。用户可以使用区块链建立匿名身份，并使用智能合约控制数据的访问权限。数据可以被加密和分散存储在区块链上，只有授权的用户才能解密和访问数据。这样的机制可以有效地保护用户的隐私权，在数据与共享之间取得了平衡。

8.5.3 物联网提供可靠的数据输入，增强区块链的价值

随着科技的飞速发展，物联网（IoT）和区块链技术作为两大前沿科技领域，正逐渐改变着我们的生活和工作方式。物联网通过大量的传感器和设备实现万物互连，为各行各业提供了海量的实时数据；而区块链技术则以其去中心化、透明性和不可篡改性等特性，为数据的安全和可信度提供了强有力的保障。当这两者结合时，物联网提供的可靠数据输入将进一步增强区块链的价值，为各行各业带来更加深远的影响。

一、物联网与区块链的融合背景

物联网是指通过网络连接物理设备，实现设备之间的信息交换和智能化控制的技术。随着传感器、网络通信和数据处理技术的不断发展，物联网的应用范围越来越广泛，涉及工业、农业、医疗、交通等多个领域。然而，随着物联网设备的不断增加，数据的安全性和可信度问题也日益凸显。

区块链技术作为一种去中心化的分布式账本技术，通过密码学和共识机制保证了数据的安全性和可信度。它将数据存储在多个副本中，任何对数据的修改都需要经过网络中的大多数节点的验证和同意，从而确保了数据的完整性和不可篡改性。因此，将物联网与区块链技术相结合，可以有效地解决物联网数据的安全性和可信度问题。

二、物联网提供可靠数据输入的重要性

物联网设备通过传感器收集大量的实时数据，这些数据对于许多应用场景来说至关重要。然而，由于物联网设备的多样性和复杂性，以及网络通信的不稳定性，使数据的准确性和可靠性成为一个亟待解决的问题。

区块链技术的引入为物联网数据的可靠性提供了解决方案。通过将物联网设备收集的数据存储在区块链上，可以确保数据的完整性和真实性。由于区块链的不可篡改性，任何对数

据的恶意修改都会被网络中的其他节点发现并阻止。此外，区块链的透明性也使数据的来源和流向可以追溯到源头，进一步增强了数据的可信度。

三、物联网增强区块链价值的方法

提升数据质量：物联网设备能够实时收集各种类型的数据，包括温度、湿度、压力等物理量，以及设备状态、使用情况等运营数据。这些数据通过区块链技术进行存储和验证，确保了数据的真实性和完整性，从而提升了区块链上数据的质量。高质量的数据使基于区块链的智能合约、数据分析等应用更加准确和可靠。

扩展应用场景：物联网设备广泛应用于工业、农业、医疗、交通等各个领域，这些领域的数据需求丰富多样。通过将物联网与区块链技术相结合，可以开发出更多基于实时数据的应用场景，如供应链管理、智能交通、远程医疗等。这些应用场景的拓展进一步丰富了区块链技术的应用范围，提高了其社会价值和经济价值。

促进信任机制的建立：区块链技术的去中心化特性和不可篡改性使数据更加可信，有助于建立更加透明的信任机制。在物联网场景中，各个参与者可以通过区块链技术共享和验证数据，从而建立起相互信任的关系。这种信任机制的建立有助于降低交易成本、提高协作效率，推动各行各业的数字化转型和升级。

四、物联网与区块链结合的挑战与前景

尽管物联网与区块链的结合带来了诸多优势，但在实际应用中仍面临一些挑战。例如，物联网设备的异构性、网络通信的稳定性以及数据处理的效率等问题都需要进一步解决。此外，随着物联网设备不断增加，区块链网络的扩容和性能优化也成为一个亟待解决的问题。

然而，随着技术的不断进步和应用场景的不断拓展，物联网与区块链的结合前景十分广阔。未来，我们可以期待更多的创新应用出现，如基于物联网和区块链的智能城市、智能交通、智能制造等。这些应用将提升人们的生活质量和工作效率，推动社会经济的持续发展。

综上所述，物联网提供的可靠数据输入为区块链技术的发展注入了新的活力。通过结合物联网与区块链技术，我们可以实现数据的可靠传输和存储，提升数据的可信度和价值。随着技术的不断进步和应用场景的不断拓展，物联网与区块链的结合将在未来发挥更加重要的作用，为各行各业带来更加深远的影响。

8.5.4 物联网中的设备付费和结算

随着物联网的发展，设备之间的交互和合作越来越频繁。区块链可以提供基于智能合约的开放式支付和结算平台。设备可以通过区块链实现自动化的支付和结算，减少中间环节的参与和费用。

智能合约可以定义设备之间的交易规则、价值流动和支付方式。设备可以直接在区块链上进行交易，并接收到货币或其他价值的支付。这样的机制可以简化支付和结算过程，提高交易的效率和透明度。

总而言之，区块链与万物互连的结合为物联网提供了更高的安全性、可信度和隐私保护。物联网中的设备和传感器可以作为区块链网络的节点，增强了区块链的价值和可靠性。此外，区块链还可以为物联网中的交易和结算提供更加便捷与高效的解决方案。然而，区块链与万物互连的结合也需要解决一些技术和规范的问题，如能源消耗、标准化和合规性等。

只有在这些问题得到解决的情况下，区块链与万物互连的结合才能更好地发挥其潜力，为我们的生活和工作带来更多的便利与安全。

8.5.5 区块链与万物互连的应用

随着互联网的不断发展和智能设备的普及，我们正逐渐进入一个万物互连的时代。在这个时代，人们可以通过互联网随时随地连接和控制各种智能设备，实现更加智能化、便捷化的生活。然而，与之伴随而来的是庞大、复杂的数据交换和处理，以及对数据隐私和安全的不断挑战。

在这样的背景下，区块链技术应运而生。区块链技术的出现不仅提供了一种新的数据管理和交换方式，而且它的去中心化、透明化和安全性特点也使其成为实现万物互连的理想选择。接下来，我们将深入探讨区块链技术在实现万物互连中的作用，并分析其优势和挑战。

一、区块链在实现万物互连中的作用

区块链是一种去中心化的分布式账本技术，它通过密码学和共识算法保证了数据的安全性和可信度。在实现万物互连中，区块链可以作为一个可靠而高效的基础设施，来处理和管理庞大的数据交换与验证。

1. 数据隐私和安全保障

区块链技术确保数据交换的安全性和可靠性。在区块链网络中，数据一旦被验证并添加到链中，就会被永久保存且难以被篡改。这种安全可靠的数据存储和传输方式可以保护用户的隐私和数据资产的安全。在万物互连的场景下，各种设备产生的数据具有重要价值。通过区块链技术，数据交换的安全性和可靠性得以保障，从而降低了数据在传输过程中的风险。在区块链上，所有的交易和数据都会被记录和存储，但同时也保护了用户的隐私。区块链采用公钥和私钥的加密方式，确保了数据的机密性和可追溯性，这使在区块链上进行数据交换和授权更加安全可靠。

2. 数据交换效率的优化

区块链技术降低万物互连的复杂性。在传统的物联网应用中，设备之间的数据传输和处理往往需要经过多个中间环节，导致系统复杂度高、效率低下。而区块链技术可以将这些中间环节简化，实现数据传输和处理的高效运行。通过区块链技术，万物互连系统可以在降低复杂性的同时，实现更高效的数据处理和传输。区块链通过智能合约的方式，消除了传统中间人的角色，实现了点对点的直接交换。这不仅降低了中间环节的成本和复杂性，还提高了数据交换的效率和速度。区块链使设备之间可以直接进行交换和共享数据，从而更好地实现万物互连。

3. 区块链技术实现设备之间的互操作性

区块链技术可以通过智能合约等技术手段，建立设备之间的信任关系，实现数据的可信交换和设备的协同工作。这种互操作性有助于打破设备之间的信息孤岛，促进信息的自由流通和共享。在万物互连的背景下，各种设备之间的互操作性显得尤为重要。通过区块链技术，设备可以更加便捷地进行数据交换和协同工作，提高整个系统的运行效率。

4. 区块链技术推动产业数字化转型

区块链技术的普及和发展为万物互连提供了新的可能性。通过区块链技术，可以构建更加安全、可靠、高效的万物互连系统，推动各种产业和领域的数字化转型。在未来，随着区块链技术的不断成熟和普及，我们可以期待一个更加智能、便捷、安全的万物互连世界。

二、区块链技术的优势和挑战

尽管区块链技术具有诸多优势，但也面临着一些挑战。以下是区块链技术的优势和挑战的简要概述。

优势：

① 去中心化：无须信任第三方，消除了单点故障的风险。

② 透明性：所有交易和数据都是公开可查的，提高了数据的信任和可追溯性。

③ 安全性：采用密码学和共识算法，保证了数据的完整性和安全性。

④ 高效性：智能合约和直接点对点交换，提高了数据交换的效率和速度。

挑战：

① 扩展性：当前的区块链网络还存在着交易处理能力有限和拓展性差的问题。

② 隐私性：如何在保证数据隐私的同时，保证数据的可追溯性和可验证性仍然是一个挑战。

③ 法律和规定的制定与遵守：由于区块链技术的去中心化特点，如何制定和遵守相应的法律和规定仍然需要进一步研究和解决。

三、区块链与各行业的应用

区块链技术的广泛应用正在渗透到各个行业中，以实现数据的高效交换和隐私保护。以下是区块链在几个行业中的应用案例。

① 金融行业：区块链可以用于实现快速、安全的资金转移和跨境支付。

② 物流行业：区块链可以用于实现物流信息的可追踪和共享，提高物流过程的透明度和效率。

③ 医疗行业：区块链可以用于医疗数据的安全共享和隐私保护，提高诊断和治疗的准确性。

④ 物联网行业：区块链可以用于设备之间的数据交换和授权，实现智能设备的互连互通。

总之，随着区块链技术的不断发展和应用推广，我们可以预见它将在实现万物互连方面发挥更加重要的作用。未来的区块链技术可能会实现更高的扩展性和隐私保护，同时也需要与其他技术进行融合，以解决目前存在的一些挑战。

区块链技术与万物互连的紧密结合，为我们的生活带来了前所未有的便利。它不仅确保了数据交换的安全性和可靠性，实现了设备之间的互操作性，还降低了万物互连的复杂性。在区块链技术的支持下，可以迈向一个更加智能、便捷、安全的万物互连时代。随着区块链技术的不断成熟和普及，相信未来万物互连的应用将更加广泛，为人类社会带来更多的福祉。区块链技术作为一种去中心化的分布式账本技术，为实现万物互连提供了新的解决方案。它的优势在于数据隐私保护和安全交换，而挑战则需要进一步研究和解决。随着区块链技术的不断演进，它将在各行业发挥更加重要的作用，最终实现万物互连的愿景。

8.6 总　结

随着数字经济的飞速发展，区块链技术作为一种新兴的信息技术，正逐渐受到全球范围内的关注。区块链以其去中心化、透明度高、安全性强等特点，为各行各业带来了前所未有的变革机遇。展望未来，区块链技术有望在多个领域发挥重要作用，推动社会经济的持续创新与发展。

一、金融领域的深度应用

区块链技术在金融领域的应用前景广阔。首先，区块链的去中心化特性有助于降低交易成本，提高金融系统的效率。通过智能合约，可以实现跨境支付、证券交易等金融业务的自动化处理，降低人工干预的风险。其次，区块链技术有助于提升金融安全。通过加密技术确保交易的安全可靠，防止数据篡改和欺诈行为。最后，区块链技术还有助于推动普惠金融的发展，让更多人享受到便捷、高效的金融服务。

二、供应链管理的优化

区块链技术在供应链管理领域具有巨大潜力。通过区块链技术，企业可以实时追踪和记录商品从生产到销售的全过程，提高供应链的透明度和可追溯性。这有助于降低企业间的信息不对称，减少欺诈和假冒产品的风险。同时，区块链技术还可以优化库存管理，降低库存成本，提高供应链的响应速度和灵活性。

三、智能合约与自动化执行

智能合约是区块链技术的重要组成部分，具有自动执行、降低交易成本等优势。未来，随着智能合约技术的不断完善，越来越多的业务场景将实现自动化执行。例如，在房地产领域，智能合约可以实现租赁合同的自动执行，降低违约风险；在物流领域，智能合约可以实现货物的自动交付和结算，提高物流效率。

四、数字身份认证与隐私保护

区块链技术为数字身份认证和隐私保护提供了新的解决方案。通过区块链技术，用户可以创建一个去中心化的数字身份，保护个人隐私信息不被泄露和滥用。同时，区块链技术还可以实现数据的加密存储和共享，确保用户数据的安全性和可控性。这有助于推动数字经济的发展，降低信任成本，提高社会效率。

五、跨界融合与创新发展

随着区块链技术的不断成熟，越来越多的行业将开始探索区块链技术的应用。未来，区块链技术有望与物联网、人工智能、大数据等技术实现跨界融合，推动各行业的创新发展。例如，在医疗领域，区块链技术可以实现医疗数据的共享和交换，提高医疗服务的效率和质量；在教育领域，区块链技术可以实现学历、证书等教育信息的认证和存储，降低教育资源的浪费和造假风险。

展望未来，区块链技术有望在金融、供应链、智能合约、数字身份认证等多个领域发挥重要作用，推动社会经济的持续创新与发展。同时，我们也需要关注区块链技术的挑战与风险，加强技术研发和应用创新，为数字经济的繁荣和发展贡献力量。

任务总结

本任务对区块链的未来发展进行了全面而深入的探讨，涵盖了发展趋势、应用前景以及面临的问题等多个方面。其中包括了区块链与分布式系统、区块链与大数据、区块链与万物互连之间的联系，并详细讲解了人工智能时代下区块链所受到的机遇与挑战。同时，展望未来，指出区块链技术有望在金融、供应链、智能合约、数字身份认证等多个领域发挥重要作用。

课后习题

任务八课后题答案

简答题：

1. 区块链与分布式系统存在着哪些区别和联系？
2. 简述分布式计算的特点。
3. 简述区块链与万物互连的关系。

任务评价 8

本课程采用以下三种评分方式，最终成绩由三项加权平均得出：

1. 自我评价：根据下表中的评分要求和准则，结合学习过程中的表现进行自我评价。
2. 小组互评：小组成员之间互相评价，以小组为单位提交互评结果。
3. 教师评价：教师根据学生的学习表现进行评价。

评价指标	评分标准	评价			等级
		自我评价	小组互评	教师评价	
知识掌握	优秀：能够全面理解和掌握任务资源的内容，并能够灵活运用解决实际问题				
	良好：能够基本掌握任务资源的内容，并能够基本运用解决实际问题				
	中等：能够掌握课程的大部分内容，并能够部分运用解决实际问题				
	及格：能够掌握任务资源的基本内容，并能够简单运用解决实际问题				
	不及格：未能掌握任务资源的基本内容，无法运用解决实际问题				
技能应用	优秀：能够熟练运用任务资源所学技能解决实际问题，并能够提出改进建议				
	良好：能够熟练运用任务资源所学技能解决实际问题				
	中等：能够基本运用任务资源所学技能解决实际问题				
	及格：能够部分运用任务资源所学技能解决实际问题				
	不及格：无法运用任务资源所学技能解决实际问题				

续表

评价指标	评分标准	评价			等级
		自我评价	小组互评	教师评价	
学习态度	优秀：积极主动，认真完成学习任务，并能够帮助他人				
	良好：积极主动，认真完成学习任务				
	中等：能够完成学习任务				
	及格：基本能够完成学习任务				
	不及格：不能按时完成学习任务，或学习态度不端正				
合作精神	优秀：能够有效合作，与他人共同完成任务，并能够发挥领导作用				
	良好：能够有效合作，与他人共同完成任务				
	中等：能够与他人合作完成任务				
	及格：基本能够与他人合作完成任务				
	不及格：不能与他人合作完成任务				

结合老师、同学的评价及自己在学习过程中的表现，总结自己在本工作领域的主要收获和不足，进行自我评价。

(1) ______________________________

(2) ______________________________

(3) ______________________________

(4) ______________________________

教师评语